U0172507

国家科学技术学术著作
出版基金资助出版

城市形态组织论

THE THEORY OF URBAN FORM ORGANIZATION

卢济威

庄宇　陈泳　王一　杨春侠

著

中国建筑工业出版社

序一

　　"城市"这个词源自拉丁语，原意为"为民造福"，也就是"人民城市"的理念。1883 年恩格斯在马克思墓前的讲话时指出："马克思发现了人类历史的规律……人类在追求政治、科学、艺术、信仰等之前，首先必须能够吃、喝、遮风避雨和穿衣蔽体。"马克思把这些后来的东西称为建立在"经济基础"之上的"上层建筑"。一旦社会超越了原始的为了生存的经济行为本身而挣扎的阶段，其本身就变成了"上层建筑"的一部分。而城市，就在这样的情况下得以出现。

　　城市地理学家认为"自然准备了场地，而人以让自然满足人的欲望和需要的方式对自然进行组织。"城市是大地和时间的产物，城市一旦形成就会按照各自的政治、经济、文化和军事的方式自行寻找发展的目标，形成独特的城市历史，产生各自的城市形态。

　　当代城市是一个复杂的系统，城市曾经经历过丰富多彩的变化，人类用了漫长的时间，才开始对城市的本质和演变过程获得了一个仍然不全面的认识，也许还要用更长的时间才能完全弄清它那些尚未被认识的潜在特性，设法看清城市正在展现的未来，认识城市形态的组织要素。

　　城市形态是由空间和空间关系、自然环境、生产方式、社会组织形式、生活方式、城市文化、集体审美、建筑、肌理、城市交通以及城市的物理特征等所构成的，既是物质实体，又是社会物体。城市形态形成的主导因素是人及其行为，以及城市发展的理念和城市审美，《城市形态组织论》指出了城市形态是由人类的社会行为、经济行为、居住行为和交通行为形成的空间，表现出城市在结构的显性表现。

　　书中列举了两种方式的城市的形态，一种是"自然式"，人们自发顺应地形建造。另一种是一种人工的方式，即总体规划预先准备好，排开道路，建筑根据某种规划的秩序感建造。同时经常出现的还有规则和不规则的对比。自然形成的城市倾向于不规则，此外，规划也会有意识地使设计表现出某种明显的不规则性。然而大多数的规划追求各种规律性和有机组织，体现人类智性的作用，当然也有一些城市有意识地追求不规则性。

　　无论是自然式、人工式、或是规则性、不规则性，都需要规划，需要布局，需要设计，需要建设，需要更新。因此城市形态必然涉及城市形态组织，既是自组织，也是他组织，城市形态组织主要讨论他组织，以及他组织与自组织的关系。自组织是指城市这种复杂的社会系统在内在机制的驱动下，自行从简单向复杂、从粗糙向细致方向的发展，不断地提高自身的复杂度和精细度的过程。

城市自诞生之日起，就处在新陈代谢的过程中，面临自组织和他组织以及持续的更新和改造。在《城市形态组织论》中，城市形态是由各部分复杂的秩序构成的整体，城市形态首先呈平面形态，包括平面布局形态和平面图形形态。然后是城市景观形态和城市竖向形态，当代的发展以实用网格型平面形态，极典型的竖向形态，以及城市立体化形态为主，既有线性的发展也有非线性的发展，复合自组织和他组织共同作用的规律。

城市形态的组织有赖于城市要素整合和城市空间组织，同时也有赖于城市基面的建构和城市形态结构的塑造。《城市形态组织论》是同济大学卢济威教授和他的团队近30年城市设计的研究和实践经验的总结，城市设计正是为了面向城市的未来，面向复杂的城市系统，将行为地理学、生态城市、战略性城市设计、景观都市主义、可持续发展等纳入城市设计，开辟了城市设计研究和实践的新领域。

由于我国的大规模建设和快速城市化阶段的基本结束，城市规划的主要任务将转向城市更新、城市复兴、内涵发展和历史文化保护，大部分的规划工作将转为城市设计，在城市上设计并建设城市，设计并塑造城市的空间形态，修补城市空间，修复城市生态，创建城市的未来。为此，《城市形态组织论》具有重要的学术价值和实践意义。

中国科学院院士　　郑时龄

2021 年 9 月 25 日

序二

我敬重的师长、同济大学的卢济威教授领衔撰写的又一部研究城市设计的力作《城市形态组织论》就要问世了。

卢老师及其城市设计团队长期致力于开展跨学科的城市设计研究，领域广泛涉及城市交通、市政工程、环境行为、城市建筑一体化及多种城市设计相关要素。同时，他和团队并不限于理论和方法研究，而且开展了系列的、多类型的城市设计工程实践研究，取得了标志性的学术成果。

大约在 12000 年前，人类开始农耕定居的聚落建设。从 9000 年前的加泰土丘到乌鲁克、乌尔城，在两河流域"新月沃地"，苏美尔文明孕育产生了最早的城镇聚落，城市由此开始萌芽生长，不断演进壮大。由此，出现了主要基于聚落物质空间布局、功能需求、人群构成安排和建筑设计等的城市设计雏形。从客体对象看，古往今来，城市形态及其物质空间环境的设计和优化一直是城市设计最主要、也是最重要的工作内容。

20 世纪前，城市设计的工作主要是由建筑师群体完成的。近现代城市功能和人口的集聚规模、交通方式的变革和社会组织方式发生了巨大的变化，现代城市设计开始要面对更加错综复杂的城市形态的建构机理和场所营造问题；1950 年代中期开始，现代城市设计开始更多关注物质空间以外的社会问题、历史文化、人的环境行为和认知体验等；新千年以来，在数字技术飞速发展的背景下，基于数据环境变化的数字化城市设计又应运而生。但是，通过城市形态和空间环境设计相互耦合的方式研究城市设计，仍然是主流的城市设计方向之一，《城市形态组织论》就是在这方面的重要探索，对于中国城市设计发展和专业建设必将产生重要而广泛的学术影响。

1977 年，《马丘比丘宪章》曾经强调，任何建筑都是影响其所在环境的要素，今天的建筑问题就是城市问题，"它需要同其他单元进行对话，从而使其自身的形象完整"，"环境的连续性"非常重要。卢老师团队恰恰是建筑师群体为主的学术共同体，很好地诠释了城市设计的创作属性和物质形态空间营造的落地实操性，该书对此有相当精到的呈现。

《城市形态组织论》很大的一个特点就是理论和实践结合得非常有机而恰当。卢老师及团队并没有在该书中建构城市设计的基础理论框架，而是紧紧抓住"城市物质形态环境"，并从"人与人与物质形态环境的关系"入手研究城市形态组织的方式和方法、要素构成及其互动规律。整本书有理论、有方法、重实践。该书基于卢老师团队多年来开展的大量且多类型的城市设计工程实践及国内外其他优秀案例，提出了一系列有关城市要素整合、城市空间组织、城市基面建构和城市形态结构塑造的设计方法和技术，对于当下广泛参与城市设计实践活动的建筑师群体、和"用设计做规划"的规划师以及景观设计师等群体是一本非常有价值和及时的专业参考书，同时，对于更多关注正在成为热点的城市更新和社区人居环境高质量发展的人士和读者也是一本图文并茂，虚实兼备，可以帮助专业人士进阶的城市设计专业论著。

相信很多人对《城市形态组织论》著作的面世早已翘首以盼，作为晚辈学者的我也一样，充满对卢老师这本书出版的热忱期待，并珍惜再次学习先生学术成果的大好机会。

是为序。

中国工程院院士

2021 年 9 月 22 日

前言

　　我国自 20 世纪 80 年代引进西方现代城市设计理论，90 年代开始实践，并出现了大量由国际和国内设计师完成的设计方案，21 世纪在实践的基础上总结提高，探索中国特色的城市设计理论与方法。现代城市设计即使在西方也是新发展的学科，尽管很多建筑师从业城市设计，作为城市范畴学科的发展，城市规划的延续性是必然的。长期以来，城市规划是将城市物质形态环境作为主要研究对象，然而从 20 世纪开始逐渐向社会综合规划转向，20 世纪 50 年代美国发展了现代城市设计，是城市建设发展的需要，正像美国建筑师协会（AIA）于 1965 年指出："由于过去认识的分歧，我们不得不建立城市设计概念，不是为了创造一个新的领域，而是为了防止环境问题被忽略或遗忘。"经过半个多世纪的发展，尽管学术界还在争议，城市设计正逐渐发展成一门专业。

　　城市设计的对象是城市物质形态环境，研究人与物质形态环境的关系是其主要内容，既研究物质形态环境的形成和演变机制，还要研究建构城市形态的方法和技能培养。前者要求学科与城乡规划、建筑学、风景园林、市政工程学等直接关联，并与社会学、经济学、文化学、生态学、美学等密切联系；后者要求研究城市形态组织的构成方式与规律，这正是本书的宗旨。

　　20 世纪后半叶，世界范围城市规模高速发展，城市人口密度与建设强度不断提高，再加上能源危机和可持续发展理念的提出，相继出现新城市主义、景观城市主义、TOD 等理念和紧凑城市、生态城市、立体城市等城市发展理论，促使城市形态产生了巨大的变化。城市综合体和区域整体开发等集约化发展模式大量出现，传统的城市肌理变化了，城市基础设施开始成为城市形态的重要组成部分，地面立体化迅速发展而且已成为当代城市形态发展的新趋势[①] 等，这些都影响着城市形态的组织方法。

　　本书主要研究城市形态的组织方法，包括：城市形态发展历程、城市形态及其生成、城市要素整合、城市空间组织、城市基面建构和城市形态结构塑造六个方面。城市形态形成是形态组织的前提，其内容在第 1 章"城市形态及其生长"中论述，重点放在城市行为与城市形态的关系上，这是为了改变曾经很长一段时期城市片面关注城市审美，而忽略城市使用者的行为需求，弘扬 20 世纪中期由凯文·林奇和简·雅克布斯发表《城市意象》和《美国大城市的死与生》为

---

① 卢济威，王一. 地面立体化——当代城市形态发展的一个新趋势 [J]. 城市规划学刊，2021（03）：98-103.

代表的理论和实践创导，标志着城乡规划、设计开始关注城市使用者的要求和行为，确立社会使用的方法。到 20 世纪末行为地理学进一步重视行为的微观环境和日常生活的关系，我们也在实践过程中重视城市行为的研究和在城市设计中的应用，但还是刚开始，需要进一步探索。

本书在绪论中论述了城市形态发展的历程，是对城市形态发展历史的回顾和总结，提出城市形态发展的四个发展期：城市平面形态发展期、城市空间景观形态发展期、城市竖向形态发展期和城市地面立体化形态发展期。为的是理解当代城市形态组织特征是处在历史传承和发展的交融中。城市地面立体化形态发展期，现在还处在发展过程中，而且对当前城市形态的发展和组织有着很大影响。

本书编写体系：

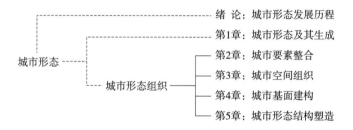

同济大学建筑城规学院城市设计研究中心，近 30 年来的城市设计实践为本书的编写积累了丰富的实践经验，研究中心师生倾注了大量的心血，为本书提供了宝贵的资料。

本书撰写过程中的分工为：卢济威负责全书的策划、体系的形成，以及绪论和第 1 章的写作；庄宇参与策划并负责第 5 章的写作；杨春侠负责第 2 章的写作；陈泳负责第 3 章的写作；王一负责第 4 章的写作。

本书是我们长期实践和研究的小结，也是探索城市形态发展规律的阶段成果，由于我们实践的局限性和理论水平的欠缺，必然存在很多不足之处，敬请同仁指正。

卢济威

于 2021 年 6 月

目录

第2章　城市要素整合

第3章 城市空间组织

第4章 城市基面建构

第 5 章　城市形态结构塑造

绪论

城市形态发展历程

0

0.1 城市形态发展历程

0.1.1 城市形态发展

城市起源于人类社会产生了第三次大分工，即由于出现商品交换，从而出现脱离直接生产从事商品交换的阶层，为城市的产生奠定了基础。公元前4000—公元前3000年，原始社会向奴隶社会过渡的过程中，商人和手工业者摆脱对土地的依赖，自然地向有利于加工、交易和交通便利的地方集聚，产生了固定交换商品的居民点，逐渐形成最早的城市雏形。然而真正形成具有结构特征的城市往往需要政府的支持和推动才能得到制度化和持久的发展。

考古学家发现早在公元前3000—前2000年，世界很多地方就有城市的存在，例如印度流域的哈拉巴城（Harappa）和莫亨约—达罗城（Mohenjo-Daro），美索不达米亚的乌尔城，古埃及的卡宏城（Kahun），稍后公元前1500年爱琴海的迈西尼城（Mycenae）和中国郑州殷商时代的商城等。往后几千年世界各地相继建设了大量的城市，有大到几千万人口的特大城市，也有不到万人的小镇；有自由生长的，也有经过仔细设计的；有建在平地上的，也有建在起伏地形上的；有以君权、神权意志发展的，也有以生产和商业需要渐进成长的。多种多样的城市特征促进城市形态发展的千变万化，有以封闭的城堡出现，也有以无边界的开放式发展；有以严谨构图的几何状组织，也有自然生长的自由布局；有表现出高塔林立起伏多变的天际线，也有表现出谦虚、优雅的城市轮廓，有以平面网格路网出现，也有以错综的立体交通网络表现；有以单中心的山峰状形态显示，也有以多中心起伏变化形态表现。城市形态的形成既受地理环境影响，也受各种人为因素影响，包括皇权、神权、艺术审美、政治、军事、经济、交通，还有近代关心的生态化和人性化理念等，不同历史时期人为因素的影响会有所侧重，从而促使城市形态发展不同时期的差别。

从城市的产生至今5000多年，我们将城市形态的发展根据其特征分为四个发展期（图0-1）。城市形态特征发展，通常有萌芽、发展、高潮和持续的过程，本书提出的发展期，是指具有较快速度的发展过程和相应的实践成果。该过程不包括萌芽期，当然不排斥在其后的继续发展。

平面形态发展期。从城市产生（公元前3000年前后）到今天，主要关注城市的平面布局形态和平面轮廓形态。

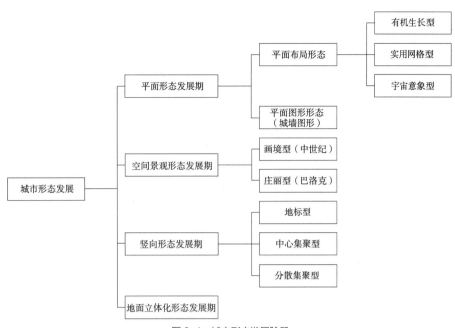

图 0-1　城市形态发展阶段

空间景观形态发展期。主要关注城市的空间景观特征，包括欧洲中世纪的画境型形态和文艺复兴后的巴洛克庄丽型形态。画境型和壮丽型是城市空间形态的两种风格，表现为人情味的亲切尺度对应纪念性的宏伟尺度，自由发展的有机布局对应几何图形的规划平面，步移景异的空间过程对应一目了然的景象空间。然而他们的共同点是关注城市视觉审美的艺术性。

竖向形态发展期。经过中世纪地标型的塔楼发展到 19 世纪高层建筑兴起，逐渐形成城市竖向形态的中心集聚型发展到分散集聚型发展。这阶段主要关注城市的高度及集聚形态发展变化。

地面立体化形态发展期。从 20 世纪 30 年代城市地下街出现开始，经高架车道、空中街道的发展至今，改变了长期以地面作为城市的单一活动基面，主要关注城市活动基面从地平面向立体发展的过程和形态特征。

四个发展期的各发展阶段不是孤立的，而是互相穿插。不同发展期影响形态发展的价值取向也各不相同。

0.1.2　城市平面形态发展期

这阶段发展时间很长，从奴隶社会开始，经封建社会直到资本主义萌芽。工业革命前，总体看社会生产力较低，城市与建筑技术水平相对不高，有关城市设施也处于初级阶段，包括中国的世界范围城市形态基本处于扁平状，虽然早期古罗马万神庙的高度已达 43.2m，中世纪欧洲出现大量的哥特式教堂塔楼，以及中国后汉隋唐兴起的佛塔，但总体看这阶段仍以城市的平面发展为主要特征。

城市平面形态发展分为平面布局形态和平面图形形态（也称城市轮廓图形）发展两部分。

0.1.2.1　平面布局形态发展

城市平面布局是城市地理学很早就作为自己研究的范畴，城市地理学的康臣学派（Conzon School）通过"城市平面"的分析，认为按历史学家和建筑工作者粗略地称为的城市肌理由三个互相关联的因素组成，即街道体系、地块模式和地块上的建筑布局。这三要素组合虽然不能完全反映当代城市肌理的形态特征，但对于城市发展初期城市构成要素简单，以反映二维结构发展为主的城市肌理还是有其合理性，即使对当前也有一定价值。

平面布局形态从历史进程来观察有三种典型类型：有机生长型、实用网格型和宇宙意象型。这种分类与凯文·林奇在《好的城市形态》（*Good City Form*）中对城市原始意象进行的模式分类：宇宙型、实用型和有机型，内涵基本一致。

1）有机生长型

有机生长型平面布局，是根据使用者和社会发展的需要不断修正、不断发展、不断生长的城市形态，城市形态与自然环境，社会生活有机融合，其形态特征不规则，变化多样，但显得有序。早在公元前 3000 年，西亚两河流域及公元前 2500 年印度河流域已出现城市，这些城市初始时是很粗陋的，其形式是在含蓄和渐进中形成。

有机生长布局都没有经过规划，这里所谓的规划是指没有进行总体规划，但不排除有城市管理的规则限制，例如中世纪意大利的锡耶纳，大家都认为她是有机生长城市的典范，然而她又是在城市管理的制约下形成的，1346 年锡耶纳城市议会特别强调："为了锡耶纳的市容和几乎全体城市民众的利益，任何沿公共街道建造的新建筑物……都必须与已有建筑取得一致，不得前后错落，它们必须整齐地布置，以实现城市之美"[1]。

有机生长型城市不等于有机城市，17~18 世纪由于生命科学的发展，将城市比拟生命体，以及 20 世纪中发展起来的系统科学等对有机城市概念有着深

---

[1]　斯皮罗·科斯托夫. 城市的形成——历史进程中的城市模式和城市意义 [M]. 单皓，译. 北京：中国建筑工业出版社，2005.10.

刻的影响，有机城市不局限在生长形式，更强调城市的有机结构体系，20 世纪下半叶进一步发展的城市综合体是有机城市的一种局部城市形态，已属三维形态范畴，远超出本章研究的平面布局形态。

中世纪是有机生长型形态的重要发展期，公元前古希腊、古罗马的城市大多有规划，而其他地区城市是无规划、无序的，随着 5 世纪西罗马帝国的衰亡，欧洲和阿拉伯地区进入中世纪封建社会，延续 1000 多年，出现大量的封建割据、世袭领地，城市变成了行政中心、宗教中心，无论是古罗马遗留下来的营寨城市，封建领地发展的城堡城市，还是因商业、交通发展起来的城市，规模都不大，普遍仅有几万人，古罗马城从罗马帝国时的 100 万人口衰减到仅有 4 万人，通常都是以神权和行政权为中心的地方自治，独立性强，有利于自发地发展，为有机生长型城市发展提供良好的土壤。

有机生长型城市，是城市系统自发地按照一定的规律而形成有序性的形态结构，这种有序性形成在历史城市中主要受自然地形环境和城市使用者的心理行为影响，这两个因素好像有一双无形的手操纵着城市布局的形成。适应地形环境是有序性形成的首要因素，1191 年，由扎灵根家族贝希托法五世公爵创立的瑞士伯尔尼（Bern），是沿着小山脊建设、生长的城镇，自由曲折，优美多姿（图 0-2）。15 世纪南美洲秘鲁印加帝国时期的马丘比丘城，建在山上，适应起伏地形建设、生长发展（图 0-3）。人的心理行为，包括功能的需要，社会传统习俗，约定俗成的社会规则等都是城镇有序性形成的另一个因素，很多伊斯兰城市由于地方习俗对私有权、视觉私密性等的重视，反映在住宅区形成的内敛特征和私有住宅的不断越界出挑，街道公共空间被侵袭，尽端路、死胡同不断萌生，从而形成迷宫状的城市布局，但还是给人有序感，伊朗的 Shushtar 就是一例（图 0-4）。另外还有很多古代城市，由村镇不断壮大、发展聚合而成，

图 0-2　瑞士伯尔尼

图 0-3　秘鲁印加帝国时期的马丘比丘城（遗迹）

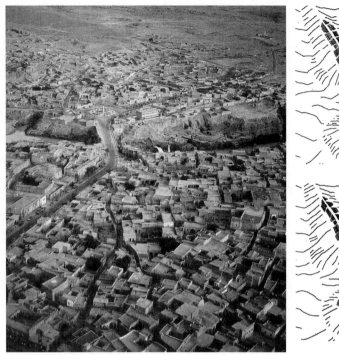

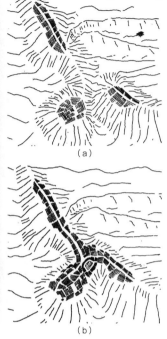

图 0-4   伊朗的 Shushtar   图 0-5   意大利锡耶纳形成过程

我们称其为村镇聚合型有机生长，意大利的锡耶纳，大约在 8 世纪后，这里原有的分别在三个高地上的聚落，经过几个世纪的发展，三聚落的三条主要道路逐步延伸，相交于低处，顺着地形建设公共广场——坎波广场，广场周边集聚建设市政厅等公建，从而形成公共中心（图 0-5、图 0-6）。

2）实用网格型

实用网格型由道路正交形成网格，是人类规划最常用的平面布局形式，这种布局方式实用，有利于土地划分和交易，便于市政设施的建设和更新，功能与地形适应性强，是城市管理机构最青睐的模式，以至 1628 年芬兰在一项皇家法令中要求现有城市都按照方格网作重新调整，1858 年西班牙巴塞罗那规划，没有延伸老城区有机生长的布局，而是转变采用方格网布置，新城区从东、西、北三面包围老城区，明确表现出肌理的差异（图 0-7）。

网格形布局通常都是规划设计的结果，其形式有正方形、长方形和变异网格形之分。12 世纪中国南宋苏州城的道路网格与水系结合，并由不同大小和不同方向的长方形组合，形成变异的网格体系；17 世纪的荷兰阿姆斯特丹，由于地势低，从 13 世纪开始结合建设一系列堤坝的走向，换土组织城市用地，规划的网格无法正交，形成了变异的网格结构（图 0-8）。

图 0-6　意大利锡耶纳坎波广场

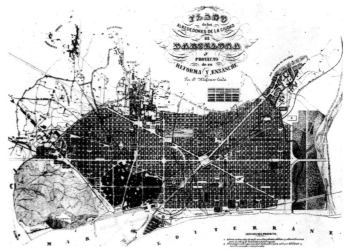

图 0-7　西班牙巴塞罗那总平面

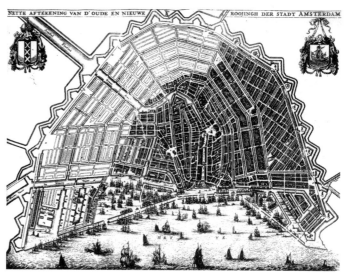

图 0-8　荷兰阿姆斯特丹（17 世纪）

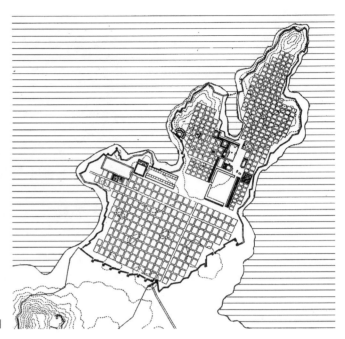

图 0-9 希腊米利都规划

网格型平面布局早在公元前 3000 年埃及的卡宏城（Kahun）已表现出网格的雏形，它为建造伊拉罕金字塔的工人聚居点而建设，后来古希腊在其殖民城市，古罗马在营建城市都运用了网格布局，然而被认为真正完整的网格布局规划是公元前 475 年由被誉为城市规划之父的希波丹姆主持的希腊米利都（Miletus）（现在土耳其境内）的重建规划（图 0-9）。中世纪开始在西欧网格布局几乎消失，直到 12 世纪以后网格布局才有所恢复，15 世纪开始无论是西班牙还是英格兰在美洲新大陆的殖民地基本上都运用网格布局，1683 年由彭威廉制定的费城规划，是美国第一个以方格网形式布局的大城市（图 0-10），16 世纪在欧洲兴起的巴洛克，认为方格网布局简单枯燥，缺乏变化，没有灵气，正像查尔斯·狄更斯访问美国时指责费城"整齐得令人乏味"。1791 年深受巴洛克风格影响的皮埃尔·朗方完成的华盛顿规划，在方格网布局基础上运用了很多作为视廊的斜线，增加公共空间和作为对景的纪念物等，使网格布局富有变化，提升了美感（图 0-11）。

中国在公元 220 年曹魏新建都城邺城（现河北临漳附近），就使用长方形网格，对以后的规划有较大影响，618 年在隋朝的基础上建设的唐都城长安城是中国网格布局的典型（图 0-12），城市总平面布局对称、严整，是总结、继承传统经验基础上完成的规划，城墙内面积 83km²，是当时世界上最大的城市。全城由方格网分划成 109 个坊里，大小不等，大的达 76hm²，小的也有

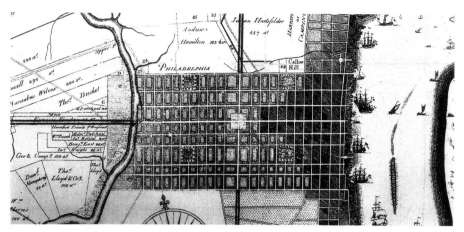

图 0-10　公元 1683 年的费城规划

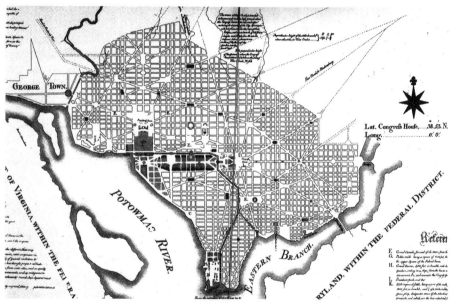

图 0-11　公元 1791 年的华盛顿规划

26hm^2，每个坊里都建约 2m 高的坊墙，像一座小城自成体系。唐长安城布局对中国乃至日本的城市都有很大影响，日本古都平安京城（图 0-13），近乎复制，但没有城墙。

　　由于网格布局的实用性和适应性，在近现代世界各地的新城建设中得到广泛的应用，1912 年沃尔特·格里芬在国际竞赛获奖的澳大利亚首都堪培拉的总体规划（图 0-14），是与放射型布局结合的网格型布局结构；1961 年建设的由赫尔穆特·捷科贝（Helmut Jacoby）设计的英国第三代新城——米尔顿·凯恩斯市，由于处在起伏地形的环境中，采用了变形的网格结构（图 0-15）。

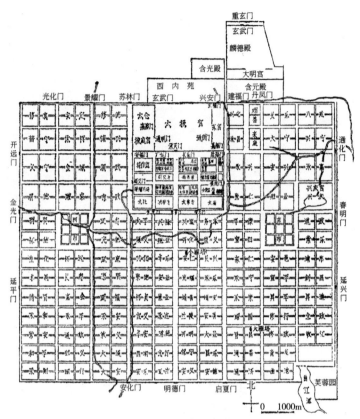

图 0-12　公元 618 年唐长安城总平面

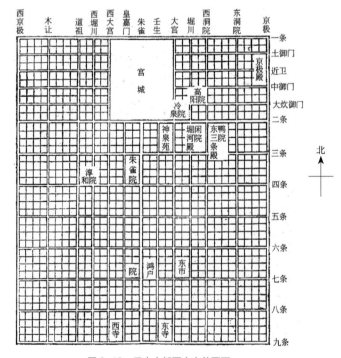

图 0-13　日本古都平安京总平面

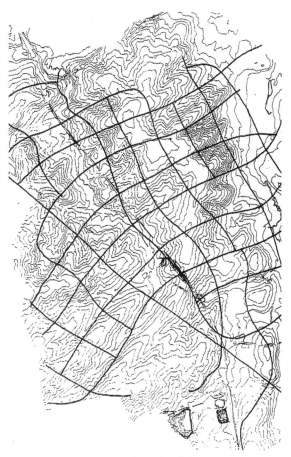

图 0-14　沃尔特·格里芬的堪培拉总体规划图　　　　图 0-15　米尔顿·凯恩斯总平面

3）宇宙意象型

宇宙意象型平面布局形态是古代统治者将城市比拟成永恒的宇宙和传达神的意志的场所，正像美国城市理论家刘易斯·芒福德指出的"城市最早是作为一种神祇的家园，一个代表永恒的价值和显示神力的地方"[①]。早期的城市功能比较简单，宗教统治着社会思想，人民接受这种观点形成的城市形态是有其一定的必然性，政治和宗教的统治者极力推崇宇宙与神对城市主宰的形式，形成宇宙意象型形态。

宇宙意象型形态的一种表现是宇宙象征，出于信仰和统治的目的，将城市比作宇宙，在地球上建立宇宙秩序，例如伊斯兰早期的城市耶路撒冷、巴格达等，

---

① 刘易斯·芒福德.城市发展史——起源、演变和前景 [M]. 宋俊岭，倪文彦，译.北京：中国建筑工业出版社，2005：586.

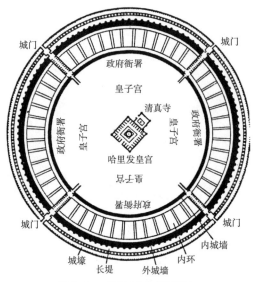

图 0-16　公元 762 年的巴格达

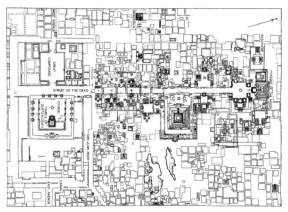

（a）平面图

（b）鸟瞰

图 0-17　中美洲特诺奇蒂特兰城的中央部位

直接设计成圆形平面以比拟太阳，这种做法与伊斯兰的教义和宇宙观有关，巴格达于 762 年建都，聘请波斯的星卜师汉立特（Halit）为顾问，将城市设计成象征太阳的圆形，直径 2.8km，占地面积约 600hm²，四座城门（图 0-16）。早在公元前 2100—前 2000 年被考古发现的西亚乌尔城，在城中央就建有崇拜天体的山岳（月神台），7 层 21m 高的台阶状金字塔。公元 450 年中美洲的特诺奇蒂特兰（Tenochtitlan）（今墨西哥古城），也是宇宙象征型城市形态，图 0-17 是其中央部位的平面和鸟瞰图，以永恒庄重的金字塔象征月亮与太阳，城市中央布置宽阔的仪典大道，长达 5km，月金字塔坐北朝南屹立在大道的北端，随着大道由南向北逐渐升高以彰显月金字塔的威严，仪典大道中部的东侧还建有日金字塔，体量宏大的日月金字塔象征宇宙秩序，祈祷社会的稳定与安全，并成为震慑臣民的神灵。

宇宙意象型形态的另一种表现是颂扬神祇或显示神祇的意志。公元前 4 世纪重建的古希腊雅典及其卫城的形态与宗教仪典紧密联系，是颂扬女神雅典娜布局形式的反映（图 0-18），卫城位于雅典的中心，处在高出地面 70~80m 的山顶平台上，山势险要、形象壮观，是雅典娜仪典的核心空间，雅典娜的 10m 高青铜像屹立在入口正中，祭祀大典游行队伍先绕卫城一周，然后沿着大台阶上山，端庄的帕提农神庙和秀丽的伊瑞克提翁神庙均在山顶平台周边布置，以考虑游行队伍的观瞻，颂扬女神雅典娜成为雅典市中心布局的依据。中国

（a）总平面图

（b）外观

图 0-18 雅典卫城

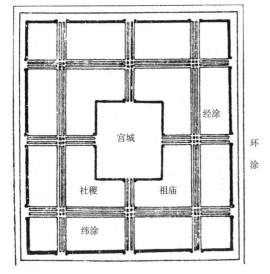

图 0-19 《周礼·考工记》都城模式（想象图）

古代的"城制"也是神祇意志的表现，皇帝要使自己得到超自然的承认，把自己打扮成天子，代表上天和神，以达到统治国家的目的。《周礼·考工记》中曾记载："匠人营国，方九里，旁三门，国中九经九纬，经涂九轨，左祖右社，前朝后市，市朝一夫"。这种平面布局是建立以宫城和皇城居中为基础的庄严中轴线体系，然而才有旁三门，左祖右社，前朝后市的布局。古代"城制"推颂以皇帝为中心代表上天意志的城市布局，通过严谨的秩序和宏伟的形象震慑臣民。《周礼·考工记》出自春秋战国，虽然尚未在周代的考古中找到证实，但在以后的都城建设中一直继承宫城和皇城居中的布局（图 0-19）。中国明清北京城为了成为人与天之间达成对话的契约，除了宫城、皇城居中、强烈的子午线型中轴线外，还在城南中轴线的两侧布置了"天坛"和"先农坛"，提供每年祭天和祭先农神的场所，拉近人与天地的关系。

0.1.2.2 平面图形形态（城墙图形）发展

工业革命前世界范围除埃及、英国、日本和美洲外，古代大部分地区的城市基本上都有城墙，中国更是突出，没有一个真正的城市没有城墙包围，正像刘易斯·芒福德所说："公元前2500年，城市的全部基本特征已经形成，并且都在城堡范围内找到了相应的位置"[1]。古罗马、古中国的很多城市

---

[1] 刘易斯·芒福德. 城市发展史——起源、演变和前景 [M]. 宋俊岭，倪文彦，译. 北京：中国建筑工业出版社，2005：96.

往往是先有城墙再有城市，因为作为城市容器的城墙能使国家和城市获得稳定和安全，当然也是统治者获得权力和显示权威的保证。德国社会学家马克斯·韦伯（Max Weber，1864—1920 年）曾指出："把城墙作为城市概念的本质因素，这是一种狭隘的误解，但直到 18 世纪，在大多数国家中，城墙仍旧是城市最显著的特征之一，这却是个事实。"

考古研究，早在公元前 3000—前 2000 年，古印度河流域的哈拉巴（Harappa），公元前 2100—前 2000 年美索不达米亚的乌鲁克城，公元前 1500 年爱琴文化期的迈锡尼城，以及公元前 1500 年中国的商城（现在郑州城内）等有城墙的遗迹。

城墙对于城市来说，首先是安全和军事防御的需要，也有政治统治和神祇宗教的需要，位于河道边有时还有防洪的需要。世界各国的城墙普遍由城墙和护城河共同组成，或单层，或多层。为了御敌和安全地攻击敌人，城墙上都建有雉堞。为了更好地反击进攻者，中国有马面、战棚，欧洲有楼堡等凸出城外的防御部件，城门入口处还有瓮城、水门等阻止敌人的进入。古代中外各国都将城墙作为城市的象征，中国将简称城墙的"城"直接与"城市"同一称谓，很多城市的城墙高大而且建有城楼，成为城市的门面，给人进入城市的第一感觉。城墙的平面图形通常代表城市的形状，它受皇权、宗教、礼制的影响，也受自然环境的影响，同时还接受历史发展的演变。古代城市城墙围合和组合状表现的图形可以反映该历史时期城市平面形态发展的特征。城的平面图形形态从城的形状和城的组合两方面阐述。

1）城的形状

城的形状有圆形、方形、长方形、多边形和不规则自由形等形式。

圆形城有正圆、椭圆、变异圆等变化。巴格达城正圆平面是宇宙象征的目的（图 0-16），900 年德国的诺林根城（Noerdlingen）呈椭圆形，至今还保存完好（图 0-20a），以教堂广场为中心，路网不规则有机生长；公元前 400—前 200 年，中国西周的淹城（今位于常州南 7 公里处）是淹国的都城（图 0-20b），考古得知城墙土筑内外三层，两道护城河，近似圆形，周长约 3km。

方形城，是古代广为采用的形式，受宇宙意象影响，中国周代的《周礼·考工记》就有"匠人营国方九里"之说，1250 年古蒙古的元上都，明代雁北军事重镇大同城（图 0-21a）和云南的大理城等均为方形平面。公元前 3 世纪罗马人征服地中海沿岸，建立大量的营寨城，普遍采用方形城墙，今天欧洲的很多城镇从营寨城发展起来还都能看到大概的痕迹，建于 110 年的北非罗马殖民

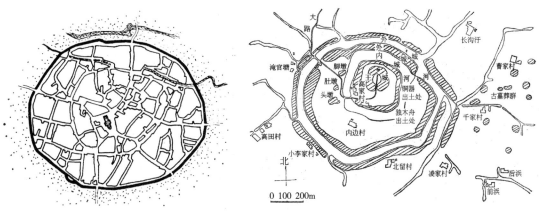

（a）公元 900 年德国的诺林根城平面图　　（b）公元前 400—前 200 年中国淹城平面图

图 0-20　圆形城

城市提姆加德（Timgad），150 年被风沙淹没，直到近代被发掘后仍能看到当时的正方形的城市平面（图 0-21b）。

长方形城，与方形城一样是平原城常用的形式，尤其在中国更易实现古代的"城制"，中国元、明的宁夏府城（图 0-22a）、宋代的苏州府城、明代的榆林城和清代的通州城，均呈长方形平面。古代西亚两河流域的新巴比伦城（图 0-22b），采用局部变形的长方形平面，特殊之处是幼发拉底河从城市中间穿过，城墙在此稍转角度。

多边形城，通常是被人为设计，以"理想城市"显示出严格的几何图形特征。早在古罗马维特鲁威的《建筑十书》中就曾提出八角形理想城市的方案，1593 年在意大利威尼斯王国建设的九角形军事城市帕尔曼诺伐城（Palmanova）（图 0-23）至今还存在，由军事工程师和规划师共同设计的，每个角上都有棱堡。1723 年建于芬兰的哈米纳（Hamina）是变异的七边形城市，成为抵御俄国进攻的一块基石，城市由堡垒指挥官设计。

不规则自由形城，是适应各种自然地形条件，而且在世界范围发展最广泛的一种形式，可以是前述各种规则形城市的变异，也可完全不规则的形状。早在公元 3 世纪建设的罗马城，随地形发展成蝶形平面，16 世纪已衰败，居民集中在西北部的台伯河边，但原始的城墙还保留着（图 0-24a）。中国明清时代宁波城的形状受余姚江和奉化江两河流向的限制，呈不规则菱形（图 0-24b）。位于黄河与佳芦河之间，山顶上的葭州城（现称佳县）（图 0-24c），石筑城墙随地形变化自然曲折，紧靠黄河陡崖，居高临下，固若金汤，成为军事防御的要地。

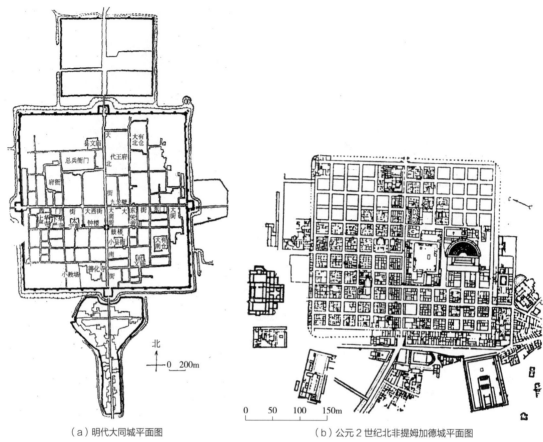

（a）明代大同城平面图　　　　　　　（b）公元 2 世纪北非提姆加德城平面图

图 0-21　方形城

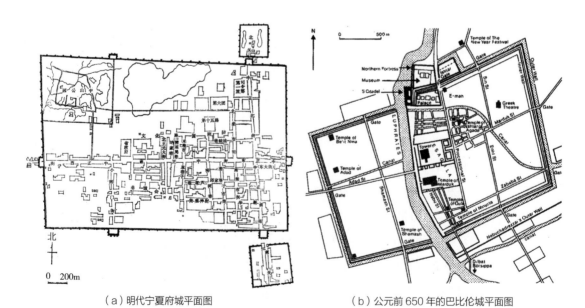

（a）明代宁夏府城平面图　　　　　　（b）公元前 650 年的巴比伦城平面图

图 0-22　长方形城

（a）平面图

（b）鸟瞰

图 0-23　威尼斯王国帕尔曼诺伐城

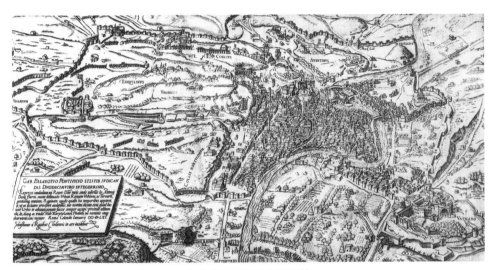

（a）公园 3 世纪建造的罗马城

（b）明清时代宁波城平面图

（c）明清时代的葭州城平面图

图 0-24　不规则城

2）城的组合

城的组合是中国城墙发展过程的一种特殊形式，我们称为组合城。组合城是城市在不断发展过程中形成的，往往由于"城制"的传统继承和城墙的渐进分期建设，形成不同的围合和结合方式，从而出现不同的组合形式，经归纳有城中城、城外城和并联城三种类型。

城中城，即主城内建城，中国古代的都城在主城内建皇城和宫城，通常的形式是主城、皇城和宫城套建成三重城，例如北魏都城洛阳，北宋都城东京（今开封市）（图 0-25a），1250 年的元上都（今内蒙古多伦的西北 40km 处），1366 年改建的明代南京城和明清北京城等。二重城的有唐长安城和南宋临安（今杭州），长安是皇城与宫城并列，临安仅有宫城无皇城（图 0-25b），这是因为南宋国力虚弱，只能在原吴越城的基础上将州府所在地的子城改建成宫城，沿浙江（今钱塘江）西南侧、明圣湖（今西湖）东侧和京杭大运河南侧之间建主城，宫城位于凤凰山之东，既不规则又不在主城中居中，是中国都城的孤例。二重城也有出现在非都城中，内城就成为衙城，即衙署的所在地，如南宋平江府城（今苏州）。

城外城，主城外增设外城，或称罗城，主要在城市发展过程形成，明清的兰州城，由主城和外城组成（图 0-26a），明洪武十年（1377 年）在黄河南侧

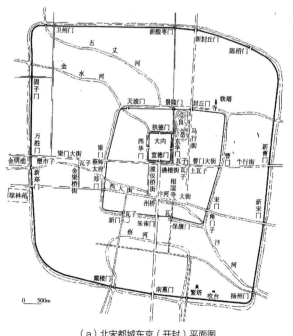

（a）北宋都城东京（开封）平面图

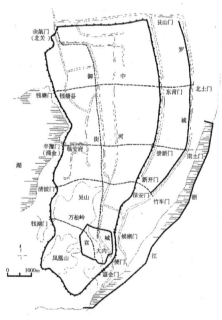

（b）南宋临安平面图

图 0-25　城中城

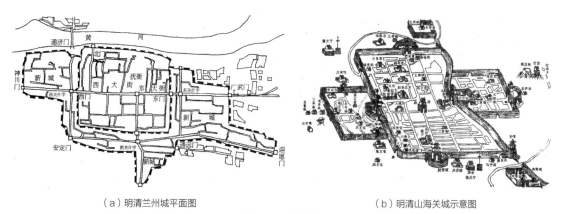

（a）明清兰州城平面图　　　　　　　　　　（b）明清山海关城示意图

图 0-26　城外城

城址建城墙，随后因经济发展人口增加，城市向南拓展，由于南侧山地环境限制，宣德年间（1426—1436 年）增建的外城墙形成极不规则的形态。与作为政治、经济中心的兰州不同，以军事防御为目的的明清山海关城（图 0-26b），主城外有若干个外城包围，山海关城建于明洪武十五年（1382 年），是万里长城的起点，由主城——临榆县城和外围的东西罗城与南北翼城共同组成，形成坚固的防御体系。

　　并联城，由多个被城墙围合的城区组成。与城外城一样是在城市拓展过程中形成，并由于不同的地理环境形成不同的组合，在实际的实例中有双联城、三联城、四联城、甚至五联城之分。位于清代贵州北部的遵义是双联城的实例，明代建城墙形成老城，东靠湘江，西南北三面被府后山和红山冈包围，崇山叠嶂、峭险无路，随着经济发展城市只能跨湘江东扩，清咸丰八年（1858 年）筑墙建新城，从而形成双联城（图 0-27a）；清代河南省周口镇是三联城的实例，古镇处在沙河与贾鲁河交界处，从元代开始逐渐聚居形成跨河的市镇，由北寨、南寨和西寨组成，清咸丰八年（1858 年）为抵抗捻军，三寨分别修筑砖砌城墙组成三联城（图 0-27b）；明代的甘肃平凉府城是四联城的实例（图 0-27c），府城由主城、东关城、夹河城和紫金城组成，主要于洪武六年（1373 年）和嘉靖元年（1527 年）多次重修形成；明代甘肃天水城是五联城的实例（图 0-27d），早在西晋太康七年（286 年）天水（原称上邽）设郡治，北魏郦道元的《水经注》中就有"上邽……旧天水郡治五城相联"的记载，后经战乱和地震毁坏，现存的城市是明洪武六年（1373 年）开始重修，先是衙署所在地的大城，随后成化、正德、嘉靖年间相继增修东、西关城、小西关城（伏羲城），中城建城墙最晚。

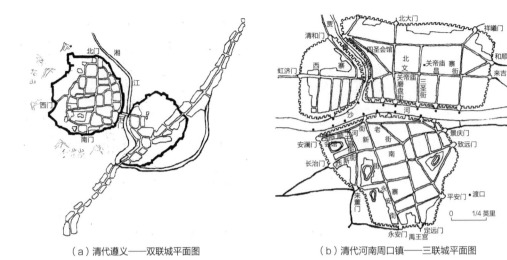

（a）清代遵义——双联城平面图　　　　（b）清代河南周口镇——三联城平面图

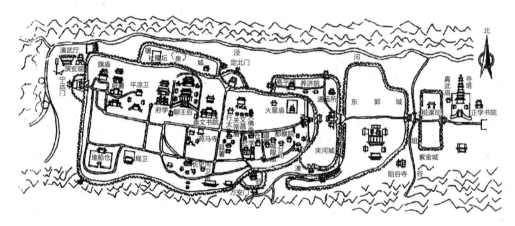

（c）明代甘肃平凉府城——四联城平面图

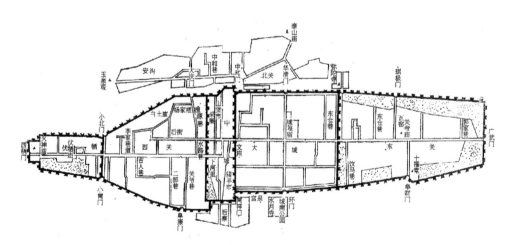

（d）明代甘肃天水城——五联城平面图

图 0-27　并联城

0.1.3　城市空间景观形态发展期

　　城市由诸多的实体与空间要素组成，要素及其组合构成城市形态。人们在城市空间中对城市空间和实体要素所产生的视觉感受和体验称为空间景观，表现出三维特征，是城市中人们的审美对象，属空间艺术范畴。作为艺术会有不同的表现特征和风格，是艺术个性特征的显示。在城市形态的发展过程中，欧洲中世纪（5~12 世纪）和巴洛克时期（16~18 世纪）表现出对城市空间景观的发展尤其关注，而且创造、培育出大量优秀的实例，得到后人的广泛赞颂，中世纪城市表现的空间艺术特征是"画境型风格"，而巴洛克城市表现的空间艺术特征是"庄丽型风格"①。

0.1.3.1　中世纪的画境型风格（Picturesque Manner）发展

　　欧洲中世纪的城市经过上千年的发展，主要在 9~16 世纪，形成一种独特的艺术特征——画境型风格。9 世纪，首先从意大利开始，在西罗马帝国遗迹的基础上建设了佛罗伦萨、威尼斯、热那亚、比萨等封建城市，然后影响全欧洲。这种风格的城市空间形态，喜用不对称布局、封闭广场、曲折道路、序列空间、组织对景、构建框景、拱廊街道和中心集聚等形式。

　　生长在当时意大利的莱昂·巴蒂斯塔·阿尔伯蒂（Leon Battista Alberti）（约在 15 世纪中叶）的著作《建筑论》（*De Architectura*），已经对中世纪城市的艺术价值有所认识，并对其艺术特征以公正的评价，深刻地理解了中世纪城市的优美形式是与自然和谐的结果，认为"大自然所产生的每一件事都是被和谐的法则所规范了的"，"一切形式的完美创造者，大自然就是他们的典范"②，并告诫人们不要做任何可能与自然直接发生冲突的事情。虽然早在 18 世纪画境风格的老城镇相对于几何式街道在美学上所具有的优势已有颂扬，但《城市建设艺术》（*The Art of Building Cities*）的作者，奥地利建筑师卡米洛·西特（Camillo Sitte）仍是中世纪画境风格的极力且成功的推崇者，被美国著名建筑师埃利尔·沙里宁认为是推进城市规划中"不规则布局的复兴"③。《城市建

---

① 画境风格和庄丽风格的概念，引用自斯皮罗·科斯托夫的《城市的形成——历史进程中的城市模式和城市意义》.

② 莱昂·巴蒂斯塔·阿尔伯蒂. 建筑论——阿尔伯蒂建筑十书 [M]. 王贵军，译. 北京：中国建筑工业出版社，2016：290.

③ 埃利尔·沙里宁. 城市·它的发展衰败与未来 [M]. 顾君源，译. 北京：中国建筑工业出版社，1986.

设艺术》出版于 1889 年，先后译成法文、西班牙文、英文和中文，西特的著作是以奥地利、德国、法国和意大利等中世纪城镇深入调查为基础，他赞美这些城镇具有"自然的感觉"，他对城市形式活跃的不规则元素在视觉上的表现力感兴趣，从单纯欣赏到发展成一套城市形式理论，他在辩论中，仅对"令人气恼的顽固的几何规则，反对奥斯曼式的尺度……"，赞扬"佛罗伦萨府邸雄伟而厚重的体量从相邻狭窄的通道中看起来能构成如画的景色"。中世纪画境风格创造了大量的与自然和谐、风景如画的城镇，正像美国著名城市理论家刘易斯·芒福德（Lewis Mumford）对中世纪城市威尼斯的评价："自从 15 世纪以来，没有一个城市像威尼斯那样能吸引如此多的画家来为它作画"①。画境风格影响着以后的城市设计理论与实践，包括 1953 年弗雷德里克·吉伯特的《城镇设计》（*Town Design*），1961 年戈登·卡伦的《城市景观》（*The Concise Townscape*）等论著，以及花园城市等实践。

　　中世纪画境风格的特征，首先表现在：自然生长、自由布局。当时的城镇都没有总体规划，根据需要随机发展、适应地形、不断修正，形成有机生长的格局，有"欧洲最美的客厅"之称的威尼斯圣马可广场（Piazza San Marco）是中世纪画境风格的精品，自由布局、变化中求统一的典范（图 0-28）。然而它是经过 800 年不断建设、不断调整而形成的，广场的雏形形成于 9 世纪，原有拜占庭式的圣马克教堂 1176 年改建，1180 年建老钟楼，1300 年开始建

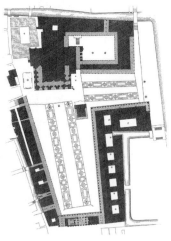

（a）鸟瞰　　　　　　　　　　　　　　　（b）平面图

图 0-28　威尼斯圣马可广场

① 刘易斯·芒福德. 城市发展史——起源、演变和前景 [M]. 宋俊岭，倪文彦，译. 北京：中国建筑工业出版社，2005：342.

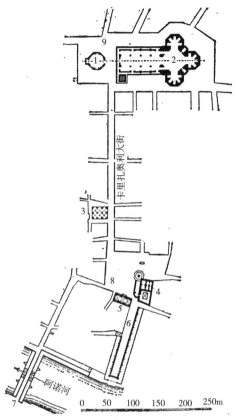

1—洗礼堂；2—佛罗伦萨大教堂；3—圣密歇尔教堂；
4—市政厅；5—兰齐敞廊；6—乌菲齐大街；7—桥；
8—西格诺利亚广场；9—教堂广场

图 0-29　佛罗伦萨中心区广场群

总督府，1520 年建旧市政大厦，1536 年建公共图书馆，直到 1805 年才最后完成。其次，画境风格的特征还表现在：适应生活、尺度宜人。中世纪城镇通常以教堂等公建为中心，周边形成广场，提供集市、集会、表演、议论等活动，成为市民礼拜和日常生活最频繁的场所，有似当今的市民中心，并有很多路径向中心汇集，由于当时的城镇规模不大，广场、路径也不大，接近人的尺度，宜人可亲。画境风格特征的第三个表现为：空间多变、步移景异。中世纪城镇经济不太富裕，财力不足，建筑基本上都是砖木结构，简单朴素，唯有形成的广场和路径空间多变，给步行者产生不同的偶然景观，正像布鲁塞尔市长查尔斯·布尔斯（Chares Buls）于 1893 年在其著作《城市设计》（*The Design Cities*）的开篇中所写："老的城镇和老的街道对于所有那些不至于对艺术印象麻木不仁的人来说具有奇异的魅力。它们称不上美，但却有吸引力。它们用一种美丽的不规则来取悦于人，这种不规则性并非来自艺术，而是来自偶然性……"[①]。意大利 14 世纪以后的佛罗伦萨中心区，以西格诺利亚广场（Piazza Della Signoria）为核心的广场群（图 0-29）向北串联卡里扎奥利大街和宏伟的佛罗伦萨大教堂广场，向南串联狭窄的乌菲齐大街、开敞的滨水街，跨阿诺河的桥街，形成敞奥交叉、界面多变的步移景异空间景观，步行者足迹是画境效果形成的基础，卡米洛·西特认为"城市学就是相互关系的学科，而这种关系应该根据一个漫步在城市中的人在一瞥之间的感受而决定"，画境风格的步行基础对于当代恢复被汽车破坏了的人性化步行环境建设也具有意义。画境风格还有一个特征表现是：地域特征、个性鲜明。由于当时皇权薄弱，城镇由封建主统治，经济自给、各自为政，从而影响城市景观形态差异，各有特色，以城镇色彩为例，就有红色锡耶纳、黑白热亚那、灰色巴黎、多彩佛罗伦萨和金色威尼斯之称。

---

① 斯皮罗·科斯托夫. 城市的形成——历史进程中的城市模式和城市意义 [M]. 单皓，译. 北京：中国建筑工业出版社，2005：84.

0.1.3.2   巴洛克的庄丽型风格（Grand Manner）发展

巴洛克（Baroco）是 18 世纪末新古典主义理论家用这一词来嘲笑 17 世纪意大利的艺术和豪华、浮夸风格，涉及文学、绘画、雕塑、建筑直到城市，使巴洛克成为一种艺术风格的名称，这种风格盛行于欧洲的 16 世纪到 18 世纪。

巴洛克在城市建设中追求庄丽风格，实际上是以帝皇为中心的首都艺术。追求宏伟庄丽、几何秩序、英雄尺度、视觉通畅、纪念庄重和夸张奢华等特征，在形式上热衷于大广场、大轴线、三支道（三条放射线道路汇集于一个广场）、大台阶、纪念建筑、雕塑、喷泉和作为对景的方尖碑、凯旋门等，将城市形态空间与空间景观紧密联系起来。

早在 15 世纪，经过近千年的中世纪，早已被遗忘的古希腊、古罗马充满戏剧性的、富有层次和纪念性的城市元素，在文艺复兴的影响下又出现了笔直的道路、对景、坡地台阶结合建筑等，街道开始演变，不再作为建筑之间的剩余空间，变成完整而独立的城市元素，古罗马式的大广场、三支道，以及将教堂等公共建筑通过笔直的街道和美丽的铺地连接起来，从而创造纪念性的城市空间系统，形成原始的巴洛克城市愿望。16 世纪巴洛克庄丽风格特征在意大利基本形成，以教皇西克斯图斯五世（Sixtus V）和他的建筑师多米尼科·丰塔纳（Domenico Fontana）于 1585 年所做的罗马总体规划（图 0-30、图 1-1）中得到清晰的表现，三支道、道路对景等在米开朗琪罗设计的皮亚街首次展现，雄伟的圣彼得大教堂及椭圆形柱廊广场气势澎湃，方尖碑令人惊叹，追求几何秩序的城市设计原则也获得确定。在意大利的引领下，法国于 17 世纪接受巴洛克庄丽风格，而且不断蔓延到整个欧洲。巴黎是当时欧洲第一大国的首都，庄丽风格逐渐形成制度化，而且有巴黎美术学院（Ecole des Beaux-Arts）从理论与实践予以贯彻，非凡的圣彼得堡建设让巴洛克在俄国驻留，跨洋在北美底特律出现荒原中的巴洛克。巴洛克庄丽风格的影响一直可延续到 20 世纪，1791 年由朗方设计的美国华盛顿规划（图 0-11）和 1853—1870 年由拿破仑三世和奥斯曼男爵合作完成的巴黎改建是庄丽风格的延续，直到 20 世纪初，格里芬的澳大利亚首都堪培拉规划（图 0-14）、美国的城市美化运动等都深受巴洛克美学的影响。

巴洛克的出现与当时的特殊社会、政治、文化发展

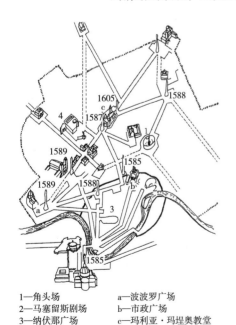

1—角头场
2—马塞留斯剧场
3—纳伏那广场
4—戴克利辛浴场遗址
a—波波罗广场
b—市政广场
c—玛利亚·玛埋奥教堂

图 0-30   16 世纪教皇西斯塔斯五世的罗马规划图

现状分不开，首先是资产阶级与君主制结合的中央集权、专制统治制度的产物，中世纪在近千年中经济发展停滞，14–15 世纪开始出现资本主义经济、人文主义思想抬头，资产阶级贵族崛起并与君权结合，反对封建制割据和教会势力，出现了一些中央集权的绝对君权国家，例如法兰西、意大利、德国等，皇帝权力无限，"君权神授"，法国路易十四就成了"太阳王"，这些国家的首都巴黎、罗马、柏林和圣彼得堡等都成为独裁者炫耀权力、震慑人民的场所，并满足其仪典操作和政治虚荣。这些首都还以军事统治维持其政权，城市驻守大量军队，1740 年柏林的驻军达市民的 1/4，为适应军事训练、检阅、出征归来，轴线大街、大广场和凯旋门等必然成为其空间需要。由于当时国家经济发展为首都建设提供了充足的财力，为巴洛克艺术发展提供了物质条件，另外不可忽略的是产生于巴洛克之前的文艺复兴运动，为巴洛克提供了人文主义思想基础，哥白尼日心说出现，哥伦布发现新大陆，科学和唯物主义哲学的提出，促使人们思想观念的转变，笛卡尔对几何学的发展和透视学的发明也为巴洛克艺术发展提供了技术支持，最后必须要提出，当时城市交通和卫生要求的市政建设是巴洛克发展的功能需要。

0.1.4 城市竖向形态发展期

城市竖向形态是由城市的建筑物（包括房屋和各种工程结构物）与地形共同组成的城市高度发展状况。随着城市的发展，人口不断增长，人类一直在探索扩大自己赖以生存的生活空间，几千年来从低矮的平房、楼房到今天的摩天楼林立，城市在不断长高，而且还处在向上发展的趋势。

古代直到公元初城市的建筑都是低矮的，古罗马应该是古代建设的最盛时期，建筑一般也只有 3~4 层，不会超过 5~6 层，由于材料和技术的限制，奥古斯都皇帝执政时规定公寓不得超过 20m 高。当然古代也有特别高的人造物，公元前 26 世纪埃及的金字塔高达 146.6m（胡夫金字塔），公元 123 年古罗马的万神庙高达 43.2m，然而这些高人造物在城市中没有形成规模，没有对城市竖向形态产生整体影响，就不细述。对城市整体竖向形态产生影响的主要在公元后，中国古塔的出现和发展，阿拉伯伊斯兰尖塔、欧洲的哥特塔楼，还有 19 世纪末在美国出现的高层建筑，以及 20 世纪的超高层摩天楼等。

中国古塔（图 0–31）

公元 1 世纪中国东汉年间，随着佛教从印度传入，据记载汉明帝永平十一年（公元 68 年）在首都洛阳兴建第一座带塔的佛寺——白马寺。佛塔是由古

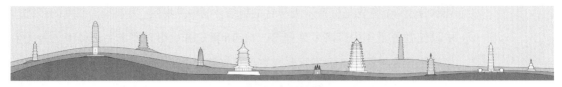
图 0-31 中国古塔

印度埋藏佛舍利的"窣堵波"与中国传统木构建筑结合（在塔顶上放置窣堵波）
发展而成，5世纪南北朝时发展最盛，唐、宋、辽、金（6~13世纪）是发展的
高峰期，唐宋后为了防火出现了砖塔，元代传入喇嘛教，出现覆钵式的喇嘛塔
由尼泊尔引入，元代以后塔与佛教开始分离，大量出现以景观、导向和定位等
目标的所谓风水塔、文峰塔等，古塔既有建在寺庙内，还能建在皇宫、皇府内，
或城市的山丘、水边等处。中国古塔有八种类型：楼阁式塔、覆钵式塔、亭阁
式塔、密檐式塔、花塔、金刚宝座塔、宝箧印经塔和过街塔等[1]，对城市竖向
形态有较大影响的主要是楼阁式塔、覆钵式塔和密檐塔等三类，这三类塔的高
度一般在30~60m之间，其中中国现存最高的是河北定州市开元寺的料敌塔，
高84m，建于1055年（宋至和二年）。

楼阁式塔，是古塔中数量最多的类型，根据材料、结构特征，分为木结构、
砖木结构和砖结构三种。现存木结构最高的是1056年（辽清宁二年）建的山
西应县佛宫寺木塔（图0-32），高67m；砖木结构的有12世纪（南宋）建的
江苏常熟崇教兴福寺方塔，高66m；1153年（南宋绍兴二十三年）建的杭州六
和塔，高59.89m，1131~1162年（南宋绍兴年间）建的苏州报恩寺塔，又称北
寺塔，高76m；砖结构的有1751年（清乾隆十六年）建的承德避暑山庄的八
角形九层舍利塔，高70m，704年（唐永徽三年）建的西安大雁塔，高64m。

覆钵式塔，最具代表性的是1271年（元代）建于北京的妙应寺白塔，
专请尼泊尔工匠设计建成，高56m；14世纪建于云南瑞丽的遮勒大金塔，
高40m；缅甸建有很多覆钵式塔，始建于14世纪，1774年重建的仰光大金塔
（图0-33），高112m，可能是这类塔的最高者。

密檐塔，砖砌，无窗，大部分不能登高远眺，辽金之后中国北方较多，佛
教意义为主。840年（唐开成）建成的云南大理崇圣寺千寻塔，高59.6m，16
层密檐，位于洱海之滨的所谓大理三塔之最；建于1120年（辽末）的北京天
宁寺塔，高57.8m（图0-34）；建于1071年，1964年重建的北京八大处灵光
寺佛牙舍利塔，高51m。

① 罗哲文，刘文渊，刘春英 . 中国名塔 [M]. 北京：百花文艺出版社，2006：13.

图 0-32 山西应县佛宫寺木塔

图 0-33 缅甸仰光大金塔

图 0-34 北京天宁寺塔

图 0-35 伊斯兰尖塔

伊斯兰尖塔（图 0-35）

公元 7 世纪开始，伊斯兰教在阿拉伯、北非、印度北部和南欧得到迅速发展，清真寺是伊斯兰穆斯林举行宗教活动、传达宗教知识的场所，通常由礼拜殿和宣礼塔成为其主要组成。宣礼塔或称唤拜楼，是召唤穆斯林前来礼拜的高塔，不同地区的宣礼塔做法不同，但顶部都有供人宣礼的敞廊，顶端尖塔状居多，9 世纪伊斯兰世界大量建寺建塔，清真寺的宣礼塔可以一个，也可以两个，甚至到 6 个。塔高通常都有几十米，高的能达到 80m 或更高。伊斯兰城市的宣礼尖塔密布，成为城市天际线的主要构成要素，土耳其伊斯坦布尔自 1453 年穆罕默德二世占领后，将原君士坦丁堡改为此名，逐渐由基督教城市转变为伊

图 0-36 伊斯坦布尔苏丹艾哈迈德清真寺

斯兰城市，并成为当时的世界伊斯兰中心，在兴建大量清真寺的同时，将原基督教堂改造为清真寺，全城一片伊斯兰尖塔的天际线景象。城内有 1572 年建造了单塔索蔻卢清真寺，还有 1755 年建造的双塔奴鲁奥斯玛尼耶清真寺，建于 1617 年的苏丹艾哈迈德清真寺（也称蓝色清真寺）（图 0-36），两侧各布置了 3 个宣礼尖塔，537 年建造的圣索菲亚基督教堂 1434 年改为清真寺，增建了四个高 80m 的宣礼尖塔。

图 0-37　哥特塔楼

哥特塔楼（图 0-37）

　　哥特塔楼与哥特建筑、哥特艺术关联，自从公元前 4 世纪罗马帝国将基督教定为国教后，教堂建筑成为中世纪封建社会的精神支柱。12 世纪开始在法国北部逐渐广泛运用尖券及券的框架结构，并且石作的技术水平得到高度发展，使教堂内部空间不断扩大，作为教堂建筑象征的塔楼高度也不断增加，为宗教的神秘幻觉、向往天国的氛围创造了条件，从而逐渐形成一种哥特建筑风格，从法国扩展到整个欧洲。12~15 世纪是欧洲哥特建筑的发展期，13 世纪达到高峰，哥特建筑成为时代的辉煌，文艺复兴后，17~18 世纪，直到 19 世纪又出现一段时期的哥特复兴，英国维多利亚时代不但在教堂上建塔楼，各类公共建筑如市政厅、法院、火车站等都广泛建哥特塔楼。哥特塔楼早在 9 世纪意大利开始出现，在教堂的一侧独立设塔，以后发展到所有教堂，可以与钟塔结合，也可以作为象征性的尖塔，然而也有一些平顶塔楼，如伦敦的西敏寺塔楼等。教堂塔楼的数量变化很多，有单塔，双塔和多塔等。正面双塔最常见，例如克罗地亚的萨格勒布圣母升天大教堂（图 0-38），爱沙尼亚的圣母玛利亚大教堂是单塔教堂，德国班贝格（Bamberg）的大教堂有 4 个塔楼，建于 12 世纪的比利时图尔奈（Tournai）大教堂有 5 个塔楼。中世纪不少城市也将哥特塔楼作为主权自豪感的象征，为此塔楼与市政厅、广场等结合，例如布鲁日的市政厅广场钟塔（图 0-39）、威尼

图 0-38　克罗地亚萨格勒布圣
母升天大教堂

图 0-39　法国布鲁日市政厅广场钟塔

斯的圣马可广场钟塔（高98m）。塔楼的高度一般都达几十米，在城市中鹤立鸡群，不少教堂在相互攀比，中世纪超过100m的高塔楼不计其数（表0-1），最高的两幢是科隆大教堂塔楼164m，乌尔姆大教堂塔楼161m。

欧洲中世纪高度超过100m的哥特塔楼（部分实例）　　　　　　　表0-1

国别	建筑名称	塔楼高度/m	建造时间（公元）
德国	科隆大教堂	164	1248~1880
德国	乌尔姆大教堂	161	1373
德国	斯特拉斯堡大教堂	142	1439
奥地利	维也纳圣斯蒂芬大教堂	137	15世纪
德国	卢比克圣玛丽教堂	125	1310
英国	沙利斯伯里大教堂	124	13世纪
比利时	安特卫普至爱·圣母教堂	123	16世纪
德国	沙特尔圣母教堂	117	1260
荷兰	乌德勒支主教堂	112	1321~1328
荷兰	代尔夫特新教堂	108	1496
克罗地亚	萨格勒布圣母升天大教堂	105	13世纪

结合山丘的建筑

结合山丘建造房屋是城市竖向发展的一种形态，能形成独特的天际线。通常有两种情况：一种是城中有小山丘，在其上建房构建城市地标，另一种是城市本身处在山丘上，房屋随地形而建，从而形成起伏的天际线。

古代城市结合小山丘建房的通常是教堂、神庙或城堡等，早在公元前4世纪希腊的雅典，在城市中部70~80m高的山丘上建卫城，其上建的帕提农和伊列克提乌姆神庙更显庄严，成为城市的竖向标志和庆典中心。巴黎的圣心大教堂建在104m高的蒙马特小山上，使83.33m的白色建筑更显庄丽，形成巴黎北区独特的城市天际线。与圣心大教堂同时建于19世纪的法国马赛城市中心守护山上的贾尔特圣母院，约60m高的建筑建在60多米高的山丘上（图0-40），已成为马赛城市的美丽地标。这种类型的竖向形态世界各地均有，例如中国西藏的布达拉宫、美国华盛

图0-40 法国马赛守护山贾尔特圣母院

顿的国会山等。

城市处在山丘上形成的天际线整体感强，由山形决定的城市轮廓，最典型的要属法国 13 世纪建设的圣米歇尔山城（Mont S. Michel），山城位于 88m 高的花岗石山丘上，山顶建有哥特式修道院，构建了宏伟而挺拔的山城天际线。始建于 1040 年的德国纽伦堡也建在平缓的山丘上，堡垒位于最高处，山坡上哥特塔楼林立，形成了高低错落、起伏多变的天际线。非洲阿尔及利亚的轧喀达雅市，也建在平缓的山坡上，由于其建筑平矮均匀，没有起伏，山形就是其天际线。

高层建筑

19 世纪中，伴随着工业革命的迅速发展和资本经济的形成，钢和混凝土等新材料的运用，新的钢结构体系发展，以及克服重力消除爬高困难的电梯发明[1] 等，促使高层建筑[2] 的发展，而且在美国首先出现。人类在城市人工物的高度竞争方面，开始由信仰、精神追求的宗教性高塔转向供自身生活和工作的高层建筑，由非实用性转向实用性是城市竖向形态发展的根本性变化。

高层建筑和摩天楼发展于美国，1865 年南北战争结束后，芝加哥取代南部的圣路易斯，成为发展西部富源的枢纽，1871 年芝加哥大火后，城市重建成为当时的紧迫任务，力求在市中心区建造尽量多的建筑面积，加上电梯的发明和新结构体系创造等因素，诱发了高层建筑在芝加哥得到蓬勃的发展。1985 年芝加哥家庭保险公司，首先运用轻型钢框架结构和箱形基础体系，建造了 42m 高的 10 层建筑，随后像雨后春笋般地相继出现更高的建筑，包括 1892 年建成的 22 层 91.5m 高的卡比托大厦（The Capitol），成为 19 世纪芝加哥最高的建筑。进入 20 世纪，高层建筑蔓延到美国各大城市，发展中心从芝加哥转向纽约，世界范围首先超过 100m、200m、300m 的高层纪录都在纽约。第二次世界大战前，美国以外各国建高层建筑的不多，欧洲由于对传统的重视，很多国家运用建筑法规限高，德国的汉堡和杜塞尔多夫到 20 年代仅出现九层的建筑；日本由于是地震多发地，通过限高以求安全，1920 年颁布的法规限高 31m，一直沿用到 1964 年；澳大利亚由于日照、消防等原因，1912 年悉尼和墨尔本相继规定建筑限高 45.7m 和 40.2m；中国在这时期相对发展较快，二战前已建有十层

---

① 1852 年美国人 E·G 奥的斯设计制造了世界第一台升降机。

② 高层建筑（High-rise building）超过一定高度的多层建筑，不同地区和国家对高层和层数有不同的规定，中国规定 10 层以上的住宅和超过 24m 的其他建筑为高层建筑，1972 年国际高层建筑会议将 9 层及以上的建筑均称高层建筑。

以上的建筑 28 幢，其中 1934 年建成的上海四行储蓄会大厦（现国际饭店）23
层高 86m，是战前远东的最高建筑。战前世界高层建筑主要集中在美国发展，
即使到 1980 年，美国的高层建筑还占世界的 73%，超高层建筑占 75%，而且
建筑高度的世界纪录都在美国（表 0-2）。

历代世界第一高楼记录 表 0-2

竣工年份	名称	位置	高度（m）	层数
1885	家庭保险大楼	芝加哥	42	10
1890	世界大楼	纽约	94	20
1894	曼哈顿寿险大楼	纽约	106	18
1899	公园街大楼	纽约	119	30
1908	胜家大楼	纽约	205	47
1909	大都会人寿保险大楼	纽约	213	50
1913	伍尔沃斯大楼	纽约	241	57
1930	曼哈顿银行大厦	纽约	282	70
1931	帝国大厦	纽约	381	102
1973	世界贸易中心双子塔	纽约	417	110
1974	西尔斯大楼	芝加哥	443	108
1998	国家石油大厦	吉隆坡	452	88
2004	台北国际金融中心	台北	509	101
2010	哈利法塔	迪拜	828	169

　　第二次世界大战后，在美国继续领先的情况下，世界各国普遍掀起高层建
筑建设热潮，1973 年美国纽约世界贸易中心以 417m 高突破 400m 大关，一年
后芝加哥的西尔斯大厦（Cears Tower）又以 443m 高保持了世界 24 年的最高纪
录。日本由于柔性结构抗震理论的突破，于 1964 年修改《建筑基准法》，取
消了 31m 的高度限制，促使其高层建筑的发展，1964 年东京的新大谷饭店以
17 层 75m 高开创了高层建筑发展的先河，1968 年建成的霞关大楼超过 100m
达到 147m 的超高层，随后 1974 年建成的东京新宿住友大厦以 212m 突破 200m
成为亚洲第一高楼，1993 年建成的横滨"标志塔"，以 296m 高成为日本最高
建筑。欧洲和澳大利业等西方国家，二战后在巴黎、伦敦、杜塞尔多夫、悉尼
和蒙特利尔等城市发展高层建筑和超高层建筑（表 0-3）。欧洲在历史保护人
士的反对声中突破了哥特教堂塔楼的高度，1952 年德国杜塞尔多夫建成了 30
层 106m 高的塞森·阿德姆大楼（Thyssen Adm Building），成为欧洲第一座超
高层建筑，巴黎于 1973 年建成 64 层 229m 高的梅因·穆特帕纳斯大楼（Maine

Montparnasse），成为欧洲第一座超过 200m 的建筑。

　　20 世纪后半叶高层建筑发展在全世界范围全面铺开，美国与亚洲处在发展的前沿，而且亚洲各国出现后来居上的势头，截至 1999 年世界 300m 以上的摩天楼都集中在美国和亚洲，包括纽约、芝加哥、洛杉矶、亚特兰大、上海、深圳、广州、中国香港、高雄、吉隆坡、迪拜等（表 0-4）。

美国以外国家首次超过 100m 高度的建筑　　　　　　　　　　表 0-3

国家	建成年份	高度（层数）	所在城市，建筑物名称
德国	1952	106m（30）	Dusseldof，Thyssen Adm Building
意大利	1957	117m（30）	Milan，Piazza Repubblica
英国	1961	107m（26）	London，Shell
加拿大	1962	131m（32）	Montreal，C.I.L.House
法国	1966	106m（32）	Paris，Nobel（PB11）
澳大利亚	1967	100m（29）	Sydney，Royal Exchange Assurance
日本	1968	147m（36）	Tokyo，Kasumigaseki
中国	1976	114.05m（33）	广州，白云宾馆

截至 1999 年世界超过 300m 高度建筑　　　　　　　　　　表 0-4

建筑	城市	高度
佩重那斯 1 号	吉隆坡	452.0m
佩重那斯 2 号	吉隆坡	452.0m
西尔斯大楼	芝加哥	442.0m
金茂大厦	上海	420.0m
世界贸易中心 1 号	纽约	417.0m
世界贸易中心 2 号	纽约	415.1m
帝国大厦	纽约	381.0m
中环广场大厦	中国香港	374.0m
中国银行大厦	中国香港	368.5m
T&C 塔	中国高雄	347.5m
阿莫柯大厦	芝加哥	346.3m
汉考克中心	芝加哥	343.5m
地王大厦	深圳	324.9m
中信广场	广州	321.9m
海滩旅馆	迪拜	321.0m
白育克塔	曼谷	320.0m
克莱斯勒大楼	纽约	318.8m
民族银行广场	亚特兰大	311.8m

续表

建筑	城市	高度
世界中心大厦	洛杉矶	310.3m
AT&T 中心塔	芝加哥	306.9m

21 世纪开始世界高层建筑建设热潮已完全转向亚洲，特别是东亚和西亚，已成为世界最高楼的竞争地，2004 年中国台北国际金融中心以 101 层 509m 高开始突破 500m 大关，随后几乎所有更高的建筑大都集中在亚洲（表 0-5），截至 2016 年世界上 500m 以上高楼共建 17 幢，其中 14 幢建在亚洲。2010 年建成的迪拜哈利法塔，高 828m，是至今世界最高建筑（图 0-41）。

截至 2016 年世界超过 500m 高摩天楼   表 0-5

竣工年份	名称	城市	高度（m）	层数
2004	台北国际金融中心	中国台北	509	101
2010	联拜大厦——东方大厦	莫斯科	509	95
2013	釜山乐天大厦	釜山	510	118
2011	阿联酋公园塔	迪拜	510	108
2014	广州周大福金融中心	广州	539	111
2013	世界贸易中心 1 号楼	纽约	541	110
2012	多哈会议中心塔	多哈	551	112
2015	高银 117 大厦	天津	579	117
2016	平安国际金融中心	深圳	600	118
2012	皇家钟塔酒店	麦加	601	120
2012	151 仁川塔	仁川	610	151
2012	俄国塔	莫斯科	612	118
2012	彭托米纽姆	迪拜	618	122
2016	上海中心大厦	上海	632	118
2014	首尔精简版大厦	首尔	640	133
2010	哈利法塔	迪拜	828	169

综合前面的论述，我们将城市竖向形态分成三个发展期，即地标型发展期、中心集聚型发展期和分散集聚型发展期（图 0-42）。

0.1.4.1 地标型竖向形态发展

地标型竖向形态发展是指佛塔、伊斯兰尖塔和哥特塔楼等具有视觉标志性价值的竖向形态发展。

图 0-41　迪拜哈利法塔

公元初开始中国出现佛塔，阿拉伯、北非、南欧和中亚出现伊斯兰清真寺的宣礼尖塔，以及整个欧洲出现了基督教堂和公共建筑的塔楼、钟楼等，直到 19 世纪哥特复兴高耸塔楼在世界范围发展。这些向上发展的人造物对城市竖向形态产生了很大的影响，高度从几十米到一百多米变化着，改变了从前城市的扁平形态，但是这些高塔在城市空间中，具有竖向实体形态的实质占有不多，主要是视觉上的感觉，具有标志性特征，为此我们将这时期高塔的发展称为地标型竖向形态发展期。塔楼、钟楼和尖塔，开始都是为宗教信仰、向往天国的目的，逐渐地向彰显神权、炫耀主权、政权和景观导向的目标变化，并在城市中以地标形式给予实现，当时城市处在低平状况的情况下选择竖向发展作为地标更显价值。欧洲中世纪基督教是其精神支柱，教堂遍布城市，14 世纪意大利佛罗伦萨仅 9 万人口，却建了 110 座教堂，英国更是将教堂作为社会单元，100 户一教堂，随着教堂建设带来的塔楼不计其数，伊斯兰城市也一样，教权统治的城市，遍布直冲云霄的尖塔，已成为城市的天际线和景观（图 0-43）。中世纪自治城镇中钟塔是公共建筑常见的组成部分，市政厅或集市广场边上建塔楼象征城市的主权和集体自豪感，也是召集市民集会的标志。作为城市地标总是希望自己位于显著位置，无论是欧洲的塔楼，还是中国的古塔在城市中往往处在人们的视觉焦点中。英国 1666 年伦敦大火后，城市重建过程在雷恩设计师的带领下，建设了 51 座教堂和塔楼，《雷恩传记》描述了他将塔楼的位置总是根据最大程度的可见性给予安排，使其在远处创造

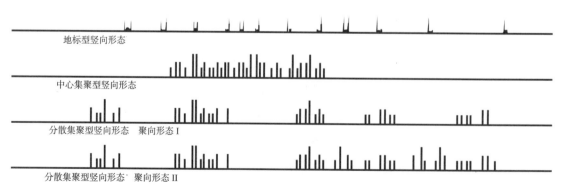

图 0-42　城市竖向形态的三个发展期

图 0-43　伊斯坦布尔天际线

图 0-44　莫斯科高层地标建筑系统（构想图）

最大的视觉效果。拿破仑在城市建设中也继承了中世纪将大部分道路通向教堂或城市塔楼的做法。

地标型城市形态发展对 20 世纪还有影响，1947 年当时苏联在莫斯科提出建设"高层地标建筑系统"新方案，以克服当时全城 6~8 层住宅缺乏天际线和可识别性的状况。图 0-44 为当时一位艺术家构想图，除顶上建有列宁塑像的苏维埃宫未实现外，很多高层地标均已建成。另外还需提起的是通讯信号塔（包括后来的电视塔），以其插入云霄的高度对城市竖向地标形态产生很大的影响。1889 年巴黎的埃菲尔铁塔以 312m 高开了先河，随后 333m 高的东京电视塔（1958 年）、532m 高的莫斯科电视塔（1967 年）、548m 高的多伦多电视塔（1976 年）、645m 高的华沙电视塔（1982 年）、600m 高的广州电视塔（2010 年）和 634m 高的东京天空树电视塔（2012 年）等相继建成，成为现代城市的新地标。

0.1.4.2　中心集聚型竖向形态发展

中心集聚型竖向发展期是指高层建筑在城市中心区集聚建设的形态发展。这段发展期主要局限在美国的 20 世纪前半叶并往后延续若干年。美国虽然在 19 世纪已出现高层建筑，但真正的高速发展阶段还是从 20 世纪开始。前文已经论述了这段时期欧洲、澳大利亚、日本等国家均限制高层建筑的发展，唯独美国由于天时地利等原因，高层建筑得到疯狂的发展。就城市布局来说，这期间美国高层建筑主要集中在城市的中心区，所谓 Downtown，这是因为中心区地价高，只有建高层、超高层建筑才能满足财务经济的平衡，同时由于汽车的普及使市中心的居住功能向市郊转移，留下的商务办公功能适应高层建筑的发展，再有市中心的竖向高度趋向已成为资本竞争的重要工具。美国的大城市包

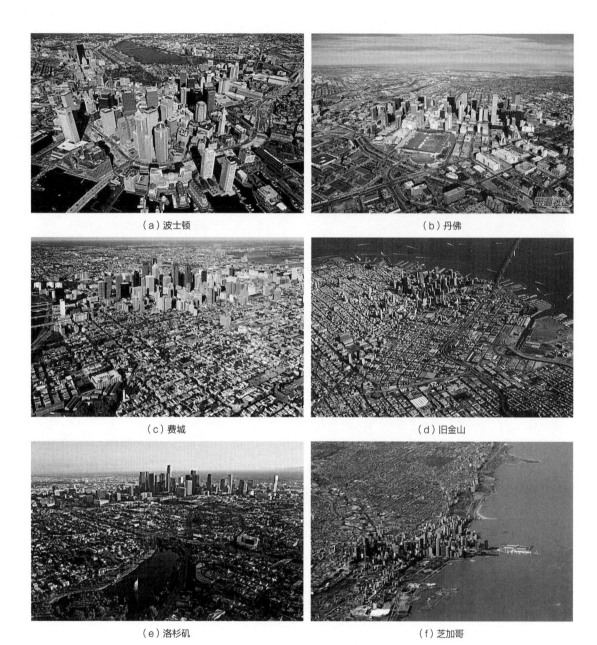

（a）波士顿　　　　　　　　　　　　（b）丹佛

（c）费城　　　　　　　　　　　　　（d）旧金山

（e）洛杉矶　　　　　　　　　　　　（f）芝加哥

图0-45　中心集聚型竖向发展形态

括纽约、芝加哥、旧金山、洛杉矶、波士顿、丹佛、费城、亚特兰大、克利夫兰，匹兹堡等高层建筑都是集中布置在市中心（图0-45），形成中心集聚型竖向发展形态，除了华盛顿作为首都严格控制高度（36.9m）外，大城市中唯有洛杉矶错过了市中心摩天大楼集聚的发展期，该市1911年规定建筑不得超过46m，直到1956年通过"城市宪章修补案"才解除限高的规定，为此当今有人将洛杉矶的CBD戏称为小城镇的商业区，然而第二次世界大战以后洛杉矶中心还是延续了美国大城市高层建筑中心集聚的传统，形成相对较小的集聚区。在美国当时有人反对摩天楼的高度集中，主张分散布置，例如休·费里斯（Hugh Ferriss）于 1929 年在其《明天的大城市》（*The Metropolis of Tomorrow*）中提出大城市中平均每 6~8 个地块建一幢 1000 英尺（约 305m）高的摩天楼，以避免纽约、芝加哥等城市摩天楼高度集中的现象，并有人提出"主动协商""减税"等策略推进高层建筑有序分布问题，但都停留在纸面上。其实这期间高层建筑中心集散布局是有其必然性，19 世纪以前对城市发展的价值取向与当时的 20 世纪完全不同，前者追求"精神""艺术"的价值，后者更重视"经济""市场"的规律。

0.1.4.3　分散集聚型竖向形态发展

分散集聚型竖向发展是指高层建筑分散以组团化地集聚建设的形态发展。主要从 20 世纪后半叶开始形成发展期，二战后开始高层建筑的发展从美国扩展到世界，尤其是亚洲发展更迅速。这段时期由于很多大城市空间结构发展观念的转变、TOD（Transit Oriented Development）理念的出现，以及高层住宅建设发展等原因，促进高层建筑建设在城市中的布局发生变化，从而影响城市竖向形态发展的变化。

城市空间结构模式发展转型，由单中心向多中心转变，促使城市竖向形态发展分散集聚。20 世纪世界多数国家经历了二次城市化（西方国家还包括郊区化过程），后半叶城市化进一步加速，包括发展中国家，城市不断扩大。19 世纪末全球还没有一个人口超过 500 万的城市，到 20 世纪末全球已有 35 个城市人口超过 500 万（其中有 22 个在发展中国家），很多大城市包括东京、伦敦、巴黎、首尔、莫斯科和上海等城市面积成倍地扩大，他们都在探索城市空间布局由单中心向多中心转变。日本东京于 1958 年提出在城市周边建 3 个副中心，到 1983 年增加到 7 个副中心；法国巴黎于 1965 年结合新城发展提出建设包括拉·德方斯在内的 9 个副中心，苏联莫斯科于 1971 年开始建设 7 个副中心，中国上海于 21 世纪初开始建设 4 个副中心，新的总体规划（2018~2035）提出建 16 个副中心，包括 9 个主城副中心，5 个新城中心和 2 个核心镇中心，这些城市都是为了使长期集中的高强度市中心建设分散到副中心或次中心，使城市的机能发展和运作更有序，东京于 1960 年开始实施新宿副都心（图 0-46a），在 16.4 公顷的用地上建设了 40 多幢高层和超高层塔楼，巴黎拉·德方斯副中心在 160 公顷用地上已建设了近 50 多幢高层塔楼（图 0-46b），英国伦敦金丝

（a）日本东京新宿　　　　　　　　　　　　　　　　（b）法国巴黎拉·德方斯

图 0-46　城市副中心高层建筑集聚

雀码头作为新的金融中心，于 1987 年开始实施，在 35 公顷的用地上建设了近 50 幢超高层建筑（图 0-62a）。

　　TOD 理念的实践也促进城市竖向形态发展分散集聚。TOD 即以公共交通为导向的城市发展理念，是由美国新城市主义于 20 世纪 90 年代提出的概念，其实这个理念早在欧洲、日本和中国香港等地区和城市已有实践。美国是出于对汽车统治城市交通的反思和变革，而日本则是 20 世纪城市铁路轨道交通和交通用地一体化开发的延续发展。TOD 是以公共交通站点为中心形成的步行区范围进行高复合高集聚的城市开发，站点区域改变传统城市的空间布局，改变市民的出行方式，少用汽车、鼓励步行、推进人性化的城市环境建设，使集约化的紧凑城市成为可能。轨道交通具有大运量的特征，车站日运量从几万到几十万，甚至上百万，大量人流集聚是实践 TOD 理念的重要措施，截至 2016 年世界上已有约 170 个城市建有地铁系统，相继建设了大量的站点，成为 TOD 发展的基础（表 0-6）。轨道站周边无论从经济还是社会效益，都是高密度、高容量建设区，上海新一轮总体规划明确规定轨道交通站区的容积率要提高，中国香港轨道交通站点周边实际容积率状况：以住宅为主的湾仔、天后、筲箕湾和西河湾等区域达 12.9，以办公为主的中环、金钟、旺角和上环等区域达14.8。高容积率必然形成高层建筑密布区，如日本东京汐留地区（图 0-47a），有多条轨道线集合的 13 公顷用地范围内建设 20 幢高层和超高层塔楼，中国香港九龙城是机场快线和东涌支线轨道和巴士站的综合枢纽，在 13.5 公顷用地上建立体交通城，在三层平台上建造 20 幢高层与超高层建筑，形成集聚型的高层群（图 0-47b）。

（a）日本东京汐留地区   （b）中国香港九龙交通城

图 0-47 TOD 站区高层建筑集聚

有些大城市，由于轨道交通发达，站点密布，站区高层建筑群遍布区域，促使城市竖向形态分散集聚加密，形成整个区域满铺高层建筑（图 0-48）。

高层居住区建设也促进城市竖向形态分散集聚的发展（图 0-49），这是城市高密度发展的需要。20 世纪下半叶世界高层建筑的发展逐渐向亚洲转移，也包括高层住宅的发展。亚洲城市人口密度原来就比西方城市高，普遍在 1 万人 /km^2 以上，高的达到近 10 万人 /km^2，而西方国家普遍在 1 万人 /km^2 以下（表 0-7），同时这段时期伴随着城市化的高速推进，使城市人口快速增长，亚洲很多城市这半个世纪普遍增长了 3 倍以上，高的达 7~8 倍，带动了城市住宅建设急剧发展，成为城市住宅高层化的主要推手。新加坡和中国香港等城市明确提出城市建设高密高层发展的策略，香港住宅的平均高度从 20 世纪 70 年代 20 层（70m）、80 年代 30 层（100m）、90 年代 40 层（130m）到 21 世纪 50 层（150~200m）。公共住宅建设是高层住宅区发展的一个重要方面，亚洲国家在城市化发展过程中普遍重视公共住宅，新加坡称组屋、中国称保障性住宅（中国香港称公屋）、日本称公共资金资助住宅，这些住宅通常是由政府或政府和

（a）温哥华   （b）上海   （c）中国香港中环

图 0-48 大城市 TOD 站点高层密布区

（a）新加坡（组屋）

（b）中国香港屯门新市镇

（c）韩国釜山住宅区

（d）福建晋江五店市

图 0-49   高层居住建筑群

社会共同投资，统一规划、统一建设，促使居住区的发展和住宅成组建设。新加坡早在 20 世纪 60 年代就开始建造组屋，按邻里、组团布局设计，70 年代基本上采用高层建设，90 年代全面运用高层高密方式，而且已成为全市 85% 居民的居住场所。中国香港从 20 世纪 50 年代开始发展公屋，70 年代开始全面采用高层建设，至今在公屋中居住的人口已经占全市居民的 1/2。新城建设是促进高层住宅区发展的另一个重要方面，亚洲城市快速推进城市化，新城发展已成为主要手段，我国 20 世纪末已建设了几千个新城和新区，韩国 20 世纪 70 年代开始发展新城，按"分级理论"方式为住宅的成片高层发展创造条件。我国香港 20 世纪 70 年代开始发展新市镇，统一规划、建设，无论是公屋还是商品住宅几乎均采用高层高密方式，形成了由高层住宅群组成的新市镇有"塔式新城"的称谓。高层组群少的由几幢集成，多的由几十幢集成，形成不同规模的"城""邨""园""苑"，20 世纪 70 年代建成的美孚邨由 99 幢约 20 层的住宅组成。随后高度不断提高，1990 年建成的奥海城由 18 幢 40~50 层的住宅组成，2015 年建成的将军澳新城由 15 幢 50~60 层的住宅组成。

世界部分城市地铁建设状况　　　　　表 0-6

城市	第一条线通车时间（年）	总长度（km）	线路数	车站数
伦敦	1863	420	11	327
纽约	1868	398	26	469
巴黎	1900	199	15	368
柏林	1902	108	8	129
马德里	1919	113	10	155
东京	1927	156.1	12	142
莫斯科	1935	231	9	143
名古屋	1957	66.5	5	66
多伦多	1954	54	2	60
首尔	1974	118	4	102
华盛顿	1976	126	4	67
中国香港（2017）	1979	87.7	6	50
上海（2017）	1995	617	14	369

亚太地区和北美欧洲部分城市人口密度比较（1991年）　　　　　表 0-7

	城市	人口密度（人/km²）
亚太地区	中国香港	95560
	雅加达	50203
	胡志明市	46397
	上海	34334
	曼谷	22540
	马尼拉	20859
	首尔	18958
	中国台北	18732
	北京	14732
	新加坡	13458
	大阪—神户—京都	10820
	东京—横滨	9660
欧洲和北美	巴黎	7793
	纽约	4432
	柏林	4257
	伦敦	4027
	洛杉矶	3524
	芝加哥	3308
	休士顿	2900

0.1.5   城市地面立体化形态发展期

世界城市人口在不断增长，几次城市化加速了其进程，20 世纪上半叶 50 年城市人口从 3 亿提高到了 7 亿，增长了 1.3 倍，下半叶 50 年，城市人口从 7 亿提高到 35 亿，增长了 5 倍，亚洲城市增长更快，中国从 1950 年到 2000 年城市人口从 5765 万提高到 45844 万，增长了 7 倍。城市人口增长的同时，大城市的数量也在增加，全世界 1000 万人口以上的城市从 2001 年的 19 座增加到 2011 年的 25 座，中国在近 700 个城市中，达到 100 万人口的大城市已超过 160 座，虽然世界范围城市密度差异很大，但总体看随着城市化的进程城市密度一直在不断提高，亚洲的城市密度特别高，几乎集中了世界上密度最高的所有城市，中国香港和澳门、菲律宾、马尼拉、印度孟买和新德里、伊朗德黑兰等城市密度都超过 1 万人 $/km^2$，西方国家城市总体平均密度不高，但城市中心区的人口密度超过 1 万人 $/km^2$ 也不在少数，至于亚洲城市中心区局部密度更是达到惊人的程度，上海黄浦区平均密度达 4.6 万人 $/km^2$，香港旺角地区密度达 30 万人 $/km^2$。

自从 20 世纪 70 年代全球发生能源危机以来，人类对自己的生存环境开始反思，1972 年罗马俱乐部发表了《成长的极限》，1989 年联合国环境署理事会通过了"关于可持续发展的声明"，1990 年欧洲委员会（EC）在《城市环境》绿皮书中明确提出"谋求紧凑城市"的理念，同时期美国出现"新城市主义""精明增长"等理念进一步完善紧凑城市对于保护生态、节约土地、节约能源、提倡公交复合功能、激发活力等城市策略的追求。紧凑城市对于人类社会具有普遍意义，尽管不同国家和学术界对紧凑城市的理解有差异，然而城市建设者逐渐形成共识，为确保人类的生存环境，不宜无限扩张城市范围，应在可持续发展的基础上提高城市密度，包括人口密度和建设密度。中国香港是典型的紧凑城市，总面积 1104 平方公里，3/4 的土地保留自然山林，仅以 1/4 用地作为城市建设区，建成区人口密度达 29400 人 $/km^2$，是世界上密度最高的城市之一，然而他的社会、生存环境良好，市民平均寿命、低犯罪率、低婴儿死亡率等均处在世界的前列。香港处在超高密度的条件下，城市运用"实用主义"的非常规方法，应对城市建设的各种"极限"条件，并区别于库哈斯的曼哈顿高密度拥挤文化对策，形成一套亚洲式的拥挤文化策略，有人称其为"香港城市主义"，这里当然包含着城市地面立体化策略。

紧凑城市理念是城市密度提高的推手，而且形成一种趋势，城市人口密度增高，可以建高层建筑予以弥补，然而城市地面空间却无法增加，表现为城市人均道路面积逐渐减少，由于汽车不断蚕食步行空间，街道越来越拥挤，相应地还引起人均绿地面积和活动广场减少，不但影响市民的生活和环境质量，更损害了城市的运转效率，为此20世纪后半叶世界上很多城市都在寻求增加地面空间，以满足交通、社会活动和生态环境等空间需要，探索地面立体化来克服城市拥挤的矛盾，将地面空间及其功能向空中和地下延伸。

0.1.5.1 地面立体化发展前期——要素发展

山地城市的地面自然形成立体化，然而人为地推进城市地面立体化是从19世纪英国伦敦建成世界第一条地铁开始，20世纪上半叶世界上已有12座城市建成地铁，纽约洛克菲勒中心在美国经济萧条时期创造性地建设了地下步行系统，进入20世纪的下半叶，地面立体化进入快速发展期，在地铁、地下街进一步发展的同时，空中步道、高架路和地下车道等相继出现，形成名目繁多的地面立体化要素，包括高架路、高架轨道、空中步道、空中街道、空中综合基面、地下车道、地下轨道、地下街和通道、下沉广场和街，以及建筑近地面的城市化空间等（图0-50）。

（1）高架路

高架路是解决地面车行道不足和提高车速的途径，20世纪50年代美国已开始建设，1964年日本东京为迎接奥运会大修高架路，相继在西方国家得到发展。中国20世纪80年代开始发展汽车产业，处于汽车使用发展期，急于解决城市交通堵塞问题，也开始修建高架路。北京二环路于1980年首先建成23公里的高架路，20世纪90年代在全国形成高潮，上海"申"字形高架体系最完整（图0-51），而且规模最大，1994年完成内环，1999年全部建成总长度达71km，对于缓解中心区的交通问题起了很大的作用。高架路在一定时期为满足汽车交通发展的需要，能发挥一定的作用。但当缺乏全面思考深入规划设计的情况下，也会对城市景观和环境产生负面影响，美国波士顿于20世纪50年代

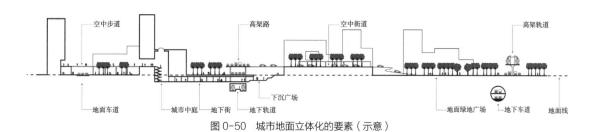

图 0-50 城市地面立体化的要素（示意）

建设的中央干道（双向六车道），由于影响城市与滨水区环境联系等原因，于
1974 年通过"交通建设评估"决定拆除，改为地下隧道，1987 年韩国首尔清
溪川盖河建设的高架路也由于环境保护等原因于 2005 年拆除。

（2）高架轨道

19 世纪欧洲出现火车，通常都是在市区设站，为了不影响地面路网，将
轨道高架，20 世纪 50~60 年代很多城市在展览会和游乐场运用了高架轨道，例
如 1959 年的洛杉矶迪士尼乐园，1962 年的西雅图世博会，1971 年的美国奥兰
多迪士尼世界等。真正作为城市中运量公交建设的是在 20 世纪 70 年代以后，
有双轨、单轨、悬挂和磁悬浮等形式，虽然早在 1901 年德国令乌伯塔市内已
出现悬挂式吊车（H-Bahn），但实现现代化系统还是到 1972 年才完成。20 世
纪 80 年代建成高架轨道交通的有日本北九州小仓线、加拿大温哥华市区 AIRT
（图 0-52）、美国底特律市中心、悉尼达令港到中心区、西柏林磁悬浮等；90
年代建成的有英国伦敦 DLK 线、泰国曼谷中心线等。

（3）空中步道

20 世纪下半叶西方国家汽车进一步普及，很多城市中心区为了追求人车
分离，开始建设二层步行系统，早在 60 年代美国圣保罗（Saint Paul）、辛辛
那提（Cincinnati）和明尼阿波利斯（Minneapolis）等城市相继开始建设，而
且形成系统，其中以明尼阿波利斯最著名（图 0-53），70 年代已形成规模，
80 年代建成，同时期，北美加拿大卡尔加里（Calgary）建成了当时号称全球
最长的二层步行系统，达 16 公里。20 世纪 70 年代后，亚洲一些高密度城市，
如中国香港、日本横滨和千叶县的幕张等也发展空中步行系统，其中以中国

图 0-51 上海"申"字形高架路（中心节点）　　　　图 0-52 加拿大温哥华 AIRT 高架轨道

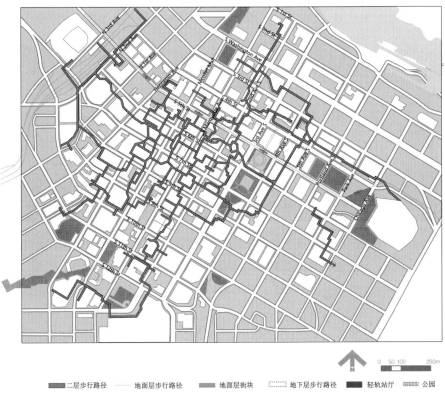

图 0-53　美国明尼阿波利斯二层步行系统

香港最具规模，在港岛太平山北坡的中心区，面对维多利亚港湾，在中环、湾仔和金钟三个区域分别建设二层步行系统，这里的坡地地形也是其在空中发展步行系统的原因之一。城市空中步行系统发展具有以下特征：在地域上，从北美的寒冷城市延伸到亚洲的高密城市；在行为上，从人车分离的交通需求延伸到社会、经济发展，表现在激活城市的二层消费空间和公共活动等方面，美国艾澳瓦州的得梅因市（Des Maines）的二层步行系统，每年二月份第一个周末要举行"空中步道高尔夫球公开赛"，至今已举办 19 届；在形态上，空中步道与建筑的关系有并联、串联等方式，还促进城市的空中广场和城市中庭的出现。

（4）空中街道

这是一种直接把地面型的街道搬到空中的做法，街道包括车行和步行空间，并组织进入建筑的入口。空中街道实例不多，但在一定目标要求下仍能出现，20 世纪末建设的伦敦金丝雀码头金融区的主街道就位于二层的平台上（图 0-62d），这是为了让地面处在步行和亲水的环境中所采取的措施。上海环贸广场综合体在二层建造街道，并将综合体的办公、宾馆入口广场安排在二层与其连接，为的是弥补淮海路及周边商业街底层无法安排办公、宾馆入口广场等空间的不足。

（5）空中综合基面

通常以大平台方式出现，是城市综合体的通常做法，在综合体基座的顶上，建开放型的城市综合基面，供市民在其上活动，以步行为主。平台可能处在一层顶面，也可能处在二层、三层顶面上。法国巴黎的拉·德方斯副中心建在离地三层高，1200m 长、100m 宽的步行为主的大平台上（图 0-54），其上有办公、商业、住宅等各类建筑，平台下有高速路、停车场、地铁线、地铁站和公交枢纽等。日本东京的六本木山城和中国香港金钟地区的太古广场都是利用地形建构大平台作为空中综合基面的案例，也是平台一侧连接山体，另一侧高出地面与街道相邻，前者平台 11 公顷，下部为道路、商场、停车库和公交站等，后者 10 公顷，下部为商场和停车库，这类大平台上机动车能通过坡地到达。

（6）空中绿地

在空中建设绿地，有利于补充地面绿地的不足和满足高层居民休闲活动的需要，通常以公园、绿廊等方式出现，也可以组织在空中综合平台上。美国西雅图滨水区，城区与艾略特海湾被三条交通线（城铁轨道、第四大道和第十大道）隔离，城市设计运用架空结构跨越交通线，构建空中地面，以城市雕塑公园方式将地形较高的城区与水滨联成一体，满足了市民的亲水行为需求（图 0-55）；纽约在废弃的高架铁路构架上建休闲公园（图 1-9）和韩国首尔利用废弃的高架桥建植物园（图 1-10）等都是空中绿地的佳例。

图 0-54 巴黎拉·德方斯大平台

图 0-55 美国西雅图雕塑公园

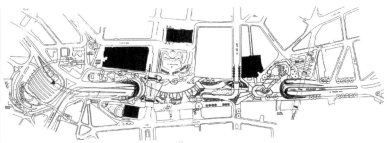

图 0-56　美国圣保罗安汉根班广场下的车道

（7）地下车道

地下车道与高架路一样都是为了增加车行空间，但地下车道更多是为了保护区域内的历史遗存、自然景观或步行街等地面环境。上海外滩是国家级历史保护区，历史建筑与滨水区之间原有 10 车道通过，严重影响滨水历史环境的风貌与活动，为了迎接 2010 年上海世博会，将其中的 6 条车道移到地下，既能解决上海南北交通的瓶颈问题，又完善了历史保护区的休闲旅游环境。美国圣保罗市为了恢复保护安汉根班广场，将道路从其下穿过（图 0-56），也是地下车道的佳例。城市中一些车流量很大的城市干道，为了减小交叉口对全线车速的影响，将车道在交叉口下沉改为隧道，这种做法已在全世界很多城市得以实践。

（8）地下轨道

地下轨道又称地铁，属大运量的城市交通，通常埋于地下 40m 以内，由于其运量大，准时性好，能带动地下公共空间发展，并且不影响地面交通等优点，应对小汽车普及给城市交通带来的负面影响，特别是新城市主义的 TOD 理念提出后，再加上地下隧道施工的盾构技术发展，促进世界范围地下轨道交通的快速发展。早在 1863 年英国伦敦出现世界第一条地铁，19 世纪格拉斯哥、纽约、波士顿、布达佩斯、维也纳和巴黎等七座城市已建地铁并运行，20 世纪上半叶柏林、汉堡、费城、马德里、东京、大阪和莫斯科等 12 座城市相继建成地铁后，下半叶进入高速发展期，有近 60 座城市进入建设期，其中包括 1950~1974 年 25 年间建设的多伦多、蒙特利尔、罗马、费城、旧金山、列宁格勒（彼得格勒）、基辅、名古屋、横滨、汉城（现称首尔）和北京等 30 座城市，1975~1995 年发展速度更快，20 年间增加了近 35 座城市，包括华盛顿、温哥华、布鲁塞尔、里昂、华沙、神户、中国香港、加尔各答和天津、上海等，据日本地铁协会 2005 年统计，世界已有 142 座城市拥有地铁，中国截至 2009 年已有 30 座城市的地铁处在运行、建造和规划设计之中。

（9）地下街、地下步行通道

地下街和地下步行通道是地下公共空间的主要类型，推进城市步行化的重要策略，在寒冷城市更受到青睐。地下街两侧或单侧布置商店，有线状、网状之分和单层、多层之分，通常近地布置；地下通道是连接地下功能空间的线状空间，当然也包含侧向有商店的地下街。最早于 1932 年在日本东京地铁银座线的神田站周边出现地下街，1939 年美国纽约洛克菲勒中心的地下通道，可以认为是地下街和通道的雏形。第二次世界大战后由于地铁在世界范围大量建设，推进了地下街的快速发展，日本是世界上建设地下街最多的国家，而且具有各种类型（图 0-57），从 1963 年开始在东京、大阪、名古屋等城市蓬勃发展，到 2005 年已建成 70 条地下街，总面积达 113 万 m^2。地下步行系统是步行街和地下通道的总称，以加拿大发展最完善，通过地铁站将建筑的地下空间联系成一体，形成地下城。蒙特利尔从 1960 年开始，到 1992 年已将 10 个地铁站连接起来，建成 30 公里长的地下步行网络和 36 万 m^2 的建筑面积，每天有 50 万人在地下活动，接近全市人口的 1/3；多伦多也从 20 世纪 70 年代开始建设地下城，现已建成地下步行网络 37km（图 0-58）。

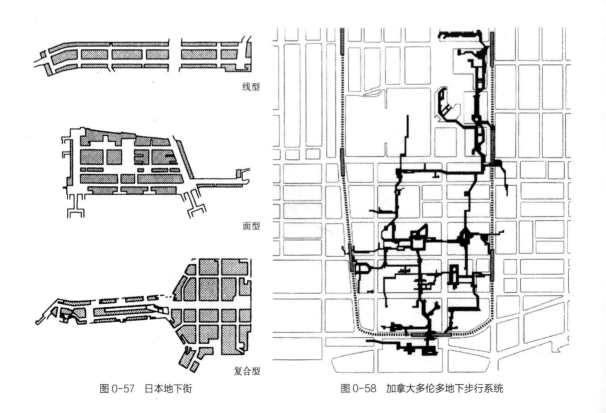

线型

面型

复合型

图 0-57 日本地下街　　　　　　　　　　图 0-58 加拿大多伦多地下步行系统

（10）下沉广场、下沉街

下沉广场和下沉街是地面和地下空间联系的介质，也是补充地面的地下活动场所，大多建在地铁站和地下公共空间的出入口处。1999年建成的上海静安寺下沉广场（图0-59），是上海轨交2号线静安寺站的入口广场，由于处在城市的公共绿地中，下沉广场运用立体的空间布局，将露天广场、大踏步和公园绿地有机组合，形成丰富而诱人的公共空间；纽约洛克菲勒中心1931年建成，其下沉广场是地面与地下公共空间系统的过渡空间，广场重视多功能使用，夏天提供休闲咖啡茶座环境，冬天可改为小型的溜冰场；建于1998年的中国西安钟鼓楼下沉广场，位于西安市中心的历史建筑钟楼和鼓楼之间，下沉广场特别重视城市的空间整合功能，它将地面广场和地下商业空间整合的同时，并通过自身的空间轴线组织将钟鼓分离的历史环境整合成遥相呼应的整体。下沉街与下沉广场具有同样的功能，只是其线性形态有别于广场，荷兰鹿特丹Beursplein商业街是一条300m长的下沉街（图0-60），穿越城市交通干道，缝合了两侧的商业环境，也是干道下地铁站出入口的延伸空间。

（11）建筑近地面的城市化空间

建筑近地面的城市化空间，可以作为地下、地面和空中城市活动基面的连接空间，有利于人们全天候的城市活动。在一些交通枢纽和大型城市综合体中采用较多。早在1978年建设的纽约花旗银行集团总部大厦（图0-61），65层高278.6m，为了使高密度的曼哈顿地区地面得到疏解，建筑采用4根巨型大柱支撑，架空7层，其下安排连接地铁的下沉广场，使区域形成开敞的城市中庭。

图0-59 上海静安寺下沉广场　　　　　图0-60 荷兰鹿特丹 Beursplein 下沉街

图 0-61　纽约花旗银行总部大厦

20 世纪 90 年代建设的日本横滨皇后广场，坐落于横滨"海港未来区"，是集 4 幢高层塔楼和文化商业的综合体，在二层建 260m 长的空中步行商业街，地铁线在平面与其垂直地从地下通过并设站，综合体设置近 8 层高的城市中庭将地铁站、地面层和空中步行街竖向整合于一体。城市综合体是建筑近地面城市化空间建设的主要机会，随着城市综合体的发展将进一步促进地面立体化的有序进展。

0.1.5.2　地面立体化进入系统化发展阶段

20 世纪下半叶，特别是六七十年代，很多城市的地面立体化要素逐渐形成体系，例如以加拿大蒙特利尔、多伦多为代表的地下步行体系，以日本东京、大阪为代表的地下街和以美国明尼阿波利斯、中国香港为代表的空中步道体系。城市地面立体化要素的建设是地面立体化系统发展的前期，早期的单要素发展通常都没有经城市设计的形态系统研究，往往会产生要素之间各自为政或与城市整体空间缺乏有机联系的情况，因此有时会遭到一些关心城市艺术的人们批评，但我们不能忘记这是形成城市地面立体化系统的基础。20 世纪 80~90 年代，城市建设者，尤其是城市设计工作者，为了克服地面立体化要素建设的弊病，更要使这些属于城市的基础设施要素与城市建筑空间体系有机结合，探索使地面立体化形成综合体系，使地下、地面和空中要素系统化，使车行、步行和轨道交通系统化。近几十年来世界各国发展的很多大型城市开发项目也为这种探索提供了有利条件。早在 20 世纪 80 年代建设的法国巴黎拉·德方斯开始尝试地面立体化空间系统的建设，为了人车分离的城市步行化发展，将地面公共活动环境建在三层平台上，使范围内的铁路、公路、地铁、公共汽车等交通空间和站点、停车场、换乘等系统分别安排在大平台下的地面层、地上二层和地下层中。20 世纪 80 年代策划，由美国 SOM 公司设计，90 年代建设的英国伦敦金丝雀码头金融区，在地面立体化系统化空间建设方面又进了一步，综合组织地铁、轻轨、车行与步行系统，为了充分利用原码头区特色的水系环境资源，保证地面处在亲水的步行环境中，创造性地将核心区主街道安排在二层屋顶平台上，形成地面的立体化系统，在 83.6hm² 的范围内结合地铁与轻轨组织四个层面的立体化地面：①步行的亲水地面；②核心区街道安排在建筑群的二层裙房屋顶上；③结合朱比利地铁车站建设立体化的"U"形平面地下街；④高架轻轨（DLR）线从空中通过，并在建筑的三层设站。金丝雀码头金融区城市设计在地面立体化方面表现出不同要素的组织性和空间立体整合的有机性特征，保证了区域有序的运动，并在形成完整空间秩序的同时还产生了动态的城市景观效果（图 0-62）。

随后，20 世纪末到 21 世纪初，开始在世界各地不断出现城市地面立体化的实践，例如 1998 年建设的日本北九州小仓站地区，1999 年建成的中国香港

（a）全景

（b）外景

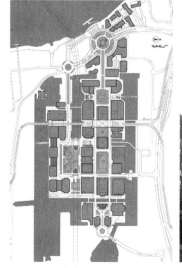
（c）总平面图

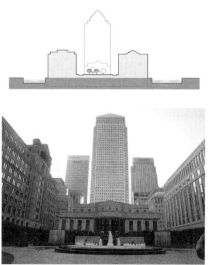
（d）二层屋顶街道

（e）轨道线与地下空间

图 0-62　伦敦金丝雀码头金融区

中环的机场快线站区和九龙交通城，以及21世纪初建设的日本东京汐留地区和上海五角场副中心地区等，城市地面立体化得到进一步的发展。

日本北九州小仓站地区，为了车站南北两侧区域得到同步发展，将车站二层空间建设成开放型和立体型的城市通道，使车站两侧的二层步行系统联系成一体，并避开地面的车行系统，同时将处在不同标高的轨道交通站（包括位于一层地面层的JR线站，位于三层的新干线站和位于四层的城市轻轨站）整合在同一个通道型的城市公共空间内。城市通道内还建有大型商业和旅馆等公共设施。虽然站区集聚大量的人流，但由于地面立体化的组织，使站区范围内保持拥而不挤的有序运动（图0-63）。

20世纪90年代策划，20世纪初建成的日本东京汐留地区是城市地面整体系统立体化的又一个佳例，这是东京都中心最大的城市更新、再开发项目之一。汐留地区占地13hm²，建20幢高层与超高层建筑，总建筑面积达160万m²，是一个商务办公为主兼商业、文化和居住等功能的复合型城区，为了对多条处在不同标高的轨道线和站房（地面的JR新桥线、地铁大江线汐留站和都营浅草线新桥站、高架新交通线新桥站和汐留站等）进行连接，通过立体的步行系统组织区域的城市立体地面，地下二层步行街兼具下沉广场和下沉庭院，空中二层和三层步行系统，同时还组织了联系地面、地下和空中步行系统的城市中庭，形成立体的步行空间网络，使容积率高达12的汐留地区非但没有拥挤感，而且还给市民与旅游者提供舒适的环境和有趣的城市体验。

上海五角场副中心地区是城市北侧的交通集聚区，因五条城市干道在此交汇而得名。五条干道交汇形成的车行大圆盘，上方有城市中环高架路，下方有宁国路地下隧道和轨道10号线（地铁）等穿过。20世纪这里已自然形成商业中心，21世纪初定为副中心发展时，就出现了商业中心与交通中心的矛盾。考虑到适应市民的传统习惯，需要保留圆环四周被交通割裂的商业服务功能，为此规划设计部门通过周密研究，采用地面立体化的方法，也就是将圆环中央广场下挖，建大型下沉空间、与地铁站连接，然后通过下沉圆形广场向四周五个角放射建地下步行系统和商业空间，将地面上的所有商业服务设施联成一体。为此五角场圆盘形成了五层的地面立体化空间，从上到下包括：高架路、地面车行圆环、下沉广场、地下隧道和地铁线。为了减小高架路对中心下沉广场的视觉和噪声影响，由艺术家设计建设了一个当时被人讽称为怪异的"彩蛋"，包围广场上方的高架空间，现在却成了地区的标志。地面立体化的发展使五角场副中心成为上海商贸发展最快的地区之一（图0-64）。

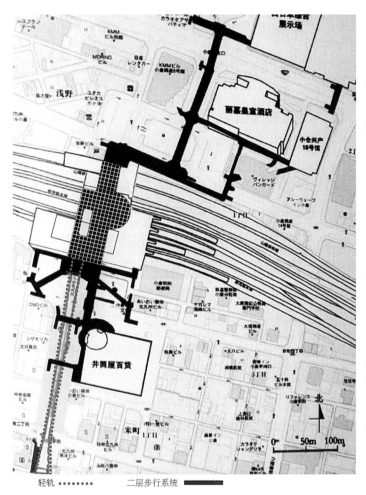

轻轨 ●●●●●●● 二层步行系统 ▇▇▇▇

（a）总平面图

（b）外观1

（c）外观2

（d）车站内二层城市通道

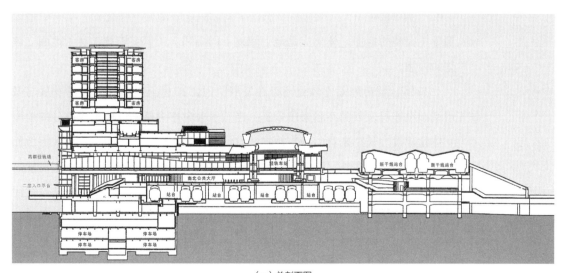

（e）总剖面图

图0-63 日本北九州小仓站地区

图 0-64　上海五角场副中心核心区

　　城市地面立体化的发展过程，从单要素发展进入系统发展是一次重要的跨越，SOM 公司的金丝雀码头金融区域城市设计与建设可以认为是进入这次重要跨越的标志，是进入地面立体化系统发展的里程碑。地面立体化是当代城市形态发展的新趋势。城市紧凑化的可持续发展观念、提高城市效率和活力、弥补地面空间不足等是地面立体化的发展动力，交通立体化发展是地面立体化发展的催化剂，市政基础设施发展是地面立体化发展的重要条件。20 世纪 90 年代发展起来的景观城市主义已意识到地面立体化的发展，提出"加厚地面"（thickened ground）的概念，虽然这个概念只反映地面立体化的一半——地上部分（完整的地面立体化应是地上和地下的总和），但它毕竟丰富了地面立体化的内涵。

　　总体看城市地面立体化还处在发展阶段，21 世纪城市现代化的发展与城市基础设施的发展关系越来越紧密，当然也包含作为基础设施组成部分的地面立体化建设。长期来看，城市规划、设计，特别是城市艺术领域，往往将地面立体化建设排斥在外，这主要是由于城市建设发展阶段的原因，当城市发展需要地面立体化建设时，城市的形态、肌理早已形成，由于地面立体化建设往往是滞后或自成体系，没有纳入城市整体形态系统，以至于形成诸如"高架路必然破坏景观"的错觉。然而城市地面立体化形态是城市集约化、紧凑化发展趋势的形态特征，会在城市空间环境中建立新的美学体系，尤其是当代城市建设出现大型整体城市开发和城市综合体的发展，而且有城市设计的介入，使立体

化系统由地下、地面和空中形成，地面立体化的艺术价值会在城市形态的发展
中越来越得到重视。

0.1.6 城市形态发展历程表（表0-8）

城市形态发展历程表　　　　表 0-8

时期 发展期 \ 发展阶段			公元前										公元									
			4000 3600 3200 2800 2400 2000 1600 1200 800 400 0											200 400 600 800 1000 1200 1400 1600 1800 2000 / 100 300 500 700 900 1100 1300 1500 1700 1900										
平面形态发展期	平面布局	有机生长型																				
		实用网格型																				
		宇宙意象型																				
	平面图形	城墙图形型																				
空间景观形态发展期		画境型（中世纪）																				
		庄丽型（巴洛克）																				
竖向形态发展期		地标型																				
		中心集聚型																				
		分散集聚型																				
城市立体化形态发展期																						

0.2 当代城市形态发展特征

0.2.1 生态城市（Eco-City）引导的当代城市形态发展

人类在改造客观世界的同时，不断克服过程中的负面效应，20世纪在反
思批判工业文明以环境为代价的发展模式，积极改善与优化人与自然、人与人
的关系，追求有序的生态运行机制和良好的生态环境，形成一种新的社会形态，
这种社会形态寻求经济、社会、文化及环境和谐共生地发展，使人类社会进入
了一个新的文明发展期——生态文明时代。生态文明是人类经历原始文明、农
耕文明、工业文明后进入一个新的更高的发展阶段，它是共生式的社会形态，
是集自生式（原始文明）、再生式（农耕文明）、竞生式（工业文明）等社会

形态于一体的可持续发展形态[①]。

生态城市是生态文明在城市发展中的表现，是生态文明在城市建设中的落实，也是生态文明建设的重要内容。早在 1971 年联合国教科文组织发起的"人和生物圈（MAB）"计划研究过程中提出"生态城市"的概念，即以生态学视角用综合生态方法研究城市，并在 1984 年的 MAB 报告中提出生态城市规划五项原则[②]：生态保护策略、生态基础设施、居民生活标准、文化历史保护和自然融入城市；随着 1987 年以布伦兰特夫人为首的世界环境与发展委员会（WCEO）发表了《我们共同的未来》报告，正式提出可持续发展概念；即"在能满足当代人需求的同时，又不危害满足后代人需求的能力"，随后 1992 年联合国环境与发展大会发表了《21 世纪议程》，注重生态化发展理念和可持续发展思想，使生态城市理念进一步得到国际社会的重视；1990 年在美国加州召开第一届国际生态城市研讨会后，经过历届会议的召开，对生态城市的研究不断深入。早期世界对生态城市的认识主要从人与自然的关系，进入 21 世纪后，人们对生态城市的认识进一步深化，将生态城市理解为"复合的生态系统"。人类在对自身与资源、环境的关系中感受到节约资源、环境友好、生态平衡等重要性的基础上，进一步将生态理念与社会、经济发展关联；追求经济高效持续、社会开放公平、环境和谐健康的可持续发展目标，从而形成生态城市的社会、经济和自然和谐的复合生态系统概念。这种概念不但将人与自然的关系，而且将人与人的关系引入系统。

生态城市已成为当前世界上广泛认可的城市发展模式，尽管对其概念学术界还有争议，然而推动城市发展转型已成为大家的共识，是人类践行生态文明的重要课题。世界各国无论是发达国家还是发展中国家的城市都在实践、探索。生态城市作为可持续发展的复合生态系统，概括起来具有下列方面目标：

（1）资源节约、低碳安全、美丽愉悦与自然友好的人居环境。

（2）服务完善、功能交混、开放公平、促进交往的和谐进步社会形态。

（3）蓬勃高效、产业循环、不断创新的可持续发展经济模式。

城市发展具有继承性，当今城市要传承历史城市发展各文明时代的经验，例如古希腊的网格布局、中世纪的画境艺术风格、哥特时期的天际线、巴洛克

---

① 王如松 . 生态、生态城市与生态人居建设 [J]. 城市发展研究 . 2009 增刊：1.
② 顾朝林 . 生态城市规划与建设 [J]. 城市发展研究 . 2008 增刊：105.

的轴线系统，以及 20 世纪的高层建筑等，更要考虑当代城市发展的要求，尤其是生态城市对城市形态发展趋势的影响。我们将这种形态发展趋势特征归纳为：结构紧凑化、基面立体化、组织有机化、特征绿色化和枢纽集聚化等。

0.2.2　当代城市形态发展特征

1）结构紧凑化

结构紧凑化是指城市形态结构组织的密集紧凑发展状况

结构紧凑化是生态城市形态的集约特征、很多学者都把他放在生态城市规划追求的首要地位，例如美国生态学家、生态城市的创始人理查德·雷吉斯特（Richard Register）认为生态城市即生态健康的城市，是紧凑、充满活力、节能、与自然和谐共存的聚居地[①]。

为了城市形态紧凑发展，近年来世界各国都在探求紧凑城市的发展理论和实践，欧洲是在继承自己传统城市高密度、复合功能的特征，美国为了防止城市郊区化的蔓延，亚洲为了克服原有城市传统高密度带来的困境等逐渐形成发展城市紧凑化的共识。认为紧凑城市有利于节约土地资源、减少交通出行引起的能耗、缩减基础设施的投资以及推进城市步行化人性化和社会交往等生态城市发展的诉求。

城市形态紧凑化已在世界很多城市的规划设计和建设中实践和发展，尤其是在亚洲地区，中国香港、日本东京、韩国首尔、新加坡的一些城市等已取得可喜的成绩，不少城市在寻求适宜的高密度、控制城市建成区发展边界、建构适应气候的高密环境、组织分级中心的集聚，以及适宜的竖向发展等方面取得经验。

2）基面立体化

城市基面立体化又称地面立体化。长期来城市的公共活动，包括交通、交往、聚会、休闲等和自然生态环境都在地面集聚，随着全球城市化的进展，人口密度和建设强度不断提高，作为城市基面的地面越来越趋向拥挤，无法承担各种城市公共活动和自然生态环境发展的需要，地面向地下和空中延伸发展已成现实，形成城市基面立体化是必然的趋势，而且进一步向建筑和市政基础设施渗透。

基面立体化是生态城市形态的三维特征，它能缓解高密城市的拥挤度，提

---

① 顾朝林 . 生态城市规划与建设 [J]. 城市发展研究 . 2008 增刊：107.

高城市交通的效率，使自然生态环境获得更多空间、推进城市从汽车化向步行化、人性化发展。

3）组织有机化

组织有机化即城市形态要素有机的组织关系。城市是复杂的巨系统，是具有特殊功能、有机系统的诸要素构成的整体，有机系统即要素之间具备有组织的或被组织化的特征。城市要素组织有机化要求要素之间互相渗透、有机结合，正像英国著名建筑师理查德·罗杰斯在《小小地球上的城市》中对未来城市形象的描述："建筑物将变得更具渗透性，而行人将在建筑物中穿行，而不是沿建筑物外绕行，街道和公园可能是建筑的一部分，或建筑物可以跨越在街道和公园上空"[①]。城市形态组织有机化是20世纪下半叶批判"科学主义"还原论以"分析"范式为导向的现代主义规划思想过程逐渐形成，正好与生态城市系统观吻合一致。

组织有机化是生态城市形态的组织关系特征，有利于城市从松散型向集约型的发展，有利于城市的功能交混、共生，能促进城市运行的高效和活力提升，同时有利于社会交往和推进各类社区建设。

整合是城市组织有机化的重要手段，运用整合机制可以使城市的各种要素整合形成有机体，包括公共空间与私有空间、自然环境与人工环境、历史空间与现代空间、地下空间与地上空间、交通空间与其他功能空间等，近年来很多城市发展城市综合体，是城市三维有机化的重要探索。

4）环境绿色化

环境绿色化是城市形态与自然生态环境和谐结合的表现。

城市绿色化是生态城市形态的表象特征。它有利于人与自然的和谐相处，确保城市防灾、安全与可持续发展，有利于气候环境的控制与诱导，还能推进舒适、健康、宜居环境的形成。城市绿色化重视自然环境的保护、修复和城市下垫面的改善，追求建、构筑物与自然环境共生共融，塑造适应气候特征的城市空间布局和形态，追求不同气候环境的特色形象，推进绿色建筑和绿色市政基础设施建设，实现生态、景观和现代化的共同发展。

5）枢纽集聚化

枢纽集聚化是指城市形态在公共交通枢纽区域相对高密、高强集聚发展，它区别于以汽车交通为主发展模式均匀的城市空间布局。这种趋势是20世纪

---

① 理查德·罗杰斯，菲利普·古姆齐德简. 小小地球上的城市 [M]. 仲德崑，译. 北京：中国建筑工业出版社，2004：165.

末新城市主义提出 TOD（以公共交通主导的城市发展）理念后得到世界各国城市建设界的认可，虽然这种思想早在欧洲已有实践，但就世界范围来说还是具有革命意义的。当前世界各大、中城市，由于轨道交通的大运量、准时性和不影响地面交通等特点，已成为普遍采用的公共交通方式，其车站枢纽周边的步行范围区域集聚建设已成常态，枢纽集聚还同时伴随着局部的基面立体化。

枢纽集聚化是生态城市形态竖向发展的布局特征。它有利于城市集约、高效利用土地资源，节约市政基础设施投资，有利于绿色交通建设并促进城市通勤及相关行为活动的高效性形成，有利于城市功能多样性的集聚、推进社会交往和经济活力的提升。枢纽集聚化的城市形态，通常表现出高层建筑的集聚，地区活动基面立体化、功能空间要素交混和步行空间有序组织等特征。

第 1 章

城市形态及其生成

1

1.1　城市形态

城市形态是在特定的社会发展阶段中，人类在一定空间范围内的各种行为与环境互相作用形成的物质空间特征。

城市形态由包括建筑、桥梁、林木、山体等城市实体形态和包括街道、广场、水体等城市空间形态组成。城市形态的组成部分以复杂的秩序形成整体。

城市形态是人类各种行为，包括社会行为、经济行为、居住行为和交通行为等要求形成的空间，为此也可以理解为是城市内部结构的外显表现。

城市形态是在人类文明历史长河中，随着时间的流逝不断变化逐渐形成，表现出城市的动态性。即使城市形成之初的形态很完美，也无法静止不变，形态在实际的发展过程中会由于人的各种行为影响而发生变化。古罗马帝国时期宏伟的市中心区，经过中世纪到文艺复兴时期，由于各种社会行为的作用，城市肌理完全变样了，仅有北侧的圆形万神庙和南侧的斗兽场遗址保留下来。

1.2　影响城市形态形成的因素

1.2.1　人及其活动行为——城市形态形成的主导因素

美国城市学家斯皮罗·科斯托夫在《城市的形成》中借用 L·沃斯（L·worth）于 1938 年提出的城市是"一个相对较大、密度较高，由不同社会阶层的个体组成的永久性定居地"的概念，认为城市是人的聚居点，同时也是人们积极的集聚行动发生的场所[①]。从而为作为城市物质空间特征的城市形态与人及其行为建立了明确的逻辑关系。

人及其行为的需要是城市形态形成的主要原因，城市形态的发展与变化是人们从自身的需要出发，对自然环境、物质环境、文化环境改造和完善的结

---

① 斯皮罗．科斯托夫．城市的形成：历史进程中的城市模式和城市意义 [M]．单皓，译．北京：中国建筑工业出版社，2005：37．

果，体现人类社会的价值需求。正像美国城市学家 E. D 培根所说："城市的形成无论是过去还是将来都始终是文明状态的标志，这种形式是由住在城市中的人们所作决定的多样性而确定的"[①]。城市学家凯文·林奇在《城市形态》中进一步指出："非人为力量是不会改变人类的聚落"，"只有人的活动才能改变这些聚落的形态"，"无论形态多么复杂、不明确或无效，都是人的动机所造成的"。人类为了在城市中栖息要建住宅，在住宅周边建造各种服务设施并形成居住区，为了创造财富建造工厂、办公楼，为了上班、上学、通勤需要和社会联系建设道路与街道，为了业余时间的购物、休闲、健身建造商场、电影院、体育馆，为了河流的防洪安全建造堤坝，古人为了军事防卫建造城墙等等，这些人工物的建设无疑都是人类在不断理解自己所处环境的同时，创造满足自己需要的城市，从而成为社会的行动者和创造者。

　　人的行为是城市空间形态形成的基本原因，早在 1955 年，在阿尔及利亚召开的国际现代建筑会议（CIAM）第十次小组（Tema10）就已提出："城市形态必须从生活本身的结构中发展而来"，"城市和建筑空间是人们行为方式的体现，城市规划工作者的任务就是把社会生活引入人们所创造的空间中"[②]。

　　城市形态是人的各种城市行为所需要的物质空间在地面上的呈现，大到城市空间结构，小到城市广场，都与人的城市行为或隐或现地密切关联。古代很多城市作为神祇的家园，城市布局受宗教仪典活动影响，古希腊雅典及其卫城的布局受雅典娜女神祭祀大典游行路线影响形成。始建于公元前 7 世纪的罗马城，文艺复兴时期作为基督教的圣地，于 16~17 世纪实施改建，除了重建圣彼得大教堂等雄伟的公共建筑外，还根据当时宗教的祭祀活动路线调整路网、修直道路、组织放射状的城市大道布局，并在节点处布置纪念性的公建和标志物，形成新的城市空间形态结构（图 1-1）。城市广场在不同历史时期，虽然有其流行的形式，但人的使用行为仍是其形态变化的主要影响因素。宗教性广场受其认知行为需要的肃穆、崇敬感受驱使，形成追求对称、宏伟、庄丽的特征（图 1-2a）；商业休闲广场，需要轻松愉快的氛围感受，其形态往往运用不对称的自由布局（图 1-2b），交通广场主要功能是满足交叉口的车辆疏导，当超过 4 条道路交叉时，在 19 世纪还没有汽车的情况下运用圆形转盘组织交通形态，通常是有效的（图 1-2c）。

---

① E.D 培根等 . 城市设计 [M]. 黄富厢，朱琪，译 . 北京：中国建筑工业出版社，1989：21.
② 沈玉麟 . 外国城市建设史 [M]. 北京：中国建筑工业出版社，1989：190.

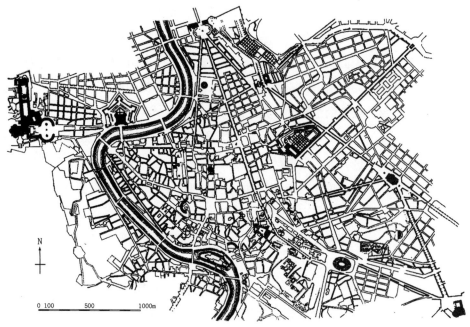

图 1-1　公元 16~17 世纪罗马城改建规划

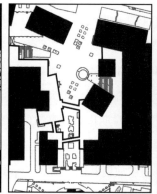

（a）罗马圣彼得广场——纪念性广场　　　　（b）上海大拇指广场——商业休闲广场　　　　（c）巴黎星形广场——交通广场

图 1-2　不同功能的城市广场

1.2.2　既有环境——城市形态形成的影响因素之一

城市的形成是个漫长过程，最初的城市是在大自然环境中生长，自然环境是城市的基垫，随着人类生产、生活和各种社会活动发展的需要，城市在不断扩大、不断更新，作为城市形态也在不断变化。新的城市形态形成既离不开自然环境，也与已建成的城市人工环境息息相关，自然环境和建成环境是城市形态形成的重要影响因素，也是城市设计的背景条件。自然环境包括地形、地貌、气候环境、地质、水文和植被等，其中地形、地貌和气候环境对城市形态的影响更为突出。

作为城市基垫的地形、地貌涉及山体和江、河水系，对城市形态影响最大。山地城市处在有坡度的地形环境中，自然植被好，具有布局自由、立体地面、曲折路径、错落天际线等形态特征（图 1-3a）；平地城市的形态特征是路网平面、网络布局（图 1-3b）；水网城市的形态特征是水系主导空间结构，建筑与水交融（图 1-3c）；滨水城市的形态特征是城水渗透交融、展现天际线（图 1-3d）。

气候是城市的隐性环境，以温度、湿度、太阳辐射和风级等为指标，综合形成人的舒适度环境。人们为了追求理想的气候舒适度，营造城市形态以适应不同的气候环境类型的城市[①]。寒冷城市，风大、严寒、多雪，城市形态特征是布局的内向封闭、建筑外形厚实、小窗、陡坡屋顶（防积雪），常见防护林和地下空间发展（图 1-4a）；温热城市，夏热潮湿，城市形态特征是风廊道布局、建筑形式通透、吊脚、骑楼；干热城市，高温、暴晒、少雨、干燥和风沙

（a）山地城市（中国香港）

（b）平地城市（巴黎）

（c）水网城市（阿姆斯特丹）

（d）滨海城市（温哥华）

图 1-3　不同地形条件的城市

---

① 斯欧克莱（SZOKOLAY）将建筑气候分区分为 4 类：寒冷气候区、温热气候区、干热气候区和温和气候区。引自柏春 . 城市气候设计 [M]. 北京：中国建筑工业出版社，2009：250.

（a）寒冷城市（魁北克）　　　　　　　　　（b）干热城市（也门萨那）

图 1-4　不同气候条件的城市

大，城市形态特征是高密度（互挡防辐射）、水绿共融、内向院落（防风沙）、建筑外形厚实及遮阳（图 1-4b）。

1.2.3　城市发展理念——城市形态形成的影响因素之二

随着人类社会的进化，城市一直在不断发展，人类认知和改变世界的能力也在不断提高，处在不同的历史发展阶段，人们在适应地域背景、总结改造环境经验的同时，不断寻求城市发展的方式和新理念，从而影响和推进城市的建设。中国早在 2000 多年前就有《周礼》[①] 城制和《管子》城制 [②] 等对后代影响广泛的城建理念；19 世纪末 E·霍华德针对工业发展给城市带来布局杂乱、卫生条件恶化和瘟疫流行等城市病，提出田园城市思想，追求高效城市与清新田园风光结合；20 世纪 20 年代开始，随着城市工业化的进一步发展，科学技术、哲学、艺术等不断成熟，城市的现代主义趋势推进了 1933 年国际现代建筑会议（CIAM）第四次会议提出"功能城市"的发展理念，发表了著名的"雅典宪章"，提出以现代科学技术改造旧有的城市，其功能分区思想很长一段时期正反两面地影响着城市建设；20 世纪六七十年代开始，随着能源危机爆发，世界范围开始对人的需要和环境的限度有了进一步的认识，可持续发展观应运而生，城市学家和城市规划设计工作者都在探索可持续发展的城市模式，生态低碳城市、紧凑城市、TOD 思想和景观城市主义等发展理念不断出现，而且影响着当代城

---

① 董鉴泓 . 中国城市建设史 [M]. 北京：中国建筑工业出版社，2004：15.

② 洪亮平 . 城市设计历程 [M]. 北京：中国建筑工业出版社，2002：20.

市形态的发展。考虑到生态城市理念已在本书 0.2.1 "生态城市（Eco-City）引导的当代城市形态发展"一节中阐述，这里重点研究紧凑城市、TOD 思想和景观城市主义等与城市形态的关系。

1）紧凑城市（Compact City）

紧凑城市本身属城市形态的概念，是生态城市的重要特征，其产生的背景和形成过程以及对城市地面立体化形态的影响已在本书 0.1.5 "城市地面立体化形态发展期"一节中阐述，这里进一步分析另外两方面影响城市形态变化的表现，第一是扩张城市向有界城市形态转变，控制形态无序蔓延，以达到节约土地资源、减少基础设施投资、实施 TOD 和少用汽车等目标。荷兰阿姆斯特丹市的发展过程是从扩张型转向紧凑型发展的案例（图 1-5）。第二是松散城市向集约城市形态转变，发展高密度的中心，追求大疏大密布局（图 1-6）以推进土地高效利用、自然生态资源保护和培育，以及发展公共空间等，城市综合体是集约城市形态的一种重要策略，使城市要素三维有机整合，形成功能体系化、形态整体化的城市单元，不仅提高土地利用率，还促进城市使用行为的高效性（图 1-22）。

2）TOD（Transit Oriented Development）

TOD 即以公共交通导向的城市开发理念，其产生的背景和形成过程已在本书 0.1.4.3 "分散集聚型竖向形态发展"一节中阐述。TOD 通过交通发展模式的改变影响城市开发方式的改变，也是促使城市可持续发展的重要手段。TOD 理念既影响城市微观形态变化，又影响城市宏观形态的变化。对城市微观形态的影响主要表现在以公交站或枢纽为核心和以步行距离为范围形成的公交站区，呈独特的城市形态特征区，即围绕核心设置公共服务设施，通过步行空间组织

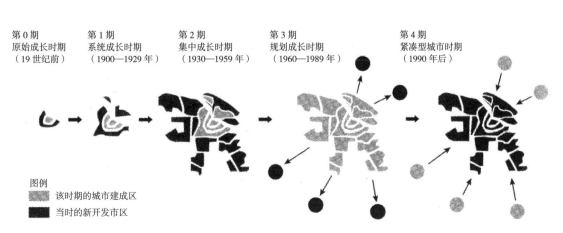

第 0 期 原始成长时期（19 世纪前）　第 1 期 系统成长时期（1900—1929 年）　第 2 期 集中成长时期（1930—1959 年）　第 3 期 规划成长时期（1960—1989 年）　第 4 期 紧凑型城市时期（1990 年后）

图例
　该时期的城市建成区
　当时的新开发市区

图 1-5　阿姆斯特丹市从扩张到收缩的发展过程

图 1-6 中国香港九龙

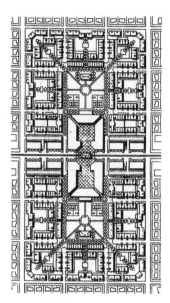

图 1-7 步行口袋

区域的布局，车行道在不影响步行行为的前提下到达各功能单元，新城市主义代表人物彼得·卡尔索普（Peter Calthorpe）在 TOD 理念形成的萌芽阶段提出的"步行口袋"（图 1-7）能很好地反映概念的二维特征，对于城市微观形态的影响还表现在高密高容发展和地面立体化特征，前者是由于区域良好的可达性带来的效应，后者是由于当前公交广泛运用的轨道交通，通常是地下或空中运行，便于避开车行道组织人车分离的立体系统，促使区域形成拥而不挤的状况。TOD 理念对城市宏观形态的影响，主要表现在由汽车交通主导形成的城市竖向形态均匀发展转向城市竖向形态分散集聚发展的特征。

3）景观城市主义（Landscape Urbanism）

景观城市主义，是适应后工业时代城市形态发展的需要，将景观视为城市生态基础设施，以人工与自然要素作为城市生态景观体系，建构城市结构和肌理，促进社会、生态和景观的综合发展。

20 世纪后半叶，人类进入后工业时代，传统工业衰落，产业结构调整，促使城市用地的异质化与碎片化出现，城市现代化进一步提高表现在城市基础设施不断更新和发展，相继出现大量的高架路、立交桥、地铁、轻轨、大型桥隧、高堤坝和地下污水处理等新的设施，冲击传统的以街道、地块、建筑和广场等为基础的城市肌理，城市景观观念也随着城市形态的变化而改变，不仅为视觉艺术的需要，更要重视生态发展的要求。很多景观、城市、建筑的学者和设计师在寻求城市发展的新趋势，出现景观城市主义的新思潮，

1997 年查尔斯·沃德海姆（Charles Waldheim）在策划一次介绍新的城市规划设计研究和实践作品的会议过程，首先使用 Landscape Urbanism 作为展览与会议的主题，2004 年出版了《景观城市主义：机器性景观指南》（*Landscape Urbanism: A manual for the Machinical Landscape*），2006 年出版了查尔斯·沃德海姆主编的《景观都市主义读本》（*Landscape Urbanism Reader*），同时在伦敦建筑联盟（AA）、芝加哥大学、宾夕法尼亚大学艺术研究所等相继开设了景观城市主义课程。

　　景观城市主义理念的实践对城市形态产生影响有多种表现。首先是城市基础设施从孤立建设转向与生态景观共生，高速路、立交桥、停车场等交通设施与城市公园、广场等开放空间整合发展，西班牙巴塞罗那的光荣加泰罗尼亚广场（图 1-8），是由单纯的立交桥改造成立交桥和邻里公园、邻里停车场整合的公共设施。其次是城市地形重塑，通过人工方法，或建筑或架构，组织新的地面，美国西雅图滨水区，跨越三条交通线，以雕塑公园方式将地形较高的城区与水滨联成一体，提高城市的亲水性（图 0-55）。第三是出现城市空中公园，纽约的高线公园（High Line Park）是利用城市废弃的高架铁路构架建设的空中公共空间（图 1-9），高架铁路建于 1934 年，1980 年由于铁路货运的衰退而停止运行，公园离地 9.5m，全长 2.3km，穿过 22 个街区，2009 年第一期建成后已成为市民的休闲和旅游者观光胜地；2017 年 5 月建成的韩国首尔空中公园"首尔路 7017"（图 1-10）也是在废弃的高架桥上改造而成的城市植物园，

（a）改造前　　　　　　　　　　　　（b）改造后

图 1-8　巴塞罗那光荣加泰罗尼亚广场

（a）鸟瞰　　　　　　　　　　　　　　　　（b）节点

图 1-9　纽约高线公园

高架桥长 983m，建于 1970 年，2009 年因结构安全问题而停止使用，公园不但
改善首尔火车站周边的生态环境，而且成为消除铁路和车行道阻隔城市步行的
空中活动基面。景观城市主义影响城市形态的还有一种表现，是建筑作为地景
整合城市环境，或扩大公共活动空间，或整合复杂的城市环境。前者如澳大利
亚首都堪培拉的国会大厦，建筑处在人工覆土的小山丘下，伊斯坦布尔的梅伊
丹（Meydam）购物中心建筑群，屋顶覆土呈现几个能上人的小山丘，并与周边
地形整合；后者有如 2014 年建成的首尔东大门设计广场（DDP）（图 1–11），
基地处在历史城墙的遗址上，周边是不同时期建设的老城区和各类市场，著名
建筑师扎哈·哈迪德设计以"转喻的景观"为概念，运用地景手法将 86000m^2
的 DDP（Dongdaemun Design Plaza）设计成绵亘的山丘，象征时间流转的有机体，
与城墙遗迹、绿地公园穿插结合，并使更大范围的商业中心和历史形成的多种
城市肌理交混环境得到整合。

图 1-10　首尔空中公园"首尔路 7017"　　　　图 1-11　首尔东大门设计广场

1.2.4　城市审美——城市形态形成的影响因素之三

城市审美是城市设计的重要研究范畴。人类历史伴随着城市的产生，审美要求就不断进入城市的形成过程。早在古希腊，尤其是希腊化时期，人们已开始重视城市格局的秩序感和美的要求，当时的哲学家亚里士多德就认为，一座城市的建设不仅给居民以保护，还要给居民以快乐。

审美是人们感知、欣赏、评判美和创造美的活动，是人与审美对象（客体）构成审美关系从而满足精神需要的实践和心理活动。审美实践直接诉诸感性的形象，是直觉的、无直接实用功利目的，同时又是理性的、思维的、伴随联想、判断、感情和意志活动。审美是主客观结合的实践过程，但在古代西方美学的思维方式和哲学范式中却体现出一种客观性的实现观念，认为美的主体就是实体的属性和状态，与人之间没有必然的联系。近代的美学的研究中，逐步重视人的主体意识的意义，不再将美的本质视为外在于人的实体，转而从人的感性认识、想象力、情感愉悦和审美趣味等心理来理解美的本质，使美的本质转变为审美的本质。

城市审美是人类审美的组成部分。城市审美不但关系到其审美对象——城市形态，还涉及审美主体——人，更不能回避同时关联到对象和主体的审美价值。以上三方面构成了审美的三要素，也是当代英国美学家阿诺·里德（Louis Arnaud Reid）认为的审美经验存在的三条件[1]。里德说："一定的客体对于想象而言完美地表现了意义（也就是说它恰到好处，既不过分也无不足地表现了意义）时，我们就说他的表现是完美的。在这种情况下，形式就变成了整体和意义的一个部分，这种复杂的自我完成的表现，我们就称之为'美'。"城市审美对象的形态表现具有复杂性特征，形象具有三维性、四维性，自然要素、人工要素和社会要素并存结合，漫长的历史为人类留下了丰富的城市形态遗产。欧洲中世纪留下了有机性、协调性和多样性的画境式风格形态，巴洛克时期留下了整体性、动态性和庄丽性的几何美学形态；20 世纪上半叶留下了简洁、明快和有序性的现代主义特色形态。城市审美主体的人表现出高度的广泛性，市民、旅游者、城市设计者和城市管理者都从不同的角度欣赏、认知和创造城市，这些人在审美的实践中积累了经验，成为审美能力、观念和趣味形成的内因，更是城市设计者形成审美灵敏度、深广度和激发灵感的源泉。人们在审美

---

[1]　徐苏宁.城市设计美学 [M]. 北京：中国建筑工业出版社，2007：176.

过程持有的观点、态度、理想、趣味和标准是审美的观念，这种观念直接影响人们的审美选择和创造，当审美观念在一定的社会、经济、伦理和价值观等的制约下趋向理论化和系统化后，便会出现审美思潮和流派，从而更广泛地影响城市形态。城市审美价值是城市形态形成的意义，也是审美主体追求的目的，不同的主体（包括个体、群体和社会）有不同的价值取向，即不同的价值选择倾向性，中世纪的伊斯兰城市，作为伊斯兰群体或社会，十分重视"私密性"成为其价值取向，我们在阿拉伯地区见到的密集树枝状肌理形态就是其审美价值对城市形态影响的结果。同样古代"权力至上"的价值取向联系着中心性结构的城市形态，近代"功能主义"的价值取向联系着"机器美"的城市形态，现代"人文主义"的价值取向联系着空间交混和步行化的城市形态等等。

影响城市形态的因素，除了前面已阐述的人的活动行为、既有环境、城市发展理念和城市审美等，还有科学技术发展、社会决策者的意志等，这里就不一一叙述。

1.3 城市设计与城市行为

1.3.1 行为科学发展促使城市设计方法的根本变化

第二次世界大战后，西方城市环境面临着严重的困境，市中心衰败出现社会问题，城市更新过程具有现代主义规划特征的大拆大建使社区和经济结构遭到破坏，出现城市建设的反人性倾向，然而这时期人文主义在长期关注科学主义的情况下得到复苏，人文学科得以发展，包括心理学、行为科学以及对人的感情研究得到重视等，20世纪60年代开始环境概念取得全面深化，城市规划和设计界出现新的思潮，对长期来强调传统的视觉艺术方法，也就是由设计者决定城市形态的方法提出质疑。1959年凯文·林奇（Kevin Lynch）发表了《城市意象》（*The Image of the City*），1965年克里斯托弗·亚历山大（Christopher Alexander）发表了《城市并非树形》（*A City is not a tree*），1961年简·雅各布斯（Jane Jacobs）发表了《美国大城市的死与生》（*The Death and Life of American Cities*）等著作，标志着城市规划、设计领域开始关注城市使用者的要求和行为,努力挣脱传统的束缚,确立社会使用方法(Social Usage Approach)。凯文·林奇在《城市形态》(*Good City Form*)一书中提出好的城市形态的 5 个指标:生命力(Vitality)、感觉(Sense)、适宜度(Fit)、可及性(Access)和控制(Control)等都与城市行为密切相关。生命力是为了满足人类生命延续,实现人的最基本的心理行为(生理、安全、环境和谐)的需要;感觉是为了能形成感受空间观念和价值的认知行为;适宜性是为了反映聚居环境与居民行为模式的良好契合度;可及性是为了满足顺畅的交通行为和信、物交流;控制是为了确保空间行为受到规范。林奇的论述告诉我们,以塑造良好城市形态为目标的城市设计应该十分重视城市行为及其研究,正像他指出的:"城市设计的关键在于如何从空间安排上保证城市各种活动的交织"。

城市活动行为研究对于城市设计而言,不但体现在空间形态的构建,而且还要从项目的策划、设计范围的界定等方面介入。作者在郑州二砂文化创意广场城市设计过程中,根据更大区域城市功能、行为发展的需要,将创意广场的发展与城市发展结合,调整设计目标和设计范围,力求双赢。文创广场位于郑州市西部,原属城市工业区,政府决定在 56hm² 的原郑州第二砂轮厂作为工业遗产保护区建设文化创意园。城市设计研究了城市区域的发展现状:①基地以北 200m 有地铁 10 号线通过;西侧有已建的中原万达广场等商业设施;②郑州西区原有工业厂房大部分于 20 世纪 80 年代改建为居住区,缺少生活服务设施,无法满足居民的商业、娱乐、服务等公共活动行为的需要。设计认为郑州西区应发展公共中心,可以与文创园的服务中心结合,共同满足城市居民和文创园的行为需要,完善设计目标、扩大设计范围,不但将周边已有的商业设施一并考虑,还通过规划管理部门说服北侧地块一并纳入城市更新范围,运筹连接地铁站并建地下街,形成适应新交通行为方式的 TOD发展区(图 1-12)。

| (a)城市设计总平面图 | (b)原设计范围 | (c)调整后设计范围 |

图 1-12　郑州二砂文化创意广场城市设计范围调整

1.3.2   行为地理学与城市行为研究

行为地理学的发展促使城市行为的研究，早在 20 世纪六七十年代地理学的发展中，人的主体性又一次被重视，将社会的人引入地理学，对地理被认为是几何学和空间统计性质的空间形态法则理论进行反思，冲破了人文地理学认为所有人的行为特性相同，所有个人对空间理解相同的传统理论假设，认为行为的结果不仅取决于区位机会，而且取决于人对空间的认知，相继推动环境与行为关系的研究。行为主义学派在人文地理学中发展，掀起了地理学的行为革命，从而揭开行为地理研究的序幕。

行为地理学研究的初期，主要集中在认知、偏好及选择等方面，即探索人类行为决策背后的认知模式，包括认知地图与空间认知学习过程，尝试建立基于个人决策过程来理解空间现象的模型，以取代区位论和中心地理论模型。20 世纪八九十年代，行为地理学重视研究行为与环境的互动关系，区分实际空间与行为空间，寻找特定空间的人类行为规律，由于西方经历了能源和经济危机，行为地理学随着人文地理学又开始关注和分析解决社会和生活问题，包括盲人、残障人的行为研究、社区邻里变动对迁居行为的影响等，行为地理学从基于主观心理研究向解决社会问题的导向迈出了一大步。20 世纪末开始，除了行为与环境互动研究进一步深化外，更重视日常生活行为与城市环境关系的研究，尤其在反复行为与偶然行为的细分研究得到深化，并将行为研究从早期的"空间行为"转变为"空间中的行为"，强调人们针对不同目的和不同环境为形成不同的认知模式来指导决策，突出了环境中人的行为价值与意义。

行为地理学是指在考虑自然地理环境与社会地理环境条件下，强调从人的主体角度来理解行为和其所需空间的关系的地理学方法[①]。经历了行为从那里发生的区位论套路发展到关注人类行为与环境的互动关系，最终回归到研究城市居民日常生活空间和现实中。行为地理学与城市行为研究越来越走近，行为地理学为城市行为研究提供方法论，并在研究内容方面相互渗透，实践中为城市设计预测环境中使用者的行为规律，以及研究形成空间环境形态模式提供基础。

---

① 柴彦威，颜亚宁，冈本耕平. 西方行为地理学的研究历程及最新发展 [J]. 人文地理，2008.6: 2.

1.3.3 我国城市行为研究及现状

我国改革开放后开始引进西方城市行为学方面的相关研究，20 世纪 80 年代相继介绍了环境心理、行为地理学、城市意象、场所精神等理论。

20 世纪 90 年代后人文地理学的研究重点从人—地关系转向人—社会关系，用行为地理学的方法研究人类的微观活动，重视特殊人群、特殊行为、特定时间和特定空间的城市居民行为，并关注转型期城市居民行为和空间的变化，以及它们的关系研究，相继出现了很多研究成果，包括林玉莲等关于城市意象的研究，柴彦威等关于购物消费行为及空间特征研究，王德等关于步行商业街、商业综合体行为与空间研究，潘海啸、周素红等关于居民出行行为与空间形态、土地使用的关系研究，王冬根等关于城市郊区化与交通行为研究，徐磊青等关于地下空间中的心理行为研究等。

由成立于 1996 年的建筑环境心理学会发展而成的中国环境行为学会（EBRA），从 2000 年开始每两年召开一次国际研讨会，研究建筑与城市环境行为。

2005 年 10 月由北京大学城市与环境学院柴彦威教授发起由北京大学、同济大学、香港浸会大学、中科院地理资源所、中山大学、南京大学等城市地理学、城市交通学、城市规划学和城市社会学等学者参与组织、成立"空间行为与规划"研究会，每年开会研讨，成为我国城市行为研究的主要平台，近年来在空间行为与行为空间研究方面取得丰硕成果。

同济大学建筑城规学院城市设计研究中心从 20 世纪末开始一直探索城市行为研究在城市设计中的应用，在特定的城市环境中研究使用者的行为，塑造特色的城市空间形态，主要有下列方面的探索：

- CBD 区域商务人员活动行为模式及城市空间形态——上海北外滩地区城市设计

- 轨道交通站区活动行为模式及城市空间形态——上海静安寺地区城市设计

- 活力社区活动行为模式及城市空间形态——上海北外滩地区城市设计

- 滨水区亲水行为要求受高堤坝影响下的城市空间形态——杭州滨江区江滨地区城市设计，河南漯河市中心城市设计，漳州市西湖片区城市设计

- 城市历史地段的城市更新中寻求、提炼并恢复历史意象形态——杭州塘栖古镇中心城市设计，连云港海州古城复兴城市设计，郑州二砂文创广场城市设计

1.4　城市行为与城市形态协同发展

1.4.1　认知行为与可意象性城市形态及历史意象形态

1）认知行为 [1]

人们通过视觉、听觉、触觉等感受接受客观环境信息，产生环境知觉，形成环境的感知过程，是认知的初级阶段。环境知觉在经验和习惯的影响下，经过包括记忆、学习、思维、求解等的加工改造，在头脑中形成意象，这个过程称为认知。

2）城市意象

城市意象是人们在对城市环境的认知过程，头脑中形成记忆的想象性的形象。这是心理学上的城市形象，被深刻记忆的城市形象。一处好的环境意象能使拥有者在感情上产生安全感，并使自己与环境建立协调关系产生认同感，扩展人类经验的潜在深度和广度。意象不是城市环境形态精确微缩后的模型，而是经过主观的简化，包括删减、排除甚至融会贯通形成的形象。对于城市设计来说，意象研究将忽略心理学家可能感兴趣的个体差异，而重视"公众意象"的意义，即大多数市民心中拥有的共同意象。

3）可意象性

可意象性，又称可识别性或可认知性，即城市或区域形态对于观察、体验者能激发认知并具有形成强烈意象的特征。

可意象性是城市特色表现的重要指标，历史上国内外由于地域、政治、社会、经济和民族的差异，形成了很多特色鲜明的城市，严谨布局的北京、小桥流水的苏州、庄丽风格的华盛顿、环境如画的威尼斯、水网交织的阿姆斯特丹和顺应山体的伯尔尼等等，然而近半个世纪以来，世界范围受全球化信息化影响，城市环境形态发展趋同性的特征越来越明显，出现所谓的特色危机。我国自改革开放以来，城市建设大规模、高速度地发展，也不例外地表现出城市形态可意象性的缺乏，正在引起社会各界和城市建设者的关注，这是对城市设计的激励和挑战。

---

① 上海辞书出版社《辞海》1999 年缩印版，解释"认知"是指人类认知客观事物，获得认知的活动。为此本书将认知理解为属于行为范畴的活动。

4）营造可意象性城市或区域

营造可意象性城市形象是建设城市特色的重要手段，也是城市设计的重要任务之一。可意象性城市或区域的特征就是要具有个性。可意象性有两种类型，一类是给人强烈刺激的整体视觉形象，如纽约曼哈顿的天际线、上海陆家嘴金融区的天际线、西藏拉萨的布达拉宫、青岛滨海的白墙红瓦蓝天绿树等，这类可意象性形态往往需要提供可及性的视野空间，包括大面积的水体、空旷的场地、广场等。另一类是让人体验城市，即人在环境中移动时的体验，当然也包括视觉感受，例如上海的里弄、北京的胡同、江南水乡、香港的山水高楼交融、蒙特利尔的地下城和罗马的巴洛克空间体系等。

营造可意象性形象，首先要研究城市意象元素，凯文·林奇提出的意象五元素：路径、边界、区域、节点和标志物等已被大家认可，是人们认知城市重要切入点。不同城市形态意象的元素影响度不一样，无论林奇对波士顿、洛杉矶的意象调查[①]，还是 Appleyara 于 20 世纪 60 年代对委内瑞拉圭亚那市的调查[②] 都显示五要素中路径和标志物更受人们的关注，路径是体验认知城市的主要元素，标志物以不同形式出现给人更多的视觉感受。20 世纪下半叶以来世界范围内追求城市现代化进程不断加快步伐，意象元素有了进一步发展，城市基础设施层出不穷，高架路、大型桥梁、步行街、轨道交通和二层步行系统等都给人产生了认知意象，同时地形、地貌的景观化也使人产生深刻印象，这些元素很多已超出林奇的五要素范围，形成独立体系，例如美国明尼阿波利斯和中国香港的二层步行系统，在城市范围形成了可意象性的形态特征。

强化意象元素的个性是营造城市可意象性形象的主要手段，埃菲尔铁塔屹立在巴黎塞纳河畔的历史建筑群中，以其 300m 高的金属架构与周边严谨、低矮的砖石建筑形成对比，个性鲜明，已成为巴黎的可意象性地标。具有个性的意象元素复合组织也是营造城市可意象性形象的另一种手段，武汉在整合三镇的长江和汉水交汇处，自建成长江大桥后，相继在武昌的蛇山和汉口的龟山建成黄鹤楼和电视塔，三元素共同组成武汉市最受人关注的公共意象（图 1-13）。

5）寻求历史地段的历史意象

历史地段是保留遗存较丰富，能够比较完整、真实地反映一些历史时期传统风貌或民族、地方特色、存有较多文物古迹、近现代史迹和历史建筑，并具

---

① 凯文·林奇. 城市意象 [M]. 方益萍，何晓军，译. 北京：华夏出版社，2017.
② 徐磊青，扬公侠. 环境心理学 环境知觉和行为 [M]. 上海：同济大学出版社，2002：37.

（a）意象三要素

（b）实景

图 1-13   武汉市的意象标志

有一定规模的地区^①。

我国历史悠久、文化底蕴深厚，全国范围有大量的历史地段，是城市历史文化传承的重要组成部分，但到目前为止仅少数城市有历史文化风貌区保护条例和名录，很大部分的城市历史地段没有进入法定的历史街区和历史风貌区保护，随着国家城市发展从增量规划转到存量规划的新阶段，城市更新已成为城市发展的新模式，历史地段散布在城市中不断纳入城市更新范围，从城市新陈代谢、激发生命力的需要，以新的城市功能取代旧的功能，包括完善现代化的市政设施，这给保护与发展带来矛盾。近年来我国包括上海新天地在内的很多保护型的城市更新项目，在处理发展与保护矛盾中做了可喜的探索。然而也有很多地区的城市更新过程在发展方面很成功，但历史文化保护欠缺，主要表现在保护了历史建筑，但地段的历史风貌却明显缺乏，也就是丧失了历史意象。

历史地段的历史风貌是由多方面构成，包括历史建筑、街道、广场、古迹和河道等，经过长期的历史过程，虽然有些历史地段历史文化底蕴深厚，但很多风貌遗存遭破坏和变化，风貌元素和非风貌元素混杂并存，进入城市更新阶段，许多地区虽然没有风貌区的认定，还是应该历史保护与发展同时考虑，为了植入新功能，形态设计既要满足现代人的需要又同时要保留历史风貌的信息，是城市设计必须考虑的。实践证明完全恢复历史风貌是不可能的，营造假古董更是无法适应现代功能的发展，仅仅保护遗存的历史建筑，有利于城市发展和更新的实施，但往往不能保留历史风貌的特征（历史遗存十分丰富的地区除外）。

寻求历史意象的显现是城市设计历史保护的重要手段。

城市历史意象是设计者对历史地段历史环境意象的提炼，是对历史环境的

---

① 摘自《历史文化名城保护规划规范》GB 50357-2005.

可意象性认知，通过意象使人们联想历史环境、追忆历史文化。历史意象保护建立在历史保护规划的基础上，但不局限在现存的遗迹，也不排除舍弃历史意象价值不大的现状。历史意象保护应抓住历史意象的精华，是灵魂，上海新天地建设抓住了"里弄"这个意象，它表现在里弄肌理、石库门和青红砖相间等历史意象元素，尽管为了引入现代化功能而局部改扩建、新旧共生，甚至加入时尚的景观设计，仍然保护了里弄的意象，留住了影响中华人民共和国成立前上海居住文化的记忆，并且扩大了影响（图 1-14）。

新天地是对现有遗存环境中历史意象元素的提炼显示。然而在有些历史地段的遗迹无法显示历史意象时，也可运用对已消失的历史意象再现的方法。作者在郑州二砂文创广场城市设计中，为了保护原址郑州第二砂轮厂作为奠定新

（a）鸟瞰

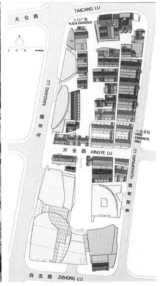

（b）平面图

（c）石库门

（d）弄堂

图 1-14　上海新天地

中国建国初期工业基础的 156 项工业遗产，仅保护现有遗存的厂房尚欠充分考虑，城市设计通过总体布局安排，恢复了能体现当时（1953 年）重工业运输方式的铁路支线环境，实现了历史意象的再现。

1.4.2   交通出行行为方式导向与城市空间组织

1）交通出行行为

交通出行行为是人们为了一定目的，选择一定的交通方式从事移动的活动，是交通的主要组成部分，不包括物的运输和流通。交通出行行为的目的有通勤出行和生活出行之分。前者是人们每天必需的出行行为，包括上班、下班、上学、放学等，属于刚性行为，通常占每天出行比例的 3/4；后者是人们满足其他生活需要的出行行为，包括购物、交往、休闲、娱乐、健身等各种活动，属于弹性行为，通常占每天出行比例的 1/4，但随着社会的发展，其比例会不断增加。

交通出行行为分三个层次：个体交通行为、群体交通行为和整体交通行为。个体交通行为是出行行为研究的基础，是研究个体需求驱动下出行的各种行为，包括目的、时间、方式、时耗和出行链等方面，也是群体和整体交通行为研究的前提；群体交通行为是若干具有相同出行目的或出行路径的个体行为的集合，通常指针对特定社会群体或城市特定区域的出行行为，群体交通行为是中、微观城市区域设计的主要研究对象，例如 CBD 行为、滨水区行为和社区行为等，关系到城市效率和公平性；整体交通行为是指包括所有个体交通行为的总量集合，其影响主要表现在居民出行的总量需求和总体空间分布对自然环境的影响，关系到资源节约、环境保护和城市规模等问题，整体交通行为是宏、中观城市区域设计的主要研究对象。

交通出行行为方式随着人类的历史发展和科学技术进步在不断变化，当前的行为方式主要有：步行、非机动车、公共交通和汽车等四大类，它们的特征见（表 1–1）：

当前主要交通出行方式及特征

表 1–1

方式	种类	速度（公里 / 小时）	特征
步行		4	人类移动活动的基础，灵活、可靠 连接其他出行方式的桥梁 通常出行距离 1.5 公里以内
非机动车	自行车	10~15	灵活、可靠、可达性好 运行经济、节能环保 通常出行距离 5 公里以内

续表

方式	种类	速度（公里 / 小时）	特征
公共交通	地铁	40~60	运量大：地铁 3~7 万人次 / 小时 轻轨 0.5~3 万人次 / 小时 有轨电车 0.2~0.5 万人次 / 小时 速度快、准时 节能环保
公共交通	轻轨	25~35	
公共交通	有轨电车	15~25	
公共交通	公共汽车	15	
汽车		20~60	速度快、舒适、可达性好 节能、环保差 易形成交通拥堵

2）交通出行行为方式发展导向

人类出行方式从步行开始，随着文明的进展，出行方式也随着变化，至今大致可以分为四个阶段：步行时代、公共交通时代、汽车时代和后汽车时代。

步行时代（1850 年前）：19 世纪中以前人们出行基本上是步行，虽然当时也有畜力和舟船代步，但非主流。步行不仅是移动方式，也是日常生活活动方式的重要组成。步行城市尺度亲切、宜人，路径线型自由流畅，中世纪形成了很多景色如画的环境。

公共交通时代（1860—1920）：这段时期主要是发展轨道交通，1864 年英国首先发明了蒸汽地下轨道机车，美国纽约、芝加哥、德国柏林出现高架铁路机车，19 世纪最后 20 年，伴随着电力的发展，柏林、芝加哥建设了有轨电车，并在第一次世界大战前得到快速发展，英国已建成 5000 公里有轨电车，巴黎建成 1100 公里，中国上海在 1908 年也开始出现有轨电车。

汽车时代（1920—1970 年）：虽然 1880 年德国本茨制造了柴油汽车、1885 年美国福特制造了火花塞汽油车，但汽车得到真正的大发展还是从 20 世纪 20 年代开始，主要表现在汽车在美国的普及和发展，二战后汽车在全球范围由美国及欧洲、日本等先进国家推向世界各国。为了适应汽车行驶的需要，世界各国在完善道路系统的同时，并大力发展了高速公路。

后汽车时代（1960 年至今）：也是对以汽车为本观念的反思时代。20 世纪后半叶汽车已在世界范围普及，汽车给城市带来出行方便的同时不断暴露出负面影响，70 年代的能源危机后，负面影响进一步被认识，从而使世界逐渐形成共识：第一是汽车的普及促使美国与欧洲城市郊区化的发展，在城市扩大、蔓延的同时，引起中心城区的衰败，并带来一系列社会问题；第二是由于汽车的能源消耗占了城市能耗的很大部分，排放尾气污染环境，与城市节能、低碳要求背道而驰；第三是汽车增加还带来城市交通拥挤、堵塞，并深埋着交通安全的隐患；最后，也是最严重的，是城市规划设计与建设过程中形成的以车为本的观念，影响着城市的运营和空间布局。

为了应对由于汽车化带来的问题，城市建设、设计和管理工作者近几十年来一直在寻找新的交通出行方式。首先是对步行的怀念，20世纪后期为了改变汽车在城市交通出行中的主导地位，西方尤其在欧洲兴起了步行化运动，促进步行者在公共空间中安全、舒适地活动，从而丰富城市的社会和文化生活，提高城市活力。很多专家、学者对城市的步行化进行探索，美国的克劳福德（J.H.Crawford）2000年在其专著《无小汽车城市》（*Car-free Cities*）中提出的100万人口步行城市的设想[①]，虽然有些乌托邦，但追求高质量的城市生活，高效利用资源的目标十分明确。同时世界各国不少城市还进行了步行化的实践，美国的明尼阿波利斯、加拿大的卡尔加里和中国的香港等都建成了空中的步行系统；加拿大的蒙特利尔、多伦多，美国的达拉斯、洛克菲勒中心，上海的五角场副中心和日本的很多城市已建成了地下步行系统；丹麦哥本哈根的步行区建设处在世界前列，市中心与新区之间充分利用轨道等公交系统，中心区为了抑制小汽车，鼓励步行和自行车，到2000年已建成10万 m² 的步行街和步行区，小汽车的拥挤率还是世界最低的城市之一。其次是发展公共交通，减少汽车交通出行。在后汽车时代反思和1.2.3节对TOD理念的陈述告诉我们，公共交通取代小汽车出行的必要性和趋势，因为公共交通容量大、高速、准时，比小汽车出行效率高，同时公共交通比小汽车节能、环保，最有公共交通有利于城市集约布局、紧凑发展、节约土地资源。近年来世界范围公共交通得到快速发展，包括我国在内很多城市都青睐轨道交通，也有运用巴士快速公交系统（BRT）。

交通出行行为方式发展导向是人们为了适应当代城市发展的需要，对出行方式发展趋势的追求，也是后汽车时代人们追求城市人性化和提高出行效率相结合出行方式的探索。

城市步行化是人们对自己最基本的移动、活动生活方式的回归，也是对城市环境人性化的追求，城市机动化（包括汽车、轨道交通等）是人们提高生活效率的追求，也是人类文明发展的重要组成部分。当代人们的交通出行行为应该是步行化与机动化互相结合、相辅相成。城市要发展公共交通，也要发展为汽车服务的道路交通，要限制城市中的汽车出行，但不能排斥汽车，为汽车服务的道路网往往是已建成的城市空间结构基础。近年来城市发展的实践，逐渐

---

① J.H.Crawford. Car-free Cities[M]. Utrecht：International Books，2000.

形成城市步行出行分别与公共交通出行和汽车交通出行结合的两个交通出行方式发展导向：公共交通主导和站区步行型、步行优先的人车分离和友好型。

3）公交主导和站区步行型出行模式及空间组织

公交主导和站区步行型出行模式是由 TOD 理念引申出的出行方式。公共交通与步行结合表现在长距离移动采用公共交通，站区范围短距离移动采用步行或自行车方式。公共交通中，地下轨道设站于地下，空中轨道设站于高架上，有轨电车和公共汽车在地面行驶，设站简单，巴士快速公交系统简称 BRT（Bus Rapid Transit），有专门线路和环境舒适的站点，适合在土地资源宽裕的城市运用，无论何种公共交通站均可与城市的公共建筑结合，有利于城市形态的整合。我国的大城市，由于人口多、用地紧张、紧凑集约建设，运用地下轨道交通作为主要公交系统的较多。

公交主导和站区步行型出行模式的线路和站点安排，是根据城市布局、人口分布和交通组织系统等方面综合决定的。线路与站点的关系，尤其在轨道交通中表现最为典型（图 1-15a），站点区域往往是城市人口密集、开发强度较大的范围，即 TOD 的步行范围，通常能形成社区中心或组团中心，站区范围根据人的步行要求决定，步行范围约 400~500m（5~7 分钟的步行距离），自行车范围约为 800~1000m。很多站点集聚布置的区域有利于形成不同等级的城市中心。

站区行为研究是站区空间布局的前提。以轨道交通为例，站区以轨道站为中心，在步行范围内形成区域。人们在站区内的活动，不同的出行者有不同的目的，归纳起来有三种活动行为：通达、换乘和顺路消费。三种行为在站区内的行为流线图（图 1-16）中得到反映。

通达：出行者从轨道站到出行目的地的移动行为，目的地可以是居住区，也可以是商场、娱乐场所、宾馆、剧场或博物馆等各种功能空间。

换乘：出行者从轨道站到另一个轨道站、公共汽车站或停车场（库）的移动行为。

顺路消费：出行者从轨道站到出行目的地或换乘点，在行进过程进行各种消费活动，包括餐饮、购物和休闲等行为。

站区中的行为路径一般都处在公共空间中，但实践中经常出现路径通过私有空间，例如百货商店、购物中心，这时城市设计就得协调私有空间开放时间与市民通勤出行等的时间差异，提出私有空间局部公共空间化的要求，以满足站区行为的需要。

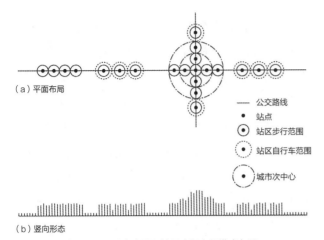

（a）平面布局

—— 公交路线
• 站点
⊙ 站区步行范围
⦿ 站区自行车范围
⊛ 城市次中心

（b）竖向形态

图 1-15　公交主导和站区步行出行模式布局

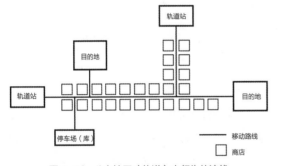

—— 移动路线
□ 商店

图 1-16　公交站区（轨道）内行为的流线

站区空间布局是城市设计的重要内容，能为城市创造活力、高效和形态多姿的空间环境，通常也是设计的出彩之处。

同样以轨道站为例，站区的空间布局有平面型和立体型之分。平面型布局的车站与周边地块的建筑通过地面联系，出行者的步行路径与车行道交叉，这种情况通常是轨道站建设前周边建筑作为现状存在时运用较多；空间立体型布局是轨道站与周边地区、建筑的联系通过地下或空中步行系统联系，路径避开地面的车行系统，达到站区范围内全步行的概念。空间立体布局通常在轨道站建设与周边区域开发同步进行时采用较多。站区采用地下还是空中步行系统，取决于轨道站的位置特征，地下轨道站区通常采用地下步行系统（图 1-17，图 4-39），高架轨道站区和地面轨道站区通常采用空中步行系统，中国香港将军澳宝琳站是地面轨道站采用二层步行系统的案例（图 1-18）。宝琳站为二层建筑，二层与北侧商场形成一体，并通过空中连廊跨路连接南侧位于二层的商业设施，再从南北的商业设施引向其上和经跨路天桥引向周边居住建筑群，

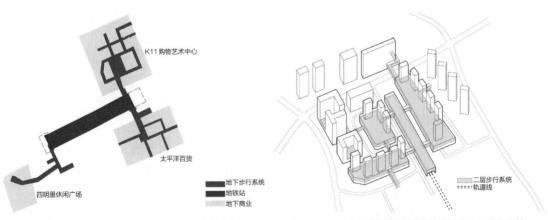

图 1-17　上海轨道 1 号黄陂路站及地下步行系统　　　　图 1-18　中国香港轨道交通宝琳站区的二层步行系统

使站区范围大型居住区的居民从住地到站厅全步行地完成通勤、购物、交往、休闲和换乘（站厅北侧地面层为巴士站）等日常生活行为。

轨道站区由于可达性好，土地价值高，促使区域内相对地高密高强开发，城市形态特征通常呈紧凑、竖向发展（图 1-15b）。

4）步行优先的人车分离和人车友好型出行模式及空间组织

实现城市的步行化是后汽车时代人们的追求，前面已论述了很多人们对步行化理念和实践的探索，然而近一个世纪来由于汽车的发展对城市的空间布局产生了深刻的影响，这也是人类文明发展的一个过程，当今追求步行行为回归当然离不开城市布局的现状，只能在现有以汽车主导的城市路网格局中寻求步行化的发展（图 1-19），在回归步行的实践中形成两种发展模式，即步行化优先的人车分离模式和人车友好模式。

人车分离模式有平面型和立体型之分。平面型人车分离模式最常见的形式是以原路网基础，在地面建步行系统（图 1-19a），通常与城市的绿色生态系统组织结合；另一种形式是建步行商业街（图 1-19b），将步行行为与消费行为结合；还有一种形式是建步行社区（图 1-19c），在社区范围内车行与步行分离，使居民处在步行化环境中。立体型人车分离模式有地下步行系统和空中步行系统建设之分。地下步行系统建设（图 1-19d）在地下建城市步行公共空间，避开地面的车行干扰，让市民在地下进行通勤、消费、交往和娱乐等活动，通常在建有地下轨道交通的城市、气候寒冷的城市运用较多；空中步行系统建设（图 1-19e）在空中建城市步行公共空间，通常位于二层或三层，与地面的车行系统分开，让市民在空中进行通勤、消费、交往和娱乐等活动，这种方式在山地城市、高密城市和建有高架轨道的城市运用较多。

人车友好模式是为了步行化并充分发扬机动车便捷、门到门的出行优点，在某些地区通过汽车的减速以形成人车共存、友好相处的环境。这种模式在美国、欧洲 20 世纪 70~80 年代从交通安宁理论发展延伸而形成，适合于一些特定的社区，强制区域车速降低到 20km/h 以下，以利于步行、自行车和汽车友好相处，从而提升区域的环境活力。区域车速的限制可通过路拱、瓶颈、树岛和提高交义口等手段，也叮采用曲线路形方式（图 1-19f）。

1.4.3　活力社区行为与城市空间组织

1）活力社区

社区在《辞海》中定义为：在一定区域为基础的社会生活共同体。这是从

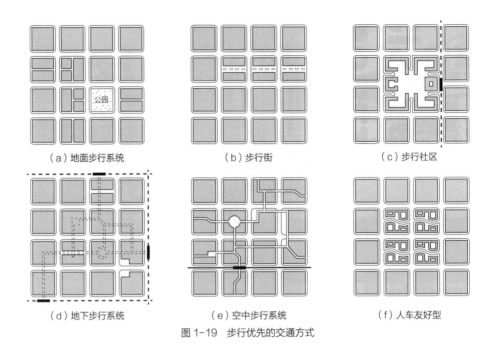

（a）地面步行系统　　　　（b）步行街　　　　　（c）步行社区

（d）地下步行系统　　　　（e）空中步行系统　　　　（f）人车友好型

图 1-19　步行优先的交通方式

人的关系出发形成的社会学概念，对于城市设计，从城市地理学或城市用地出发，社区可以定义为：一个具有共同文化、利益和认同感的社会群体所生活的一个社会区域，是社会生活的基本单元。社区不同于城市街区，前者是具有社会学性质的城市区域，涉及生活在其中的人的行为与关系，后者仅关系到城市形态的城市区域，通常以研究空间秩序为主要目标，虽然有时也会涉及功能，但主要还是仅重视区域的容量、建筑高度、空间关系、天际线、标志和城市界面等。

　　活力社区是指具有生命力的社区，生活在其中的社会群体内部能产生行为的交织和互动，对外能促进人员信息和物质的交换与流动。行为交织与互动包括日常生活的社会互动、交换的社会互动、交往沟通的社会互动和公共活动的社会互动，这些互动是社区社会、经济和文化活力产生的基础；人员、信息和物质的流动是社区生命的源泉。

2）活力社区行为与空间形态环境

　　我们在分析城市建设实践的基础上，总结归纳出活力社区应具有四个条件，即适应行为互动的功能交混，促进区域内联系、交往和体验的步行环境，能集聚活动的公共空间和具备较好可达性的交通组织。

　　功能交混：是社区活力形成的基本要求，因为行为主体多样性是社区行为互动的基础，功能体的多样交混才能促使行为互动得以实施，为此，《美国大城市的死与生》作者简·雅各布斯将城市的功能交混作为城市活力形成的主要条件，她认为城市用途混合性需要极丰富的多样性，城市普遍存在的原则就是互相交错、互相关联的多样性需要，当满足多样性条件后，城市规划和设计就能引发城市活力 [1]。她还提出地区功能多样性的主要功能必须多于一个，最好多于两个；美国城市与土地协会（ULI）也提出："混合功能使用应包括三种以上功能的土地使用开发，例如零售、办公、住宅、娱乐设施、文化设施等，这些功能的开发通常能够互相支持和协作" [2]。

步行环境：是促进社区内亲切、和谐联系交往的重要条件，也是社区活力形成的关键，步行不仅为了交通，也为交往、体验、消费等行为提供环境，是人类活动和移动的基础。理想的步行环境应该不受汽车干扰，并有生态绿色和景观的配合，良好的地面铺装是促进人们接触感知区域特征的重要手段。上海的里弄能成为 20 世纪前半叶市民的主要居住文化，究其原因主要在于其主弄和支弄的步行环境，成为居民交往、消费，以及少年儿童游戏、玩耍的场所。美国著名建筑师约翰·波特曼早在 20 世纪 60 年代亚特兰大桃树中心的建设中，提出满足人们意愿步行7~10分钟可达范围的"协调单元"概念，使社区活力盎然。

公共空间：是社区群体为一定目的集聚活动的场所，也是实现社区凝聚力和文化认同感的重要条件。公共空间必须具有宽敞的用地，或广场，或绿地，并提供活动者的活动设施，空间形态应与社区的特征关联，同时应成为整合社区环境的中介，不是建筑之间留下的无序缝隙。

较好可达性的交通组织：是社区与外界高效地进行各种交换与流动的必要条件，也是社区能否获得发展能量的关键。社区可达性应结合社区的性质和特征选择不同交通方式的组合，尤其是公共交通的组织，从选址直到与功能用地的关系进行全面布局。

具备以上四个条件的社区充满活力，是城市设计师追求的方向。日本东京2003 年建成的六本木山城（六本木 Hills）是活力社区的佳例（图 1-20）。山城在 11.6hm² 的用地内建造了 75 万 m² 的办公、居住、宾馆、博物馆、商业和电视台等功能的建筑；结合 19m 高差的倾斜地形，跨越 34m 宽的城市干道构建立体化的平台，以实现全步行环境；紧靠 238m 高的中心塔楼组织以抽象蜘蛛雕塑为标志的中心广场和容纳更多人的庆典广场，成为能集聚各种活动的公

---

① 简·雅各布斯. 美国大城市的死与生 [M]. 金衡山，译. 北京：译林出版社，2006：144.10.
② 曹杰勇. 新城市主义理论：中国城市设计新视角 [M]. 南京：东南大学出版社，2011：97.

（a）鸟瞰

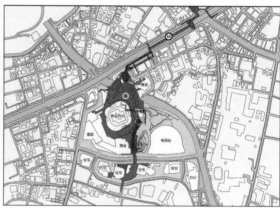
（b）平面图

图 1-20 东京六本木山城

共空间；区域范围有 4 条轨道线和站点保证山城的良好可达性。六本木山城具备了功能交混、步行环境、集聚公共活动的广场和佳好的可达性等活力社区条件，自 2003 年建成后得到各方面的认可，每年有 4000 万人来访参观，不但本身房价提高，而且带动周边地价的攀升，已成为日本 21 世纪初推进以城市活性化为目标的城市更新的重要实践[①]。

3）活力社区研究的意义

活力社区是城市设计的主要研究对象。城市用地中除了生态绿色环境和包括交通的市政基础设施外，剩下的基本上都应该属于社区概念的用地范畴。社区既是城市形态学的微单元，更是城市社会学的微单元，只有同时研究区域的社会内涵和形态表象，才能创造活力和优质景观共生的环境。长期来我国的城市设计仅重视城市的形态和视觉秩序，在用地定性时只重视"街区""景观大道"等用地的形态单元，很少以社区概念单元组织城市。当前中国很多城市已进入后城市化时期，以存量土地规划为主导的城市更新逐渐成为主要的建设模式，对城市活力发展的要求更为重视。城市区域的社区概念要在各类城市中心中实现，力求商业、办公、居住、文化娱乐和公共服务等功能的结合，避免纯办公的商务区出现；城市区域的社区概念还包括具有兼容性的功能区，即以一种功能为主兼容其他功能，从而促使区域的行为互动，例如具有综合功能的居住区、商务区或会展中心等。美国华盛顿的宾夕法尼亚大道，原是一条政府办公楼集

---

① 2001 年 4 月，日本森喜朗内阁第一次将城市改建作为国家紧急经济对策，紧接着小泉内阁继承了这项政策，并成立了以小泉首相为本部长的"城市改建本部"，现已改名为"地域活性化综合本部"。

聚的街道，20 世纪 60 年代由 SOM 创始人纳撒尼尔·欧文斯担任大道委员会主席主持更新，将商业与居住功能融入，使其成为兼容性的功能区，大大提升了大街的活力。

1.4.4　消费系列化行为与城市空间组织

1）消费系列化行为

《中国大百科全书·经济学Ⅲ》对消费的定义："消费是人们为了满足生产和生活的需要而对物质资料的使用和消耗"。广义的消费包括生产消费和生活消费。生产消费是在物质产品的生产过程中耗费物质资料、劳动力的过程，是一种中间性消费，生活消费是为了满足消费者物质和精神生活的需要，使用、利用、变更各种物质资料、精神产品及劳务的过程，它是最终消费，是真正意义上的消费，也是马克思称之为的"原本意义上的消费"。

本书从城市设计层面研究消费与城市形态的关系，消费活动行为限定在城市空间中，即城市消费行为，不包括在私密空间（如家庭）中发生的消费行为。城市消费行为是个体或群体在城市空间中，为满足需要和欲望而挑选、购物、使用或处置产品、服务、观念或经验所涉及的过程[①]。消费行为包括购物、休闲交往、文化娱乐、旅游观光、健身保养、教育培训以及空间体验等。

消费系列化行为是指消费主体在特定时、空间环境中，历时性地连续、交错从事多种消费活动，并且这些活动之间具有深层次的关联，形成固定的搭配，使不同消费个体出于不同动因产生的消费活动带有共同的行为特征，隐含着组织性和系统性。消费系列化是当前消费行为的一个重要现象和发展趋势，而且对城市空间布局产生影响。

消费系列化作为一种社会行为的产生和发展是有其经济、社会、文化和技术等方面的原因。首先，大众消费时代的到来为消费系列化发展提供了经济和时间的基础，20 世纪初，由于规模化和标准化生产方式（所谓福特主义）的出现，带来工业产品不断丰富，生产者的工资不断增长，奢侈消费开始在工薪阶层中普及，消费走向平民化，形成现代意义的大众消费社会。为了适应消费社会的需要，很多西方国家开始增加休闲时间，例如美国早在 1940 年就在全国范围实行每周 40 小时工作制，从时间上为消费系列化提供条件。其次，人类心理需求的递增是消费系列化的动因，随着大众消费时代的到来，人们从日常

---

① 迈克尔·所罗门 . 消费者行为学 [M]. 卢泰宏，译 . 6 版 . 北京：电子工业出版社，2008：5.

生活的生理需要不断上升到满足交往、尊重、文化审美乃至自我实现等精神上的需要。再有，自 20 世纪 60 年代伴随着后现代观念的出现，将现代消费推向新的高潮，在凯恩斯关于消费刺激经济的思想影响下，将经济增长与鼓励消费结合，消费从个人需求转变为被有意识地刺激、甚至积极制造消费欲望，从而进一步扩展消费思路，消费不但将购物与休闲、文化娱乐结合，而且进一步与体育、博览、旅游、度假等产业联系。最后必须指出，商业地产的发展也为消费系列化的实现提供了物质、技术基础，消费系列化通常是通过统一开发、经营、管理来实现，无论以建筑群还是综合体形式出现都需要大量资金和规模化建设，近半个世纪国际上出现大量资金雄厚的商业地产商，我国虽然发展滞后，但改革开放以来发展迅速，新世纪已形成包括万达、华润、中粮等大型商业地产企业。

消费系列化，当代常见的典型系列组合有四种类型：购物休闲消费系列、文化（艺术）休闲消费系列、体育娱乐消费系列和博览度假消费系列等。就地理特征考虑还有三种系列类型：滨水休闲消费系列、通勤日常生活消费系列和地方民俗消费系列等。

购物、休闲消费系列，是城市中最基本的消费活动系列，其主要消费活动是日常生活和时尚生活购物与服务，并结合交往休闲、休闲餐饮、休闲娱乐和文化艺术休闲等。

文化（艺术）休闲消费系列，是文化艺术与娱乐休闲结合形成的消费系列，主要消费活动为文化艺术消费（如展览、戏剧、音乐会、文艺酒吧等）和娱乐消费（如电子游戏、巨幕电影、舞厅等），并与交往、购物和餐饮等休闲消费组合。

体育、娱乐消费系列，将体育、健身、娱乐消费结合，主要消费活动包括娱乐性体育观赏消费（如职业球赛、水上表演等）、健身消费（如室内泳池、保龄球等），当然也要穿插交往、购物和餐饮等休闲消费活动。这类消费系列组织很多是基于大型体育设施消费转型。

博览度假消费系列，主要消费活动包括城市博览消费、度假性休闲居住消费等，并与交往、购物和餐饮等休闲消费结合。这类消费系列组织，很多是基于城市博览活动的消费转型。

滨水休闲消费系列，主要消费活动与水关联，例如游船、水上游戏、水上表演、水上酒会、参观水族馆、光顾鱼市场等，当然还要穿插交往、购物和餐饮等休闲消费活动。

通勤日常生活消费系列，实际上是购物、休闲消费系列结合通勤活动过程形成，但强调日常生活需要和上班族需要的消费，例如早点、晚餐、咖啡茶馆、洗衣店、书籍文具、药房、美容、超市等消费活动，通常位于交通枢纽、轨道站等区域。

地方、民俗消费系列，是以"民俗"和"地方"文化为主题的休闲、文化消费活动组合，包括民间手工艺品商店、民俗博物馆、传统老字号美食、民间戏曲艺术和民俗客栈等消费活动。

2）消费系列化行为的城市空间发展

长期来城市的消费空间都是沿街道布置，虽然在城市中心区各类消费空间集聚、交混自发形成，无序组合，有系列消费欲望的人们往往只能满足部分消费需求，或要在远超步行承受的范围内才能达到，或不断在被汽车干扰的城市范围内才能如愿。随着大众消费时代的到来，人们对系列消费愿望的空间追求，最早出现的是美国郊区购物中心，它是美国当时城市郊区化和交通汽车化的产物，1931 年在德克萨斯州出现将一系列零售商业与一个电影院结合建设，成为购物中心的萌芽，真正形成系列化消费的购物中心（Shopping Center）是在 20 世纪 50 年代的美国，形成以商业功能为主体的集零售、餐饮、休闲、娱乐、文化等功能于一体的大型商业设施，其特征是被停车场包围的低层建筑群。60~70 年代后欧美各国随着城市复兴运动的出现，购物中心被引入到市区范围发展，形态特征转为集约化的竖向建设，以 1985 年由捷得设计公司设计建成的美国圣地亚哥霍顿广场（图 1-26）为代表形成了综合的消费中心，成为完整意义的消费系列化城市空间。

我国从 20 世纪末开始逐步进入大众消费时代，人均 GDP 从 1980 年的人民币 468 元上升到 2000 年的人民币 7942 元（相当于 959 美元），超过美国已进入大众消费年代的 1920 年人均 GDP 830 美元的水平；同时城市居民家庭食品消费开支占总开支比例的恩格尔系数已从 1980 年的 57% 降到 2000 年的 39%，说明我国城市居民用于非必需消费和促进系列化消费的开支在增加；并且于 1995 年 5 月 1 日全国范围实行了双休日制度，标志着我国消费系列化发展在奠定了经济基础的同时得到增多消费时间的支持。

21 世纪开始我国进入消费系列化的空间发展阶段，大连万达广场的高速发展可作为我国近年来消费系列化空间建设发展的缩影。万达集团成立于 1988 年，2002 年在长春建设了集购物、餐饮、影城于一体的万达广场，开始从一般房地产开发转向商业地产开发，从 2000 年开始到 2016 年经历了四代发展，从第一代的建筑型、第二代的建筑群型、第三代的城市社区型直到以长白山国际旅游度假区为标志的第四代城镇型建设。建筑量从几万平方米发展到上百万平方米，功能从以商业、娱乐、餐饮、交往为主向结合大型宾馆、主题公园和特色旅游等的综合商业、文化、旅游和高技娱乐功能发展，到 2015 年万达广场已在全国 99 个城市 151 个项目（包括在建的）实施①。万达广场的高速发展表现出城市中适应消费系列化行为发展的空间建设具有强大的生命力。虽然万达广场近年来增加消费以外的办公、住宅功能建设，但其综合的消费功能还是基础，而且办公、住宅等功能的加入能促进系列化消费功能与消费者的互动，提升区域活力。

3）消费系列化行为的城市空间组织

作为消费系列化行为的载体——城市消费中心，最主要的特点是"一站式"消费，也就是人们在系列化空间组合内，在步行环境中能满足多种消费活动的需要，不必为多种消费离开"一站"。消费中心由消费空间单元、联系的公共环境和实现良好可达性的交通空间组合而成，经长期的发展，已由早期的标准化组合，转向自由、灵活、体验型的布局。联系消费单元的公共环境是空间布局组织的关键，也是最具有特色的空间要素，公共环境应是体验型的，也就是具备漫游、随机、迴游并可停留交往和集聚活动的特征，成为不断产生新鲜感、激起消费欲的环境，近年来公共环境的形态向景观化发展，立体基面、水景、中庭和 LED 天幕等手法大大丰富了消费系列化的空间环境（图 1-21）。作为消费系列化的消费中心，交通可达性状况是其能否成功的关键，不但要有充分数量的停车库（场）设置，更应重视与公共交通站的结合，有轨道交通的城市尽量将轨道站引入，或与公交枢纽结合。

消费系列化的城市空间类型有：建筑型、建筑群型、步行街（区）型和综合体型等四类，作为重要的城市单元穿插在城市布局中。

建筑型——是最常见的类型，以一幢建筑容纳多种消费活动的系列化消费中心。有多层和高层之分，当前向高层发展的趋势明显，通常运用中庭竖向组织空间。美国明尼阿波利斯的南谷购物中心（图 1-22），是美国城市郊区购物中心的典型做法，建筑形体简单，空间组织标准化，四周有大规模的停车场包围。

建筑群型——由若干幢建筑组织的系列化消费中心。其间步行联系可以用联廊、广场、景观道等空间组织。瑞典斯德哥尔摩魏林比商业中心属于这种类

① 武前波，崔万珍，黄杉. 中国城市综合体的时空演变格局及其运营机制——以万达广场为例 [J]. 世界地理研究，2016，25（5）：81-91.

（a）美国圣地亚哥霍顿广场的立体基面

（b）日本福冈运河城的水庭

（c）美国拉斯维加斯弗里芒特街的光之管道

（d）苏州圆融广场 LED 天幕

图 1-21　消费中心公共环境的景观化

型的系列化消费中心（图 1-23），商业中心实际上是 20 世纪 50 年代建成的斯德哥尔摩卫星城的市镇中心，占地 50 公顷，以大平台方式架空在城际轨道线的上方，轨道站设在大平台的西侧，商业中心布置有 2 个百货公司，70 多个专业商店和餐厅、咖啡馆，另外还有剧场、电影和健身中心等。

步行街（区）型——由城市步行街结合两侧的商业建筑形成的系列化消费中心。商业步行街为了满足服务运输和汽车可达性的需要，应在其周边组织车行交通。英国考文垂（Coventry）商业区（图 1-24），是以步行商业街形式形成的系列化消费中心。

通常情况下，步行商业街的步行街与商业建筑同时形成，但当前世界上很多国家已进入后城市化或开始进入城市更新发展阶段，在老城中采用对原有商业街（区）进行步行化的方式形成步行商业街（区）是发展系列化消费中心

图1-22　美国明尼阿波利斯南谷购物中心

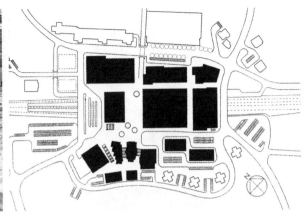

图1-23　瑞典斯德哥尔摩魏林比商业中心

的一种有效手段。因为这种商业街（区）经由历史发展过程已形成系列化的消费功能，而且是市民习惯的消费场所，所缺的仅是步行环境，为此我国与其他国家都有很多实践。上海南京路步行商业街就是通过街道步行化而形成的佳例（图1-25a）。南京路是历史形成的上海最繁华的商业街，两侧有大量的历史商业大楼，1999年完成了1033m长的南京东路步行化，过程中通过国际竞赛优化步行环境，花了近十年时间实现了东西两侧入口结合地铁设置枢纽站，对周边的交通系统进行调整，打通、拓宽天津路和九江路，并调整消费功能的业态等，使步行商业街成为人性化的、高效运行的、具有真正意义的系列化消费中心，南京路"中华第一街"的美誉在形成步行商业街后得到了进一步彰显和发扬。美国纽约时代广场地区的步行化也是形成城市系列化消费中心的又一案

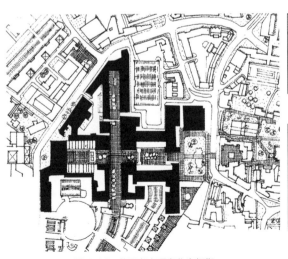

图1-24　英国考文垂商业步行街

（a）上海南京路步行街

（b）纽约时代广场周边步行化

图1-25　城市商业街步行化

（a）鸟瞰

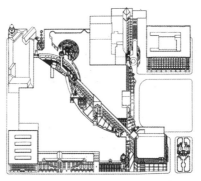
（b）轴测图

（c）内景

图 1-26　美国圣地亚哥霍顿广场

例（图 1-25b）。时代广场地区是纽约重要的商业区，商业购物与文化娱乐功能并存。2010 年启动步行化进程，2013 年开始实施，现已完成步行化，使广场地区提高了商业价值，即使在 2012 年步行化的封路试行阶段，成立于 1917 年作为全球最大私人房地产咨询公司高纬环球称，自排名问世以来，时代广场首次挤进全球十大零售商圈[①]。

　　综合体型——由多种城市消费功能空间三维立体整合而成的集约化的系列化消费中心。综合体通常是规模大，而且整合多种城市空间形式（如街道、广场、绿地、地下空间和交通枢纽等）的建筑复合体。美国圣地亚哥霍顿广场（HORTON PLAZA）是综合体型的典型（图 1-26）。广场横跨 6 个半街区，占地 4.6hm²，建筑面积 8.6 万 m²，建有 2 家大型百货，140 个零售、专卖店，多个餐饮，还有 3 个电影院和剧场等，是集购物、餐饮、娱乐和文化影视等于一体的系列化消费中心。霍顿广场以立体化的步行街为中心整合各类消费空间、地上地下空间和各种广场空间等形成了极其丰富的商业环境氛围。

1.4.5　亲水行为与高堤坝的城市空间组织

1）城市亲水是人类赖以生存发展的需要

　　人类离不开水，城市的发展也与水密切关联，我国古人将江河比作人的血脉，春秋时期的管仲在其《管子·水池》中提出："水者地之血气，如筋脉之流通者也"。世界上有太多的城市依水而建，我国的省会和直辖市中有 91% 跨河

---

① 妮特·桑迪一汗，赛斯·所罗门诺. 抢街：大城市的重生之路 [M]. 宋平，徐可，译. 北京：电子工业出版社，2018.1：109.

建城，人们将这些城市的河流比作母亲河，所以英国人有"没有泰晤士河就没有伦敦"之说。早在公元前 2000 年的古巴比伦城就跨幼发拉底河建造，我国唐代都城洛阳也是跨洛河建设，从中世纪到近代欧洲的布拉格、巴黎、佛罗伦萨、华沙、伦敦、布达佩斯和莫斯科等城市，相继滨河或跨河发展，都已成为国家或区域的中心。我国的上海和杭州于 20 世纪 90 年代将城市中心转移到黄浦江和钱塘江两岸，为城市提供新的发展机遇。

人类亲水，在不同时代有不同的要求，前工业时代，从城市的产生开始，人的生活、生产都与水息息相关，饮水、洗涤、运输无不依靠水；进入工业时代，工业生产离不开水，运输利用水，仓库码头依水而建，江河成为工业发展的资源，但水也遭到污染，人的生活开始远离水；到后工业时代，水不再是生产运输的必须，铁路、卡车代替了轮船的货运，为防水体污染工厂开始搬离江河，亲水逐渐回归人们的生活需要，滨水区成为人们休闲、娱乐和景观场所，也是步行和自行车的活动环境，不少城市将滨水区的高速路拆除、工厂搬移，滨水区的环境不断改善、越来越美好，2018 年上海市黄浦江两岸完成了 45km 的滨水休闲、娱乐步行带的建设，优化了亲水环境，为上海城市中心的活力发展增添了浓重的一笔。

2）堤坝既是城市防灾需要又是亲水行为的障碍

江河为人类带来福音，也给人类带来灾难。由于气象原因，洪水流量超过江河的泄流能力，就可能造成洪灾，形成洪涝、冲垮房屋、破坏设施、损害地下空间，其严重性有洪水猛兽之比喻。区域城市化过程更促使洪流加速、洪峰增高、灾害加剧的威胁。设置堤坝是防止洪灾的重要措施，随着城市化水平的提高，城市对防洪的要求也不断提高，世界各国都制定了防洪标准，我国于 2012 年在总结 1994 年国家标准的基础上颁布了新的国家标准（表 1-2）。

城市区域等级及防洪（潮）标准　　　　　　　　　　　　表 1-2

城市防洪工程等级	防洪保护对象的重要程度	防洪保护区人口（万人）	防洪标准（洪水和海潮）（年）
I	特别重要	≥ 150	≥ 200
II	重要	≥ 50 且 < 150	≥ 100 且 < 200
III	比较重要	> 20 且 < 50	≥ 50 且 < 100
IV	一般重要	≤ 20	≥ 20 且 < 50

注：①洪水海潮设计标准分别指洪水的重现期和海潮高潮位的重现期。
②本表根据《城市防洪工程设计规范》GB/T 50805–2012 整理。

我国"八五"计划末（1995 年），633 个城市的普查资料显示，有 509 个城市进行防洪设防，占总数的 80.4%。实际上根据防洪标准设防的城市都建设了不同高度的堤坝，低的 1~2m，高的 3~4m，甚至 5~6m。江苏省吴江市沿太湖滨湖区，按 100 年一遇的标准，堤坝高 3m，杭州市钱塘江位于市中心，按 100 年一遇的标准，堤坝高 4m，上海市黄浦江位于市中心，按 1000 年一遇的标准（防洪 200 年，防潮 1000 年），堤坝高 4m。这些堤坝将城市与水隔离，虽然住在高层建筑中的人能看到水，但处在城市公共空间活动的人就无法亲近水，尤其位于城市中心区或重要公共活动区无法利用亲水环境营造区域的社会、经济、文化活动。

3）高堤坝的城市亲水空间组织

由于堤坝的出现，尤其是高堤坝的形成，为了实现城市亲水，滨水区的空间形态特征会完全改变，由二维变为三维。高堤坝亲水环境的空间组织有两类，第一类是堤坝内（靠水的一侧）的空间组织，这部分空间环境亲水，但会受到洪水的威胁，亲水环境组织根据江河水位涨落的变化，允许部分空间在一年或几年内的部分时间被水淹没，而大部分时间可为市民服务，通常作为城市的休闲公园，例如武汉汉口的江滩，位于长江北岸，防洪墙后退水面 150~400m，经过良好的设计建设，其范围内已成为武汉市民喜爱的休闲场所。第二类是堤坝外（靠城市的一侧）的空间组织，属于城市功能空间建设范围，也是城市设计研究的主要方面，追求两个目标：①将最亲近水面的坝顶，在满足堤坝结构安全性和防汛技术要求的前提下，作为城市公共空间的延伸，为城市的公共活动功能服务；②建构与坝顶标高接近的城市活动基面，让城市有更大范围的亲水空间。根据以上要求，高堤坝条件下城市亲水的空间组织有下列类型：

跨路扩大亲水基面型（图 1-27）

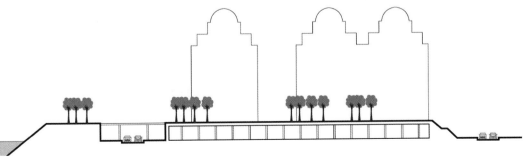

高堤坝亲水空间组织

图 1-27　跨路扩大亲水活动基面

（a）总平面图

（b）扩大亲水基面

（c）跨路天桥之一

图1-28 杭州江南滨江区中心

　　当堤坝边上有城市道路时，堤坝顶部的亲水空间有限，宜通过城市设计在道路的另一侧组织高基面的城市功能区，例如城市综合体、城市消费中心、公园或宾馆等，让高基面与堤坝顶面通过跨路天桥联成一体，从而促使城市形成更人的亲水空间。杭州滨江区江滨地区是杭州钱塘江南岸新区的公共中心，紧靠钱塘江，堤坝高出地面4m，而且在堤坝外侧有城市道路分隔滨水区与城市空间，城市设计[①]的目标是让城市空间延伸到钱塘江边，堤坝在满足防汛要求的基础上作为城市休闲空间的同时，通过四座跨路天桥将堤坝基面延伸到路南的宾馆、办公、公园和步行街地块，大大扩大了城市的滨水空间（图1-28）。

① 杭州滨江区江滨地区城市设计和滨江公园景观设计均由同济大学建筑城规学院城市设计研究中心完成。滨江景观工程于2005年完成，整个设计是在钱塘江工程管理委员会设计院的合作下完成的。

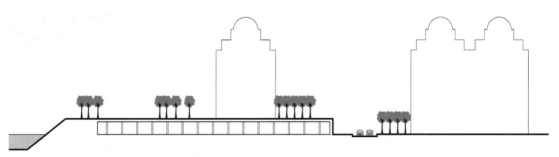

高堤坝亲水空间组织

图 1-29　结合建筑空间扩大堤坝的亲水活动基面

结合建筑空间扩大堤坝的亲水基面型（图 1-29）

为了扩大堤坝顶部作为城市亲水公共空间，当堤坝靠城市一侧有一定的空间时，将建筑空间隐藏在堤坝内，并在其上建造功能设施，从而形成滨水区的综合环境。上海北外滩地区高 4m 的堤坝，结合商业空间扩大进深近 180m，并在其上建办公、商业等建筑，形成综合功能的滨江休闲区（图 1-30，图 4-31）。河南省漯河市中心城市设计两河的交叉口从中心穿过，堤坝高 4m，设计将宽约 100m 的河流两侧堤坝顶部扩大，结合堤顶标高组织城市商业、市民广场和文化广场等功能的高位活动基面，从而形成面对河道的漯河市"城市外滩"（图 1-31）。

塑造地形扩大亲水基面型（图 1-32）

为了扩大滨水区，利用塑造地形的方法，尤其对于起伏地形地区，扩大并延伸坝顶的亲水活动基面，从而形成新的地貌环境。漳州市西湖区是市中心的拓展区，紧靠九龙江，滨水地面标高 8.00m，由西向东地形渐高，到基地的东侧边缘标高达 16.00m，并设有轻轨车站。城市设计为了建设亲水的商务商业和

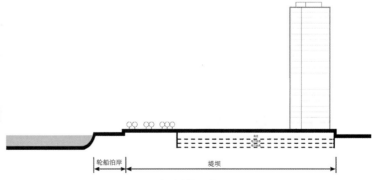

（a）鸟瞰　　　　　　　　　　　　　　　　　（b）剖面示意

图 1-30　上海北外滩结合建筑扩大堤坝滨水环境

（a）平面图

（c）鸟瞰

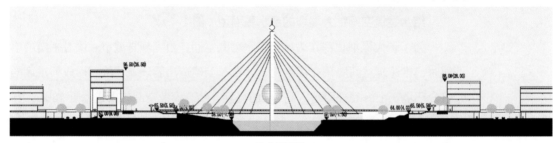

（b）剖面图

图 1-31   漯河市中心城市设计，位于堤坝标高的城市外滩

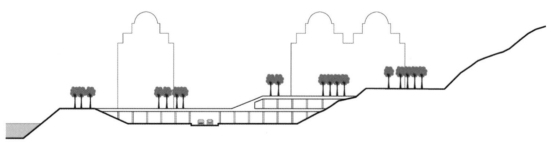

高堤坝亲水空间组织

图 1-32   塑造地形扩大亲水活动基面

休闲娱乐中心，将 7m 高的堤坝顶部（标高 15.00m）在基地的中部位置向东延伸到轻轨车站地区，形成步行区，其间用建筑方法填补地形，塑造了新的城市形态结构（图 1-33）。

1.4.6   城市行为分析法的应用

城市行为分析法是对城市特定区域人群的活动——移动行为与空间布局关系进行分析的方法，能作为中、微观尺度城市区域空间布局设计的一种辅助手段。我国改革开放后经过 40 年的发展，城市化率不断提高，新城建设不断减少，

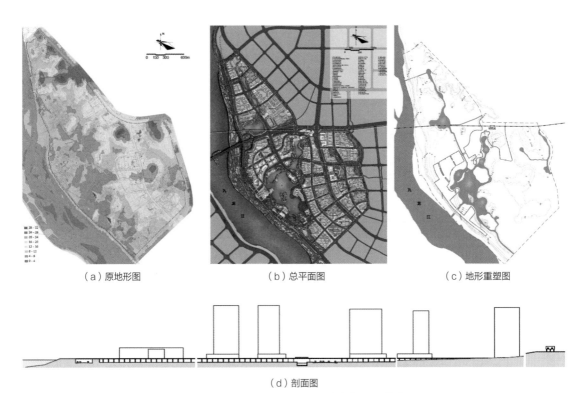

（a）原地形图　　　　　　　　　　（b）总平面图　　　　　　　　　　（c）地形重塑图

（d）剖面图

图 1-33　漳州市西湖片区地形重塑构建亲水的区域中心

越来越多的城市进入城市更新阶段，城市设计的规模相应在缩小，重视人文主
义和社会行为等社会学诉求的研究有利于城市有序运动和活力发展，根据城市
设计的精细化要求，不但要重视城市概念性的街道、街区和市政设施等的布
局，还要深入研究特殊功能区的布局与空间组织，例如商务区、商业区、文化
娱乐区、步行街区等，其活动人群具有一定的稳定性，有利于对它们的活动——
移动行为规律进行分析，从而进行空间布局，下面通过两个案例来探索行为分
析法的应用。

1）上海陆家嘴金融区行为分析研究——国际咨询的理查德·罗杰斯方案

陆家嘴金融区是城市商务区，位于上海浦东黄浦江转折的凸出部位，面对
浦西老外滩。1991~1992 年上海市决定将它作为浦东开发的核心启动区和金融
区进行城市设计国际咨询，英国理查德·罗杰斯方案受到特别的关注，方案运
用了行为分析法提出金融区的空间布局。罗杰斯根据紧凑城市和 TOD 理念，
摒弃了以汽车为本的发展模式，在占地 170hm² 的区域内，设置公共轨道交通环，
沿圆环布置六个以轨道站点为中心和 300~350m 为半径的商务社区，围绕 6 个
轨道站点作为次中心高密度开发，建设公共服务设施，公共轨道圆环再通过两

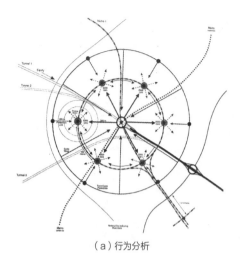

（a）行为分析

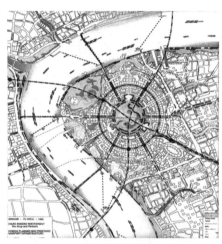

（b）平面布局图

（c）鸟瞰

图 1-34　上海陆家嘴金融区国际咨询罗杰斯方案
的行为分析与空间组织

条地铁线与其中的 4 个站交接，使金融区融入包括浦西在内的整个城市公共交通网络。金融区的交通行为与城市空间布局关系在行为分析图中得到体现（图 1-34）。

2）上海北外滩地区城市设计核心商务区行为分析研究

上海北外滩位于黄浦江北侧，与陆家嘴、老外滩共同构成上海中央商务区。北外滩是上海虹口区的老城区，城市设计属城市更新范畴，功能定位是作为上海中央商务区的组成部分，建设国际航运集聚区。其核心商务区位于区域中心，由 11 个地块组成，占地 22hm^2，有新老办公楼约 20 幢，区域路网框架是既有的环境，周边的东大名路和东长治路是城市南北向的重要通道，交通量大，核心区估计有 3 万 ~4 万商务人员就业，再加上商业和商务服务功能，地面会十分拥挤，城市设计为使区域拥而不挤地运行，采用地面立体化方式，将其中的八个地块联成一体，建空中（二层）步行活动基面，并与两侧的地铁站连接，运用行为分析法研究（图 1-35）构建立体空间布局。行为分析研究将高层办公楼商务人员的三种活动行为：通勤、商务服务和休闲娱乐分别用红、黄、蓝三色代表。通勤行为力求不淋雨能到达地铁站；商务服务行为包括交往、餐饮、会议、银行、会计、律师和旅游等服务，主要安排在二层步行区；休闲娱乐行为从二层活动基面直接跨越道路引向黄浦江边的滨水休闲区。

以上两个行为分析研究，前者是二维的，适应较大范围的城市区域研究，后者是三维的，对应立体城市空间结构研究更合适。城市行为分析法作为城市空间结构布局研究的一种辅助方法，对于城市设计具有相当的价值，有待进一步发展。

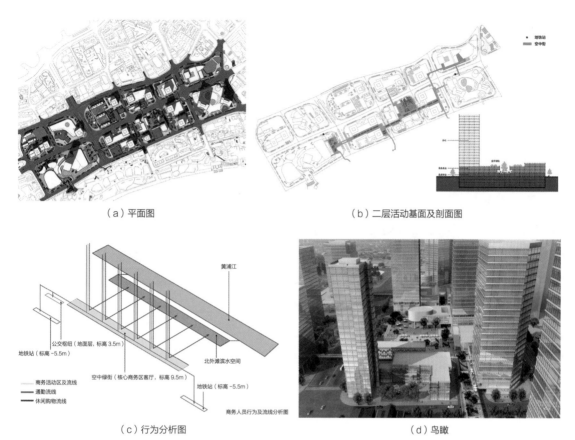

（a）平面图　　　　　　　　　　　　　　　（b）二层活动基面及剖面图

（c）行为分析图　　　　　　　　　　　　　（d）鸟瞰

图 1-35　上海北外滩城市设计核心商务区行为分析与空间组织

第 2 章

城市要素整合

2

　　近年来，城市发展趋势逐渐指向紧凑集约、高效复合，以及可持续发展。在这样的背景下，开展精细化城市设计成为城市建设的重点议题。城市设计离不开要素的组织，但是城市规划管理又对要素有一定的限制。绝大多数要素存在着各自为政的现状，不适应紧凑、高效、可持续的城市发展趋势。因此，如何通过城市设计的介入，实现城市要素的整合，是迫切需要研究的课题。

2.1　城市要素整合

2.1.1　概念

　　城市要素整合是城市的组成要素之间有机关系的组织。

　　要素指事物的构成部分。城市要素即城市空间物质要素，也是城市空间物质环境的构成部分。费雷德里克·吉伯德（Fredderik Gibberd）曾下了这样的定义："城市中一切看到的东西，都是要素"[①]。凯文·林奇（Kevin Lynch）也指出，"城市物质空间环境，一般意义上指涉的是城市中有一定规模、静态的、相对永久的物质实体，如城市建筑物、街道广场、工程设施物、道路、历史遗迹、山丘、河流、公园、绿地，甚至树木……"[②]。城市要素有实体要素、空间要素和区域要素之分。

1）实体要素

　　实体要素包括建筑、市政工程（如桥梁、道路、天桥、堤坝和风井等）、城市雕塑、绿化林木、自然山体等。实体要素是满足城市功能需要的元素，是设计的基本元件，实体要素本身并不存在优劣好坏的问题，但怎样处理实体要素直接影响着城市的整体面貌。

2）空间要素

　　空间要素包括街道、广场、绿地、水域等。空间要素的形成受到城市公共行为的影响，当然也受到经济、生态和美学等因素的影响。公共行为是城市活动的总称，是城市空间形态组织的主要内因与依据。

---

① F·吉伯德.市镇设计 [M].程里尧，译.北京：中国建筑工业出版社，1983：2.
② 凯文·林奇.城市形态 [M].林庆怡，陈朝晖，邓华，译.北京：华夏出版社，2001：33.

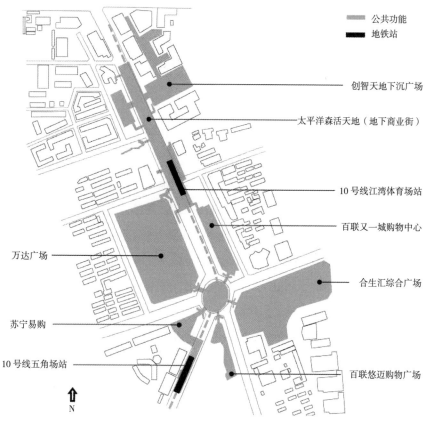

公共功能

地铁站

创智天地下沉广场

太平洋森活天地（地下商业街）

10 号线江湾体育场站

百联又一城购物中心

合生汇综合广场

百联悠迈购物广场

万达广场

苏宁易购

10 号线五角场站

图 2-1　上海五角场地区地下步行系统与地铁枢纽的整合

3）区域要素

区域要素"主要针对城市内的区域，是指在功能或形态方面具有某种特质，由若干物质与空间要素构成的复合体，是扩大了的城市空间"①。例如，公共活动区、商业区、居住区等。

城市要素整合就是城市实体要素、空间要素和区域要素等本身或相互之间有机关系的组织。

2.1.2　城市要素聚散过程

1）聚合

18 世纪工业革命之前，城市要素相对来说处于聚合状态。当时，城市功能并不复杂，环境建设要求简单，专业学科并未细分。建筑师往往承担着城市建设中的各项设计工作。例如，文艺复兴时期的大师米开朗琪罗（Michelangelo

---

① 卢济威. 论城市设计整合机制 [J]. 建筑学报，2004（1）：24–29.

Buonarroti）集建筑师、雕塑家、画家、景观设计师等于一体。因此，设计作品有很好的全局观，注重城市整体视觉形象的控制，这也使得当时的城市环境形态秩序良好。例如，佛罗伦萨满城建筑红顶白墙，并以大教堂的高耸穹顶控制着城市的整体形态，和谐统一。

2）分离

一方面，工业革命后，城市要素逐渐分离，出现了许多新的要素或是原有要素的革新，如轨道交通、摩天大楼、供热设施、电力设施等，随之形成了相应的专业与学科。专业细分使各类建筑和设施都得到了专门化设计，但也促成了城市管理系统的分离，水务、绿化、环保、交通、建设等各部门关注点不同，建设和管理各自为政，各要素囿于控制线范围而独立设计和开发，如蓝线将河流与其他要素分隔开来；绿线将绿地限定在内，几乎不允许其他要素的介入；红线则是建筑的控制范围，使得城市开发中常常呈现出要素独立建设，彼此分离等问题。在某种程度上，建设管理部门对自身利益的保护也加剧了专业设计的分化。另一方面，工业革命之前的聚合状态也在一定程度上造成了空间混乱、环境污染等问题，从而促使20世纪初现代主义功能分区理论的出现。在解决混乱和污染状况方面，功能分区有其积极的意义，但过于机械化的分区也造成了空间和环境的单调。

3）整合

20世纪40年代，系统论逐步产生与发展，对城市要素的分离及现代主义机械的功能分区进行反思，并考虑如何把城市的各个部分联系起来一起研究，以利于从总体上进行把握，这成为整合的最主要依据。此外，在环保观和可持续发展观的影响下，城市功能分布的二维扩张模式受到质疑，以公共交通为导向的开发（Transit-oriented Development，简称TOD），地下和地上空间立体化开发等新思维和新技术被逐渐运用，促进了整合的可能性。由此，城市要素在经历了分离阶段又回归聚合状态，并且通过现代的城市设计手段，整合更多样的要素，促进整体空间的高效与和谐。

2.1.3 城市要素整合与城市设计

城市要素整合需要通过城市设计这一媒介开展研究和设计。

1）城市设计的精髓是要素关系组织

每个城市要素都有其社会、经济、文化、生活等存在的意义，不同于雕塑作品可由艺术家畅想创作，城市设计的创作主要建立在要素的关系组合上，城市的多样性、有序性、和谐性来源于要素的组合。张庭伟教授提出："从某种程度而言，城市设计的精髓就是处理互相的关系"①。"因此研究城市要素及其之间的关系，必然成为城市设计的创作机制"②。

2）要素整合是城市设计的机制

整合是指把零散的单体通过某种方式重新组合，形成一个有意义的整体，从而实现资源共享和工作协同，实现资源的最大利用率。城市设计整合则是指将城市要素在功能和空间上重新组织，充分挖掘发展潜力，创造具有活力的城市空间。要素整合是城市设计的机制，是实现有机城市的重要手段，以系统观的综合范式为其哲学基础，方法上是区别于城市规划的重要标志。

3）城市设计强调三维整合

城市要素是三维的，城市设计涉及和指导的工程设计也是三维的，因此城市设计强调三维整合。虽然当城市尺度很大时，可能二维形态的研究占据主导地位，但是对其节点和重点区域进行三维设计仍然是重要的组成部分。二维是三维的一种特殊形式，属于三维形态整合的一部分。

4）城市设计的要素整合层次

整合的层次是相对的，具体的设计是各种层次整合的综合，但是因整合尺度不同而有主有次。实体要素与空间要素之间的整合是最基本的城市要素整合层次。相较之下，实体要素作为基本物质要素，往往会在空间要素内组合。空间要素是实体要素的载体，其组合又会形成区域整合。为此，以空间要素层次组织城市设计的基本内容能较全面地，更确切地实现城市设计的整合机制。

2.2　城市要素整合的意义

2.2.1　整合的趋势

20 世纪下半叶，城市发展出现了一些新气象，促进了要素的整合。

交通枢纽的大量建设，受到 TOD 理论、紧凑城市、城市社会学和公交都

---

① 张庭伟 . 城市高速发展中的城市设计问题：关于城市设计原则的讨论 [J]. 城市规划汇刊，2001（5）：5–11.
② 卢济威 . 论城市设计整合机制 [J]. 建筑学报，2004（1）：24–29.

市等理论影响，逐渐从单一交通功能主导转向以综合城市功能为主导的开发，更加注重把交通枢纽和周边地区结合起来，促进多种要素的整合。以交通枢纽为核心的更大范围内的"站城一体化开发"等渐渐成为新的发展趋势，打破了原本孤立车站的范式，远远超出了满足多种交通方式之间的换乘、运行、组织等的最初定义，越来越积极、紧密的和其他城市功能要素相结合，在更大尺度上促成城市空间形态结构的完整。例如，纽约中央车站地区（Grand Central Terminal）将原本孤立的火车站改造为集办公、公寓、酒店等复合功能的站城一体化区域；上海轨道交通十号线江湾体育场站和五角场站利用地铁建造的契机，将地铁枢纽与地下商业街相结合，并延续与完善了五角场地区的地下步行系统，将车站与各大型购物中心相连接，使上海市五角场副中心形成名副其实的活力中心（图 2-1）。

城市的大规模建设，带来了城市用地的紧张，促使向空中和地下发展，并从地下、地上分离式的开发转向地下、地上一体化开发。以往的地下空间局限地作为地上建筑或轨道交通的附属空间，而进入 20 世纪下半叶，各国纷纷把地下空间作为重要的公共建设项目，将地下空间功能拓展，开始承载商业、餐饮、娱乐等城市功能，地下空间成为城市空间的重要组成；同时，地上空间的功能也得到分解，缓解建设压力，符合城市高密度开发要求。例如，巴黎列·阿莱广场（Les Halles）通过下沉广场将地铁枢纽、商业综合体和地面的城市公园整合于一体（图 2-25）；名古屋"荣"中心通过带顶盖的下沉广场将商业街、停车空间、公交站等地下多种设施与地面公园整合起来（图 4-38）；东京惠比寿花园广场（Yebisu Garden Place）通过下沉中庭将场地内的购物、餐饮、办公、住宿等多种功能空间连接起来（图 2-2）。

城市的大规模建设，也促使人们开始反思城市发展对自然环境的影响。1970 年代，伊恩·麦克哈格（Ian Mcharg）在《设计结合自然》（Design with Nature）一书中指出：城市土地和空间的规划设计与自然环境之间需要结合，才能取得平衡。也是在 1970 年代，联合国教科文组织发起了"人与生物圈（MAB）"计划，提出"生态城市"的概念。其中，非常重要的一点就是利用，恢复或是创造自然生态资源，与城市的人工建设形成良好的关系。例如，古罗马的哈德良离宫（Villa of Hadrian）是人工与自然空间的咬合、映衬；西雅图的雕塑公园是城市绿地与交通体系的整合（图 0-55）。

城市的更新，带来了新旧要素在同一空间中的并存，经历了从对立到结合的发展过程。现代主义思潮的发展，忽略了对历史环境的保护。而 20 世纪 50

（a）鸟瞰　　　　　　　　　（b）下沉中庭内景

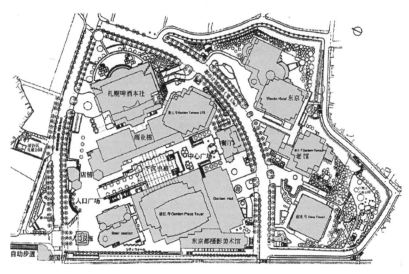

（c）总平面图

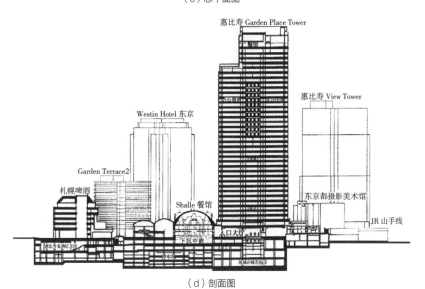

（d）剖面图

图 2-2　东京惠比寿花园广场

年代以来，建设的观念开始转变，包括反思现代性、重新理解现代与传统的关系、重新认识历史建筑和历史街区的综合价值等，逐渐开始思考城市发展中如何兼顾历史环境。20世纪60年代以后，历史环境必须同城市发展相结合逐步得到认同，因为无论是孤立保护，还是推平重建，都无法取得好的效果。例如，蒙彼利埃老城和新城通过安提岗新区（Le Quartier Antigone à Montpellier）实现了有机结合（图2-11）。

这些城市变化是城市要素不断发展、调整，并且有机整合的产物。单一模式的开发已经不适应当代城市的发展，城市需要促进和培育空间意义更加丰富、结构更加完整、效用更加全面的整体系统空间。

2.2.2 整合的意义

城市要素有机结合可以从土地利用、城市运转、空间形态等多个方面对城市发展产生积极的意义。

1）促进城市紧凑发展

在城市土地资源越来越紧张的现实背景下，对城市要素有机整合的研究，是为了探究更加紧凑、集约的土地使用方式。一方面，随着城市化进程的加速，大多数城市中心区正向高密度城市转化；另一方面，随着公共生活品质的不断提升，城市要素越来越多样化，人们对同一空间内多种功能的需求和不同要素的利用可能性也增加。基于这两个背景，将不同要素有机整合起来，能使它们在有限空间内紧凑、集约地布置，这是解决土地资源紧缺问题的关键。

2）提升城市效率发展

在功能组织层面，城市要素整合注重功能复合、高效组织，从而提升城市的运行效率。不同建设与管理单位从生态、经济、社会、文化等不同层面对城市发展有不同的利益和价值诉求，城市要素的整合能创造复合化的城市空间。例如，轨交枢纽综合体将交通站与商业街整合，能提高出行者的效率；中央商务区将商务办公、商业消费、休闲娱乐、服务设施和交通枢纽等功能整合，提高商务区的效率等。

3）提升城市活力发展

在场所营造层面，城市要素的有机整合有助于提升城市活力。城市空间活力理论主张功能交混原则，把彼此正相关的不同用途的城市要素整合在一起，使城市要素功能交互、有机整合，从而促进城市日常生活的交织，城市行为的互动，这些正是城市活力的源泉。

4）带来新的特色

城市要素的有机整合，强调多元要素的碰撞，通过不同要素有机整合，包括新旧共生、立体交织等方法，形成不同于传统的城市形象。因此，相对于单一的、复制的"千城一面"的城市形象，城市要素的整合可以为城市发展带来新的、有特色的城市空间。

2.3　城市要素整合的思想基础——系统观

2.3.1　有机结合是城市要素整合的本质

随着城市空间建设从单一功能目标向综合目标发展，城市要素的空间组织方式也从机械的功能分区趋向有机结合。要素有机结合不仅是一种组构空间的手段，更是一种系统观。

1）城市要素有机结合的本质

有机结合是有机城市的本质特征。"有机"意指一种内在的整体性。社会是人们交互作用的产物，是由多种要素交互作用、共同构成的有机体。城市空间作为社会生活的载体，同样也是一个有机系统。阿尔多·罗西（Aldo Rossi）的类似性城市理论与伊利尔·沙里宁（Eliel Saarinen）的城市有机疏散理论等都揭示出城市空间的整合性和有机性是通过局部要素之间的有机结合而获得的。而普里高津（Ilya Prigogine）、赫尔曼·哈肯（Hermann Haken）等人将自组织理论引入城市研究中，阐释了城市由无序向有序发展的过程，发现城市内部各要素之间、要素与使用者个体之间能主动按照某种规则互动，使不断趋于稳定而形成有机整体，这与自组织理论强调的个体协调最终形成特殊稳定结构的自组织特征相匹配。

有机结合是城市可持续发展的基本路径。城市作为一个有机体，发展必须是可持续的，即在保持城市发展的同时，不破坏环境，不危及全人类后代所需。1980 年代以来，人们逐渐认识到城市空间和谐发展对促进城市可持续发展具有关键作用，必须合理地利用城市的基本资源，寻求各种资源相互和谐友好的配置过程，并注重其中的效率。吴志强教授认为：城市可持续发展就是要寻求和谐的城市空间，包括人与人的和谐、人与自然的和谐、人与历史的和谐等。这就要厘清城市各组成要素之间的相互依存关系，无论是城市内部空间的再组织，还是城市对外的空间拓展，都运用综合有机的整体发展思路，将城市各要素有机地组织起来。

有机结合也是和谐城市的内在机制。有机城市之所以是"有机"的，就在于它是一个和谐的整体。和谐，是具有可持续发展特性的组织内在机制。席酉民在《和谐理论与战略》一书中指出：系统之间及系统内部的各要素之间都是相关的，且存在一种系统目的意义下的和谐机制。系统和谐性是指"系统是否形成了充分发挥系统成员和子系统能动性、创造性的条件及环境，以及系统成员和子系统活动的总体协调性"[①]。和谐，作为系统的整体性，来自系统各要素之间、要素与系统之间、系统之间行动的有机结合。有机结合既是和谐观念，又是和谐的内在机制。

2）系统学是有机结合的基础理论

系统论在20世纪40年代伴随着现代科学的发展而产生。爱因斯坦（Albert Einstein）的相对论、普朗克（Max Planck）的量子论、海德格尔（Martin Heidegger）的存在主义等使部分论在科学和哲学领域受到批判性的反思，系统观点在这样的时代背景下在各个领域萌发。系统论认为：整体和部分都是存在的，整体是由相互关联的各部分构成的统一体，即系统；系统在总体层面突显出总括性，但又不等同于各部分的特性；系统的变化包括部分层次和整体层次的变化。因此，系统论主张把部分、组织和整体，或是要素和系统联系在一起研究，从而更加准确地把握整体。

要素有机结合以系统学思考方法为理论基础。在系统学中，要素既是系统的组成部分，又是系统的参与者，离开了系统的要素将无法被正确理解。系统的整体性能，由要素之间的所有关联共同决定，可能是共享的、相异的、强化的、排斥的。因此，在作为系统的整体中，即使不都完善统一的要素也可以通过协同关联形成良好的系统功能；反之，即使都良好一致的要素也可能因为配合不当，使整体性能不佳。正如克里斯托夫·亚历山大（Christopher Alexander）在《城市并非树形》中所论证的，存在于城市系统中的关联性不是简单树形，而是网络状的。正因为城市要素之间的多边关联，城市的多样性、生命力才涌现出来，成为一个有机的系统。

---

① 席酉民. 和谐理论与战略 [M]. 贵阳：贵州人民出版社，1989.

3）"有机思想"是系统观的核心

对城市要素的认知经历了从有机类比观到有机结合系统观的演变，"有机思想"始终是核心。

早期的城市规划和建筑学理论研究中，"有机"是一个类比的概念，和起源于18、19世纪的生命科学和现代生物学相关。一方面，某些城市的平面与某些生物体在形态上相似，如哥本哈根的"拇指规划"；另一方面，将城市某些要素的功能比作身体的器官，能够表现出城市的"生命"内涵，如把城市中心看作"心脏"，把城市道路看成"动脉"，源源不断地输送着"血液"——交通。这种生物学的类比在后来城市社会经济学的推动下得到了进一步发展：城市居住区形成的邻里单元是细胞，工业区、港口、办公区是器官，资本则是在城市系统中流动的能量。此外，学者们还认为城市也像有机体一样自我生长、新陈代谢，也一样会发生病变、衰退、涅槃、重生，例如，19世纪工业城市的卫生问题，就是城市空间的某种病变，需要健康卫生的环境使城市获得新生。

上述研究将有机思想等同于有机形态。但是，凯文·林奇在《优秀的城市形态》一书中坦率地指出："有机思想"非常有意义，简单类比的形态设计方法在今天有问题。斯皮罗·科斯托夫（Spiro Kostof）在《城市的形成》中同样认为：类比理论在有机思想上的贡献远大于形态设计上的贡献。

传统类比的有机观念强调"有机形态"，更像是一种简单类比的形态设计方法。但是，如果把有机原则理解为类比自然，有机形态理解为比拟生物形态，那么仅仅是把生物学概念简单化、表面化的套用，恰恰忽略了"有机"背后蕴含的城市要素彼此和谐、有效交互、配合运行的本质特征，是背离有机的。"有机结合"是一个系统概念。当代城市空间环境若要获得和谐性与有机性，就需要在功能意识的基础上向前迈进，借助系统学的思考方法和城市空间取向理论，建构城市要素有机结合的系统观。

2.3.2 新世纪城市要素整合系统的特征

不同于传统的城市空间，新世纪的城市要素整合系统带来了一些新的特征。

1）推进城市新功能的形成

城市要素整合系统推动并形成了一些新的城市功能，为城市发展注入了新的动力。诸如废旧高架与绿地景观的整合形成了空中花园；会展中心与休闲服务的整合形成了博览度假区；火车站、地铁站与公共服务功能的整合形成了TOD枢纽综合体或区域中心等。

2）深化发展整合的三维性

随着城市生活节奏的加快，功能需求的愈加多样，许多城市功能之间的界限变得模糊，要求在同一个空间内高效、集约、立体地容纳更多样功能、更多种要素的需求越来越强烈，而城市要素整合系统为此提供了支持，也深化发展了整合的三维性。天津慈海桥是跨海河进入天津城市核心区的重要节点，为了凸显"天津之眼"，创造性地把摩天轮放在河流上方，将娱乐、商业等多种功能与桥梁空间相结合。机动车从上方通过，行人从两侧河岸处台阶进入桥梁下层的商业空间，同时也是摩天轮的入口。通过三维立体整合，让原本不可能置于一起的要素在同一个空间内找到了合适的空间秩序，既满足观光休闲功能，也成为主要的公路、铁路进入天津主城的标志景观（图2-3）。

3）加快整合的历时性特征

随着城市发展进程的加速，城市中越来越多的地区不再适应现代化的城市生活，需要进行城市更新。城市更新包含城市空间中的各种要素，并且涉及各

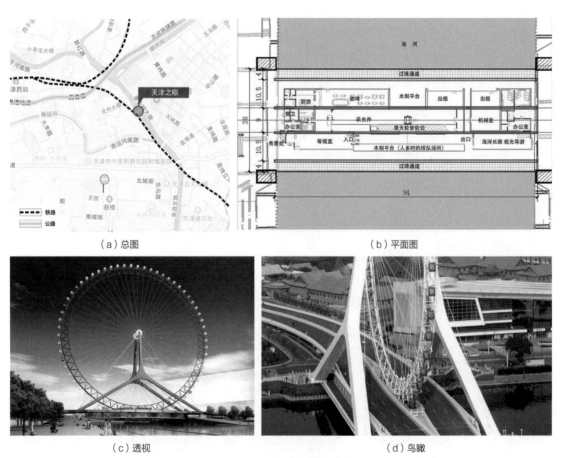

（a）总图 （b）平面图

（c）透视 （d）鸟瞰

图2-3 天津慈海桥

图 2-4　纽约高线公园

个历史时期的要素。城市要素整合系统可以推动各个历史时期的要素交织并存，产生新的、复合的历时性特征。例如，纽约高线公园（High Line Park）几乎保留了各个主要历史时期的代表性元素和特征，让它们自然地融合，表现出对城市复杂秩序的尊重。从高线沿路走过，仿佛亲历了高线发展的全过程，不同的时空景象完美地交汇于同一个时间节点：贯穿全园的铁轨炫耀着昔日"交通生命线"的辉煌历史，几处紧邻的颓废厂房展示了废弃时期流浪艺术家的涂鸦艺术，遍布高线的自生植物揭示了荒废地植物的顽强生命力，穿插其间的新建筑又提醒人们这是一座现代化的公园（图 2-4，图 1-9）。

2.4　城市要素整合的方法——前提、保障和方式

城市要素整合有一定的前提条件和基础保障，只有在这些条件和保障之下，同时采用一定的措施，要素才能实现有机结合。

2.4.1　要素开放与渗透是整合的前提条件

1）要素开放

开放是指城市要素在空间和功能上突破排他性倾向，转变为互利性。要素不开放，其空间和功能就无法渗透。

现代建筑学为要素开放建立了先河。新建筑"五要素"，即底层架空、横向长窗、屋顶花园、自由平面、自由立面，使现代建筑获得了实体开放的手段。勒·柯布西耶（Le Corbusier）的萨伏伊别墅（The Villa Savoye）打开了所有的立面，去"拥抱"外部世界；包豪斯校舍仿佛森林压顶，把车行通道、人行通道、水景绿化等全都覆盖在入口下，成为建筑的一部分；密斯·凡·德·罗（Mies van der Rohe）的柏林国家美术馆沿周边布置 8 根十字形截面钢柱，解放了建筑

物的 4 个转角。

在城市层面，城市要素的开放，一方面，可以改变二维的功能分区，辩证地认识控制线，为功能在平面空间上的渗透提供基础；另一方面，可以改变传统的竖向单一用地单元，将城市空间在竖向分层，向地下、空中垂直发展，为承载更多的城市功能提供空间，使"在城市之上、之下建造城市"成为可能。日本横滨国际客运码头将屋顶作为城市公共空间向城市开放；九龙新港将屋顶作为办公、居住等多种功能承载的城市基面等，都是城市空间立体布局的典型代表。

2）要素渗透

要素开放为促进要素的空间渗透创造了条件。"各要素之间的相互开放反映在空间形态上是要素与要素之间相互渗透，要素与城市空间相互渗透"[①]。要素的空间和功能都具有可渗透性，既可以渗透到其他要素中，也可以被其他要素渗透，是一种有效的交互关系。

要素之间渗透的动力是行为互动。现代主义建筑大师发现，"功能"是把作为物质的城市要素和人们所使用的城市关联在一起的核心；城市学派的研究者们发现，"空间"是把作为物质的城市要素和人们所体验的城市关联在一起的核心。因此，要素渗透与人紧密联系，人通过行为的关联和互动成为空间与功能渗透的动力。

行为联系促进了空间与功能的渗透。因循不同的行为联系方式，运用多样的渗透方法进行组合，形成你中有我、我中有你、资源共享、功能复合的整体空间。例如，欧洲里尔新车站（Gare de Lille-Europe）将城市轨道交通从两座办公塔楼中横穿而过，是人流、通勤和认知行为的结合，通过塔楼标志解决认知的问题。日本北九州小仓站的车站人流进出行为和车站人流服务行为的互动，是空间渗透的动力，促使城市二层公共通道、宾馆、商场和会议中心等城市功能与车站功能立体整合（图 0-63）。

2.4.2   柔化规划管理方式是整合的基础保障

1）规划控制线适度柔化

用规划控制线来管理城市建设十分必要，主要解决城市用地的控制问题，没有规划控制线，城市建设会混乱无序。规划控制线有"利"也有"弊"。

---

① 卢济威 . 论城市设计整合机制 [J]. 建筑学报，2004（1）：26.

有利的一面在便于管理与操作，但是不利的一面也显而易见：地块内功能使用单一，不能适应功能复合的发展趋势，刚性边界使各要素局限在控制线内，减弱甚至隔断了要素之间的联系。为了满足现代城市多元化发展，资源多样化利用的趋势，需要促进规划控制的适度柔化，有条件地打破功能分区的刚性界限，在局部重点地区适度突破控制线的约束，为要素的有机组织提供基础。

2）城市设计的有机整合

相对于规划强调分区，城市设计辩证地理解"分"与"合"的关系，将"分"作为整合的过程和阶段，从而建立操作体系。因此，在规划控制适度柔化的基础上，需要运用城市设计方法促进要素的有机组合，展开要素渗透的具体操作，实现从"分"到"合"的整合过程。"从某种程度而言，城市设计的精髓就是处理城市要素的相互关系"[1]，可以运用穿插、结合、叠加、中介、关系等多种整合方法，对要素进行整合，优化地区的功能和形态。例如，为了城市生态化，力求人工环境与自然环境有机结合，将城市绿地延伸到屋顶，在人工建筑空间之上提供自然生态空间；为了激发城市活力，将交通枢纽与公共中心结合，促进可达性的同时带来大量人流；为了人车分离，将步行系统建在二层与建筑结合，为车行与步行人流提供安全舒适的空间等。

3）专业合作与专业综合

城市要素整合的最终实现，需落实到各专业的具体设计中去。各专业需要在城市设计的指导下，加强专业合作，促进要素整合。例如，可以促使桥梁工程师与建筑师的协商与配合，在两者同时建造时进行联结部位的合作设计，或在某一要素先期建造时为未来另一要素的衔接预留可能。在加强专业合作的同时，也要注意提高设计师的综合能力，在自身所学专业之外，增进对其他要素设计的了解和运用，这不仅有助于提高与其他专业合作的能力，也可能在设计某一要素时，融入其他专业的设计思想，进行重新组合，编制出新的"整体"。例如，著名建筑师扎哈·哈迪德（Zaha Hadid）设计了萨拉戈萨大桥展馆，一座 270m 长的建筑型桥梁，将世博会入口门户和过河桥梁整合起来，里面容纳了展览功能，作为 2008 年世博会的序幕（图 2-5）。

---

① 张庭伟. 城市高速发展中的城市设计问题：关于城市设计原则的讨论 [J]. 城市规划汇刊，2001（3）：9.

（a）世博会场地鸟瞰   （b）外景   （c）内景

图 2-5　萨拉戈萨大桥展馆

2.4.3　要素整合的方式

在要素开放与渗透的基础上，规划管理控制柔化的前提下，就可以通过不同的整合方式，创造特色而活力的空间（图 2-6）。

2.4.3.1　穿插整合

穿插整合是城市要素之间通过边界相互穿插渗透达到形态整合的方式。例如，为了不使堤坝成为城市亲水的障碍，杭州滨江区江滨地区城市设计，改变以线性堤坝为基础的笔直蓝线，在保证防汛要求的前提下，将堤坝与滨江公园、广场穿插结合，促使滨水区成为城市活动空间（图 2-7）；为了促进人工与自然环境的交融，美国圣安东尼奥将运河从建筑下部跨越，渗入建筑群体空间，以扩大的自然水域提升人工环境的品质。

穿插整合　　　　结合整合　　　　叠加整合　　　　中介整合　　　　关系整合

图 2-6　要素整合的方式

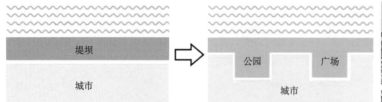

（a）堤坝与公园、广场结合   （b）总平面图

图 2-7　杭州滨江区江滨公园

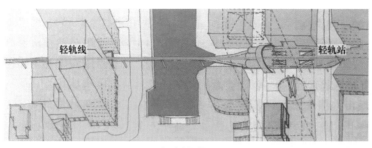

（a）轴测图　　　　　　　　　　　　　　（b）外景

图 2-8　伦敦金丝雀码头轻轨站与办公大楼建筑结合

2.4.3.2　结合整合

　　结合整合是城市要素之间通过局部开放并相互结合，促使整体整合的方式。例如，伦敦金丝雀码头（Canary Wharf）将轻轨从建筑中央穿越，轻轨站点与大楼建筑的三层处相结合，从站点出来就可进入位于该层的建筑入口，或是共享大厅，极大地提高了建筑空间的交通便利性，也形成了具有视觉冲击力的节点形象（图 2-8）。

2.4.3.3　叠加整合

　　叠加整合是城市要素通过上部、下部或中部开放，让要素穿插渗透，达到形态整合的方式。例如，法国财政部大楼位于巴黎巴塞地区的塞纳河畔，设计难题在于用地沿河岸纵深方向布局，临河面面宽很小；东侧又是 1860 年以前巴黎城墙的位置，因此考虑像埃菲尔铁塔一样，将其设计为进入巴黎老城区的标志性建筑。最后建筑呈现为沿塞纳河纵深 400m 的多层大楼，两端各有宽70m 的架空底层，跨越市中心两条城市干道，建筑与城市街道竖向重叠，从道路上看就像一座城市的大门。大楼西段端部还跨入塞纳河，建筑上部通透的玻璃盒子是视野开阔、景观条件极佳的部长办公室[1]（图 2-9）。

2.4.3.4　中介整合

　　中介整合是城市要素之间运用中介作为过渡使其整合的方式，中介的形式很多，例如肌理中介、轴线中介、过渡体中介等。汉堡采用肌理中介，港口新城延续了老城的肌理，使新城牢牢地"锚固"在城市整体空间形态中（图 2-10）。哥德堡运用轴线中介，新建的巴洛克式花园与对岸老城广场共构

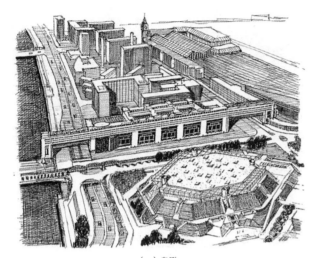

（a）鸟瞰

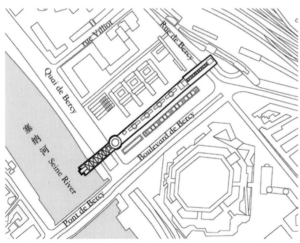

（b）总平面图

（c）外景

图2-9 法国财政部大楼

了跨河轴线，加强了两岸的联结，保持了城市空间秩序（图2-21）。法国蒙彼利埃市安提岗新区（Antigone）整体作为过渡体中介，将老城与新城整合。老城在向东扩展的过程中，主要面临老城边缘巨大高差、河流障碍、交通设施阻隔等问题，为此：一方面，为了弥合新、老城区的地形高差，建立了一个多边形的大型商业综合体（The Polygone），内部形成东西贯穿的中庭空间，通过几部室内的自动扶梯以及外部折形的步道解决了高差问题，这个综合体也成为老城与安提岗新区的衔接节点；另一方面，新区本身运用朝向新城的空间构图，以半圆形的城市广场将安提岗新区一侧低矮的半围合建筑与对岸新城的高层建筑联结成整体，以人行桥跨越河流，把位于河流两岸的新城与老城结合起来（图2-11）。

2.4.3.5 关系整合

关系整合是两个或多个城市要素在形态上建立良好的关系，包括协调、主从、衬托等，使其形态整合成和谐整体的方式。上海外滩采用"协调"整合，为了保持外滩历史建筑的整体性，新建的外滩游客中心没有运用传统的建筑形式，但在色彩、体量等方面与历史建筑协调，被称为"镶牙"工程（图2-12）。新加坡克拉克码头（Clarke Quay）运用"衬托"整合，在沿岸低矮的传统工业建筑后方，建造了现代化高层作为背景，通过对比手法衬托历史建筑，使新与旧和谐共存（图2-20）。

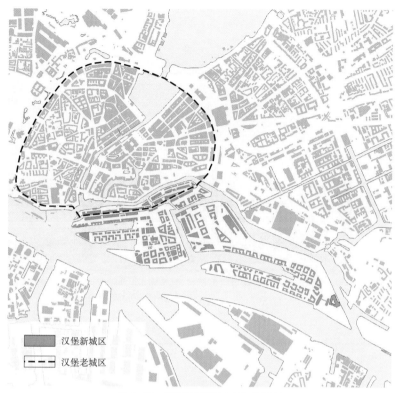

图 2-10 汉堡新城延续老城区的肌理

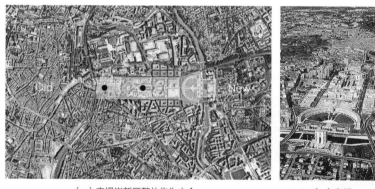

（a）安提岗新区整体作为中介　　　　　　　（c）鸟瞰

（b）朝向新城的广场

图 2-11 蒙彼利埃市以安提岗新区作为中介衔接新老城区

图 2-12 外滩游客中心

2.5 城市要素整合的模式

　　城市要素整合模式是以城市空间环境发展中的一些突出矛盾为切入点，研究两类或多类看似不相关，甚至矛盾的城市要素之间的有机整合，包括公共空间与私有领域、自然环境与人工环境、历史环境与现代环境、交通空间与其他城市空间、地下空间与地上空间、市政工程设施与其他城市要素等方面的整合。

2.5.1 公共空间与私有领域整合

　　"公"与"私"本就是相对立的，公共空间与私有领域在很多地方都是相互隔离的。但是，随着城市居民日常生活追求更加复合、交融、有活力的公共空间，公共活动不仅在街道、广场等传统的开放空间进行，还会在诸如办公楼群、购物中心、地铁站、图书馆、影剧院等功能私有建筑及街区展开。当前城市发展中有私有空间公共化的趋势，即由私有土地所有者管理公共空间，从而促进城市公共空间体系化，使原本断续的城市公共空间体系变得完整；同时，促进私有空间活力化，激发城市部分私有空间的公共使用。因此，推动公共空

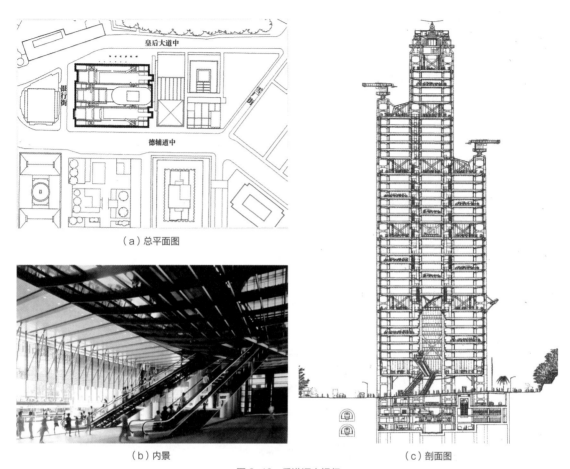

（a）总平面图

（b）内景　　　　　　　　　　（c）剖面图

图 2-13　香港汇丰银行

间与私有领域的整合，既能实现城市公共活动空间的扩大，又能为私有领域带来活力。

1）香港汇丰银行——建筑底层公共化与城市公共空间整合

香港汇丰银行位于中环地区，夹在两条快速干道之间，用地逼仄。诺曼·福斯特（Norman Foster）在设计之初，考虑到这个庞大的建筑必须在底层有缓冲空间，但是建筑外侧用地已十分紧张，因此建筑下方的"地面那一层被安排成公共空间，加强城市通风和方便市民出入，于是形成了这个特殊的'公众空间'"[①]。设计师运用了穿插整合和叠加整合相结合的方式，将建筑底层架空和公共化，把城市公共活动广场渗入办公建筑下部空间，自动扶梯从二楼伸下来，人员即由扶梯往上进入大楼。这种整合既为高强度开发的中环增加了可供大量人流集聚的公共活动场所，又为办公环境创造了活力空间（图 2-13）。

---

① 曾雯海. 风暴后的汇丰.

2）阿姆斯特丹 NEMO 科学中心——建筑屋顶公共化与城市公共空间整合

阿姆斯特丹 NEMO 科学中心（Science Center NEMO）位于安塞尔河河港的堤岸上，像一艘停靠在港湾的绿色巨轮，设计师伦佐·皮亚诺（Renzo Piano）也运用了穿插整合与叠加整合两种方式的结合，将城市广场、建筑、道路在同一空间内垂直布局。建筑屋顶被公共化，设置了阶梯状的广场，并与城市街道相连，自然而然地将城市公共活动引至建筑上空。科学中心的屋顶也与建筑的第五层室内空间相通，设有咖啡馆、儿童游乐园等，游客可以在屋顶上享受野餐，也可观赏整个城市的美景，而从屋顶进入也提供了独特的自上而下的参观流线。同时，城市道路从博物馆下方以隧道形式穿越河流，体现了土地的高效集约利用（图 2-14）。

（a）外景

（b）看向屋顶大台阶

（c）看向隧道

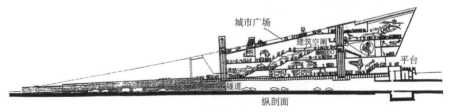

（d）剖面图

图 2-14 阿姆斯特丹 NEMO 科学中心

3）柏林索尼中心——企业建筑群内院公共化与城市公共空间整合

墨菲·扬（Murphy Jahn）事务所设计的柏林索尼中心（Sony Centre）邻近波茨坦广场，通过要素联结部位的结合整合，将多个建筑单体组成一个完整的建筑群，成为容纳多种城市生活的综合街区。中心由五幢不同功能的建筑组成，包括公寓楼、环幕影院、德国电影研究院、办公、商业娱乐等。建筑界面围合而成的椭圆形空间形成城市公共广场，既作为办公楼的交往休闲空间，又作为区域的公共中心。上面覆盖直径达100m的伞形顶盖，将周边建筑联结成整体，伞形顶盖具有调节广场内部小气候的作用，冬天能透入阳光，夏季能遮挡烈日，平日能挡风遮雨，提高了广场空间的限定性和舒适性（图2-15）。

（a）模式图

（b）平面图

（c）外景

（d）内景

图2-15　柏林索尼中心

2.5.2　自然环境与人工环境整合

　　长期以来，自然环境属于乡野，人工环境归于城镇，关系泾渭分明。但是，对自然环境与人工环境整合共生的理念追求经久不息，从我国古代的"天人合一"思想到近代的"山水城市"理论，以及国外的"广亩城市""田园城市""垂直花园城市"理论等，都试图用新的形式来传达对城市乡村化，生活于大自然中的向往。自然环境与人工环境的整合所带来的效应，不只是实现对于自然生态环境的保护，更可能带来综合的生态与社会效益，并为自然环境与人工环境的有机整合提供理论支撑。受城市规划对自然环境要素刚性管控的限制，以及建筑、景观、工程等专业细分带来的设计视角的狭隘，自然环境与人工环境的整合显得更为重要，也更具挑战。

1）柏林联邦政府区——河流与建筑群穿插整合

　　柏林联邦政府区位于施普雷河（Spree River）的转弯处，是一系列带状的政府建筑物。它通过建筑与河流空间相互穿插的手法，将被河道分割的用地一体化。其中，中部河岸的总理府建筑通过桥梁与西侧的总理府花园联结；联邦机构大楼跨越河流东段，通过双层步行天桥从不同高度将位于河流两岸的建筑实质性地连接在一起。这一组等宽、笔直的建筑群跨越河湾形成纽带，将被河流分隔的城区紧密联系起来，因此被称为"联邦纽带"，形象地寓意了东西柏林的合并（图2-16）。

2）上海静安寺广场——广场综合体与城市公园叠加整合

　　上海静安寺广场位于地铁2号线和7号线的交汇处，原址为静安公园。由于地铁线由东西和南北从地块边缘穿过，城市设计从公园划出部分用地作为地铁站入口广场，妥善处理了原有绿地与新功能的矛盾，运用要素重叠手法和地形重塑手法（商业综合体高出地面2m，覆土2m以种树），将公园绿地延伸到综合体屋顶上方。这种叠加整合既解决了交通枢纽转换，提供了商业服务设施，更重要的是为城市留住了一块宝贵的自然生态绿地（图2-17）。

3）佛罗伦萨维奇欧桥——河流与商业街通过桥梁叠加整合

　　维奇欧桥（Ponte Vecchio）位于佛罗伦萨老城中心，河流与商业街通过桥梁重叠整合，使城

图2-16　柏林新政府区"联邦纽带"

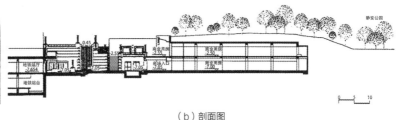

（a）鸟瞰　　　　　　　　　　（b）剖面图

图 2-17　上海静安寺广场

（a）鸟瞰

（b）从河岸看桥

（c）从桥上看河

图 2-18　佛罗伦萨维奇欧桥

市功能不被河流打断。桥梁两侧是商店，延续了城市商业街的空间序列，过桥的同时也可以购物。桥梁中央建有门廊，面向水域，为人们提供逗留、观水的空间。在桥的形式和色彩上，考虑到佛罗伦萨全城皆是红瓦白墙，因此桥梁也继承了这一特质，红色的瓦片、大片白墙中缀以橙黄色的墙、门窗细部、桥梁一端"L"形拱廊的拱券形式，都与古城建筑形式协调整合（图 2-18）。

2.5.3　历史环境与现代环境整合

随着城市建设的不断发展，历史保护与城市发展的矛盾不断涌现，两者的关系需要有适宜的考量。反思以往将历史环境与现代环境对立，对历史环境或划片式"静态保护"或推土机式"革故鼎新"的消极、片面做法，当今的历史环境与现代环境整合应该是相互渗透、良性互动的。这种整合不仅可以延续城市文脉、增加城市活力、增强城市意象，也可以协同空间集约利用、城市形态完整的空间取向。历史环境和现代环境都是历史长河中的一个环节，需要有机结合，产生跨越不同时代的相互交融，获得城市空间的整体和谐。

1）巴黎卢浮宫扩建——现代环境运用玻璃金字塔与历史环境和谐整合

卢浮宫地处巴黎市中心的塞纳河北岸，位居世界四大历史博物馆之首。在扩建工程中，贝聿铭通

（a）外景

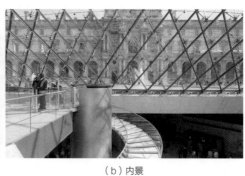

（b）内景

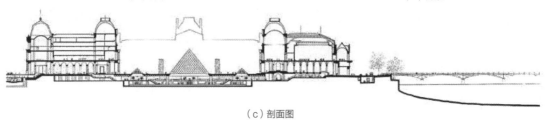

（c）剖面图

图 2-19   巴黎卢浮宫

过和谐整合，在历史建筑围合的庭院中央，巧妙地植入了玻璃金字塔这一现代形式，营造出古今融合的态势。设计师为了避免新建的庞大体量对历史环境的破坏，将博物馆新增空间都放在地下，因此在庭院中央需要增加一个地下空间出入口。对于这个出入口出地面的部分，和世界级历史保护建筑如何整合，他采用了玻璃金字塔，而非与卢浮宫既有建筑接近的形制，因为玻璃金字塔是透明的，不强调形象，具有中立性，在作为出入口的同时，也可为地下空间带来采光，并且很好地尊重了历史风貌（图 2-19）。

2）新加坡克拉克码头区——新旧环境以衬托关系整合

克拉克码头位于新加坡河畔，曾经是用来卸货的一个小码头，容纳了超过60座低矮的仓库和店铺，以红色坡顶和黄、白色墙面为建筑特征，是城市重要的历史保护街区。城市建设中并未强调周边建筑必须与其保持一致，而是适应该地区 CBD 的功能发展，建造了现代化高层建筑，将新建筑作为背景，衬托、彰显历史建筑，运用"新衬托旧"的手法，达到新旧环境关系的整合，成为新加坡河沿岸的独特风景线（图 2-20）。

图 2-20   新加坡克拉克码头

3）瑞典哥德堡——两岸城区以轴线中介整合

瑞典哥德堡地区被运河一分为二，老城区位于河的北侧，河南侧是新城区。临河处只有一个剧院孤零零的矗立在那里，模糊的空间界定弱化了两岸的联系。城市

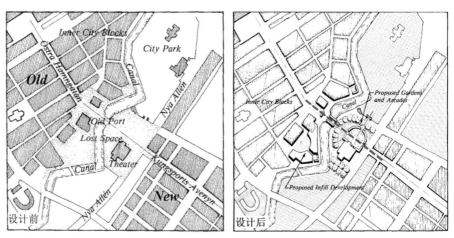

图 2-21　孔斯波茨阿维尼大街设计前后

设计运用建筑和景观组织过渡轴线作为中介，形成连接两岸城区的主轴线。该轴线在运河边建造了一个规则的巴洛克式花园，与剧院一起，作为孔斯波茨阿维尼大街（Kungsports Avenyn）的延续，强化指向对岸国王门广场的跨河轴线。这种以轴线为中介的整合，既增强了两岸的联系，也增进了景观轴线的历史内涵，为城市创造出富含传统韵味的空间秩序（图 2-21）。

2.5.4　交通空间与其他城市空间整合

交通空间一直以来都是影响城市发展时效与品质的关键要素，因为交通空间不仅是组织交通的功能性空间，更是统筹城市各要素的空间骨架。城市的各项经济活动和居民生活都要依托这个空间骨架运作，尤其是现代生活对于交通依赖显著增强，促进交通空间与城市其他功能空间的互为整合成为城市紧凑高效、绿色低碳、多元融合发展的诉求载体。

1）纽约中央公园——道路与公园立交整合

纽约中央公园（Central Park）位于曼哈顿岛中心地带，由于面积巨大，因此设计之初明确要求有四条城市道路（65 街、79 街、86 街、97 街）横穿公园，并在公园关闭后道路仍可以通行，这无疑是巨大的挑战。最终，方案采用立体叠加方式，在道路与公园相交处，道路下沉半层，公园抬高半层，在同一空间内立体穿越，互不干扰，既保证了公园横跨几个街区而不被打断，也保障了城市东西向交通的连续。同时，采用景观设计手法，在道路上方串接公园的石拱桥种植隐蔽性强的攀爬藤蔓等植物，解决游客游览的安全问题，同时保障公园景观的完整与统一（图 2-22）。

|（a）平面图|（b）鸟瞰|

图 2-22　纽约中央公园交通组织平面图及鸟瞰图

2）斯特拉斯堡克雷伯广场——步行区与有轨电车空间结合整合

法国斯特拉斯堡的克雷伯广场（Kleber Square）地处老城区，是老城重建计划的重要组成部分。在改建中，采用步行友好的地面有轨电车，代替每天 5 万辆小汽车的通行，来解决穿越城市的大量人流交通问题。其中，南北向的有轨电车 A 线，从克雷伯广场的边缘穿过，改造时并没有将其作为独立空间与广场相隔离，而是将电车通行区域与广场步行区结合，让轨交通行活动与休闲步行行为交融，重塑崭新的城市中心区意象（图 2-23）。

3）鹿特丹魔方屋——建筑借由过街天桥与城市干道叠加整合

魔方屋（Cube House）位于鹿特丹一条主要街道的上空，设计师通过过街天桥将住宅与城市干道立体整合，也将被城市干道分离的老港区与新开发区联结起来。魔方屋内容纳了办公、服装店、小吃店、咖啡馆、私人住宅，乃至学校的一部分。建筑与过街天桥合为一体，天桥同时也是连接多样功能的街道，只是这条街坐落在城市干道之上。通过整合，在城市道路之上实现了开发，营造了特色的跨越城市道路的路径。当然，建筑本身也很独特，由明黄色的倾斜方块房子组成，透过不同朝向的窗户可以看到不同的景致，建筑师皮特·布洛姆（Piet Blom）解释他的设计动机在于，要为缺乏活力和生活气息的鹿特丹这个工业城市，提供高质量的交流场所，并创造一个趣味性很强的建筑[1]（图 2-24）。

---

① "魔方森林"鹿特丹立体屋.

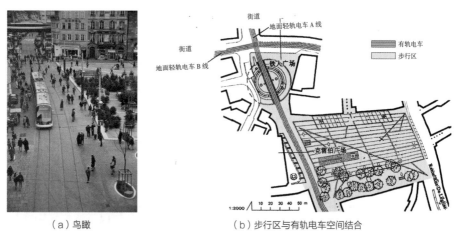

（a）鸟瞰　　　　　　　　　　　　　（b）步行区与有轨电车空间结合

图 2-23　斯特拉斯堡克雷伯广场

（a）鸟瞰　　　　　　　　　　　　　（b）平面图

（c）外景　　　　　　　　　　　　　（d）内景

图 2-24　鹿特丹魔方屋

2.5.5　地下空间与地上空间整合

随着城市快速扩张，城市的土地资源日益稀缺，一些城市开始进入存量、减量发展的阶段，地下空间的开发越来越重要。另一方面，以地铁为主的地下交通设施在城市中的广泛应用，使得地下空间拥有了重要的人流资源，充分利用地下交通资源，将地下空间与地上空间进行整合开发，成为当今城市设计的重要议题，也是城市空间立体化发展的重点领域。这里的地下空间是指地下公共空间，而非普通的建筑地下室。长期以来，地下空间都是由业主主导，单独发展，具有独立性，设计与管理都自成系统。提倡地下与地上空间的一体化整合，主要是为了消除进入地下空间的畏惧感，其次是为了将地面人流引入地下。城市的大型开发为地下空间与地上空间整合提供了发展条件，这种整合一般是位于城市公共交通、商业办公、公共活动等多种功能密集复合的中心区域，需要统筹考虑的资源要素与功能目标多元而综合，如交通出行的关联组织、公共空间与公共设施的使用、场地环境的景观营造等，因地制宜地形成有效交互、和谐组织、整体融合的城市空间。

1）巴黎列·阿莱广场——地下综合体以下沉广场中介与城市公园整合

法国巴黎的列·阿莱广场位于巴黎市中心的大菜市场旧址，在 20 世纪 70 年代进行改造，地下为商业综合体，地上为城市公园。城市设计以下沉广场为中介，将地下商场、地铁站等组成的地下公共空间与地面公园整合在一起。下沉广场四周的步行平台以及中央的大坡道，建立起地下空间与地面空间的步行联系，将人流引入地下建筑空间；层层跌落的弧形玻璃为下沉广场形成了优美的界面，也使地下商业可以获得更多的采光以及良好的景观，促进地下商业的地面化；由此，也使三层下沉广场形态活泼多变，成为城市公园形象的有机组成（图 2-25）。

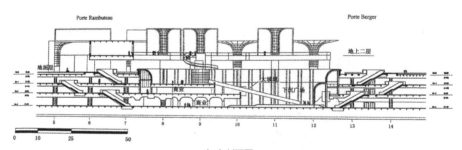

（a）剖面图

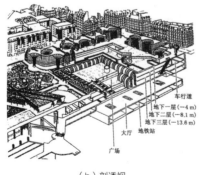

（b）剖透视

（c）鸟瞰

图 2-25　巴黎列·阿莱广场

2）大阪长堀地下街——地下街以采光带为中介与城市道路整合

长堀地下街有 3 条地铁线横穿街道，但是站点间却没有连通，换乘不方便，造成此地区的人车矛盾突出。为此，政府利用新建地铁线——长堀地铁线的契机，建立新的地铁换乘系统，连通原有的 3 条地铁线。建成后的地下街共分四层，最下层是地铁换乘系统；地下二、三层是停车库；地下一层是集公共步行道和商业为一体的地下步行商业街。而地面层保留了车行交通，在道路中间分隔处设置了采光带，使地下商业街拥有自然采光，从而提高地下空间的舒适性（图 2-26）。

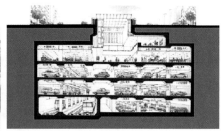

（a）地上空间　　　　　　　　　　　　　　　　（b）剖面图

图 2-26　大阪长堀地下街

3）芝加哥伊利诺伊州中心——市政中心以中庭为中介与地下交通枢纽整合

美国伊利诺伊州中心位于芝加哥市中心的高层密集区，是一个集办公、商业、公共交通等功能于一体的综合性建筑。竖向贯通整幢高层建筑的大中庭空间直接深入到地下一层公共区域，办公区又有一个通高空间联系二层的轻轨和地下空间。地铁、轻轨与地下公共空间，以及办公局部二层空间组成枢纽，通过中庭，与建筑整合，增加了州中心的开放度，也提高了市民与办公人员的便利性（图 2-27）。

（a）中庭空间　　　　　　　　　　　　　　　　（b）剖面图

图 2-27　芝加哥伊利诺伊州中心

2.5.6 市政工程设施与其他城市要素整合

市政工程设施一般包括城市道路、桥梁、涵洞、堤坝、下水道等，基本都是以钢筋混凝土材质为主，以冰冷的人工构筑物形态呈现，以保障生活基本需求为主，大多对景观的考虑欠缺，特别是很难做到与自然景观的结合。因此，如何将市政工程设施与建筑、绿地、广场等其他城市要素有机结合是值得探讨的议题。

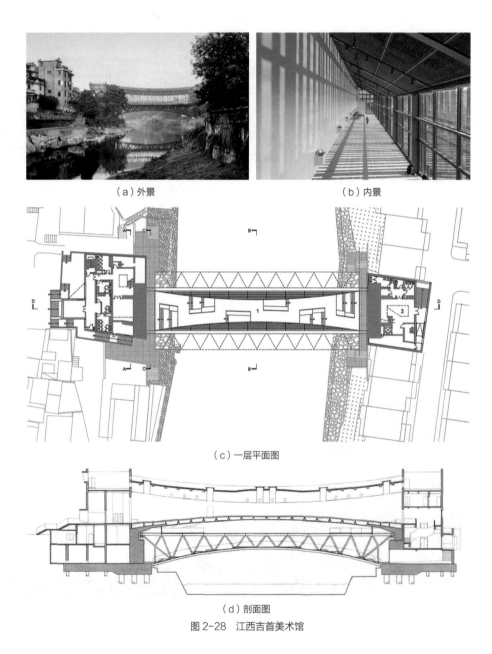

（a）外景　　　　　　　　　　　　　（b）内景

（c）一层平面图

（d）剖面图

图 2-28　江西吉首美术馆

1）江西吉首美术馆——桥梁与建筑叠加整合

美术馆所在的吉首市是湘西土家族苗族自治州的州府。起初地方政府考虑建在城外的开发区，建筑大师张永和则建议设在人口密集的古城中心区，让文化设施尽可能地方便居民使用。穿城而过的万溶江流经吉首的核心地带，因此构想了一座横跨江面、兼做步行桥的美术馆，希望人们不仅会专程去欣赏艺术，也可以在上班、上学或购物途中与艺术邂逅。建筑师运用叠加整合的方式，以桥上桥的形式来容纳多种功能，下层钢桥是开放的桁架结构，为行人通过提供带顶的街道，同时有助于疏导洪流；上层混凝土拱桥内部设有画廊。两桥之间是一个由玻璃幕墙和筒瓦遮阳系统围合而成的大展厅，用于举办临时展览。美术馆的服务空间如门厅、行政办公、商店和茶室则被安置在两端的桥头建筑内 [①]（图 2-28）。

2）杭州滨江公园钱王广场——堤坝与广场叠加整合

滨江公园钱王广场位于杭州滨江区，城市设计在此处将堤坝扩大，在坝顶上建立钱王射潮广场（简称钱王广场），广场面江，直径 60m，平时是观潮、餐饮、休憩的场所。广场中央设"钱王射潮"大型雕塑，以纪念这位治潮英雄。广场南侧为内设餐饮、酒廊的柱廊建筑，作为广场的南界面，增加围合感与场所感。广场下面设有厨房、车库等辅助设施，为广场活动提供支撑（图 2-29）。

（a）实景

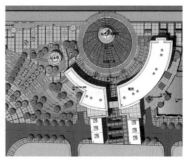

（b）总平面图

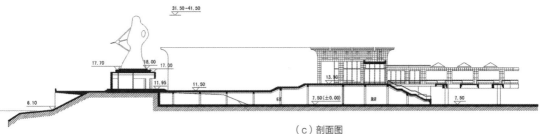

（c）剖面图

图 2-29　杭州滨江区滨江公园钱王广场

① 张永和，鲁力佳. 吉首美术馆 [J]. 建筑学报，2019（11）：39.

第 3 章

城市空间组织

3

3.1 城市空间

城市空间是由诸多元素共同界定、围合而成的空间，是人们进行公共生活的场所，小到建筑之间的空间、街道、广场、公共绿地、滨水区等，大到居住区、市中心，以至整个城镇。城市空间既是人们生活、活动的地方，也是人们审美的场所；既是城市历史文化传承的地方，也是城市活力的发生地。

城市空间的特征随着时空的变化也在不断变化。欧洲中世纪以围合的街道和广场形成城市空间的特征（图3-1）；西方现代主义时代的形体决定论以及构图思维，形成追求开放城市空间的空间特征（图3-2）；中国古代城市以"礼制"为思想基础，形成具有中轴对称、封闭、规整街网的空间特征（图3-3）。当前，我国的城市空间特征受到城市建设发展新理念的影响，生态城市、人性化城市和活力城市的追求都影响着城市的空间形态，从而出现很多新的空间组织方式，例如各类城市综合体与TOD影响下的公交枢纽区等，城市空间形态和结构特征也发生着相应变化[①]。

3.1.1 城市空间与城市公共空间

R.克里尔在《城市空间》一书中对城市空间解释为："……城市内和其他场所各建筑物之间所有的空间形式。这种空间依不同的高低层次，几何地联系在一起，它仅仅在几何特征和审美质量方面具有清晰的可辨性，从而容许人们自觉地去领会这个外部空间即所谓的城市空间"。对于城市空间的研究，不同

图3-1 锡耶纳坎波广场

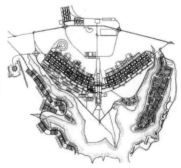

图3-2 科斯塔的巴西利亚规划

图3-3 宋平江苏州

① 卢济威.城市设计创作——研究与实践[M].南京：东南大学出版社，2012：30.

学科与专业具有各自的观察视角、研究尺度和目标内容。例如,从景观学的角度,对于城市空间的研究更倾向于开敞空间的研究,而对于城市设计师而言,则更注重城市公共空间的品质内涵。

1)开敞空间

"开敞(Open)"所对应的概念是"封闭(Close)",最早可追溯至 1877 年英国伦敦制定的《大都市开放空间法》(*Metropolitan Open Space Act*),其中将开敞空间定义为"任何围合或不围合的土地"。开敞空间(Open Space)强调城市空间的户外开放性与自然生态性,在一定意义上,不讲求其与人的社会活动的直接关联性,如自然生态保护区、城市绿化防护带、水库等。

自一百年前规划将城市公园和林荫道的概念引入城市以来,自然景观更为紧密地结合市民的生活,形成了城市的绿地系统。这不仅改善了城市的宜居环境,更为人们提供了大量户外开敞活动空间,促进了人们在城市生活中的交往。如纽约的中央公园,针对曼哈顿棋盘状的规整布局和单调拥挤的高密度城市建设,纽约当局在城市中心建设占地 843 英亩(约 5000 亩)的绿地,为市民打造高品质生态景观公园。四条东西向的城市干道从公园地下穿过,保证了生态空间景观的完整性和游憩游览步行的连续性,同时也将中央公园纳入城市的有机系统中。城市中的这片自然天地不仅成为市民放松身心的幽静之地,还有效保护了生物多样性,对城市起到生态系统修复作用(图 3-4)。

以绿地系统为主导的城市开敞空间不仅为人们的生活带来了良好的视觉效果,也有助于改善城市的微气候,有助于降低城市的热岛效应。如德国弗莱堡的里瑟菲尔德区城区开发项目,通过安排包括中央绿地、小型公园和广场、宽阔的街道等要素,再加上通过人行通道互相连接起来的若干公用庭院,很好地减轻了高密度建设的影响(图 3-5)。开发的每个地块所收集到的雨水可以被汇集到公共绿地的洼地中,经过基本的处理后排放到附近的自然保护区的湿地,实现雨水的再循环(图 3-6)[①]。

2)公共空间

公共空间(Public Space)是指城市中不同人群所共享的公共活动场所。其概念源于对空间社会属性的关注,相对于私人空间(Private Space)而言,更强调公众对空间的使用,它是城市的"起居室"。

---

① 易鑫,哈罗德·博登沙茨,迪特·福里克,阿廖沙·霍夫曼.欧洲城市设计——面向未来的策略与实践 [M]. 北京:中国建筑工业出版社,2017:119-120.

图 3-4   纽约中央公园

图 3-5   里瑟菲尔德鸟瞰图

图 3-6   自然活动场地和雨水渗透洼地

　　因此，公共空间狭义上指那些供城市居民日常生活和社会生活使用的公共户外空间，包括城市街道、广场、公园、居住区户外场地与体育场等[1]。如纽约的高线公园，其将原先基地的工业化交通设施改造成适合市民休闲娱乐的场所，设计师们在高线区景观美化和原始工业感保留之间巧妙地取得了平衡，同时利用铺装、种植、家具、照明等手法设计出一系列有特色的序列空间，营造出丰富的体验观感（图 3-7）。广义的概念则可扩大到由公共部门拥有与管理、向公众开放并提供多元化公共用途的室内场所，如图书馆、展览馆、科技馆等。例如在库哈斯设计的西雅图中央图书馆里，其功能设定已经从一个单一的借阅空间转化为人们社会活动的中心，作为"城市的起居室"，容纳着不同年龄与社会文化背景人群的交流活动（图 3-8）。

---

① 庄宇，陈泳，杨春侠 . 城市设计实践教程 [M]. 北京：中国建筑工业出版社，2020：51.

图 3-7　纽约高线公园

图 3-8　西雅图中央图书馆

广义的公共空间还可以包括公有私营或私有私营的向公众开放，且具备充分可达性和共享性的空间场所，如地下商街、购物中心、办公街区、酒店中庭与餐饮娱乐等。如 MVRDV 在荷兰鹿特丹设计的由公寓单元组成的拱形室内集市，艺术家用动画软件营造了集市内丰富的天花幕墙景象，带给人们购物交往新体验（图 3-9）。

公共空间是人群聚集的体验场所，它可以给我们提供见面、娱乐、学习以及商业和休闲的社交区域。因此，城市公共空间是社会活动发生的场所，它的实质是以人为主体的。使用者的年龄、阶层、文化背景、职业不同，为公共空间的公共性及开放性所包容，使用者可在其中进行平等的城市生活交往。而如何促进交往活动在公共空间中顺利进行，激发场所活力，形成良性循环，便是城市设计师研究公共空间，致力于打造优秀公共场所的意义之所在。一个成功

（a）鸟瞰

（b）市场内景

图 3-9　鹿特丹市场

的公共空间需要结合其经济运营、管理维护以及当地民众的积极参与，共同促成一个属于民众的、有吸引力的公共环境。

3.1.2　公共空间类型

公共空间的分类有多种方式，我们可以依据形态学的理论进行划分，也可根据空间的实际功能进行归类，如：

1）按空间属性划分

我们通常意义上所关注的城市公共空间是从空间的属性进行划分的，主要包括城市街道、广场、公园绿地以及室内化公共空间等。

街道

线状的街道是城市空间结构的骨架，如林荫道、商业步行街等，作为城市用地中面积最大、最具潜力的公共空间，街道既承担了交通运输的任务，同时又为市民提供了公共活动的线性场所。它与道路不同的是，道路多以车行交通为主，而街道则更多地与市民日常生活以及步行活动方式相关，由两侧建筑限定而成，是作为社会的衔接空间来使用，不是作为分割城市的元素，更关注于空间的人性体验与交往行为。如巴塞罗那兰布拉斯大街，步行居中车行两侧的设置保障了步行者的安全与优先权，这设定了整条街道的速度与基调，树木则成为两侧的屏障与顶部的华盖（图 3-10）。又如上海大学路，通过尺度宜人的街道空间、垂直混合的功能业态、细节丰富的临街界面与优雅闲适的餐饮外摆设计，营造出充满互动感和开放性的街道空间，为周边市民提供休闲交往的场所（图 3-11）。

广场

城市广场有多种类别，例如商业广场、纪念广场、宗教广场、休闲广场等，其共同的特性是空间的围合性与功能的公共性。城市广场主要由硬质铺装与步

图 3-10　巴塞罗那兰布拉斯大街

图 3-11　上海大学路街道

行活动构成，以建筑、道路、山水及地形等围合，是具有一定主题思想与规模的节点型户外公共空间。与人行道不同的是，它是一处具有自我领域的空间，而不是一个用于路过的空间，当然可能会有树木、花草和地被植物的存在，但占主导地位的是硬质地面①。如鹿特丹斯霍姆伯格广场，广场具有灵活的功能，而且随着昼夜与季节更替而变化。地面被抬高，铺地材料的划分考虑了预设活动及其和环境的呼应，四个液压灯柱的位置和外形也可以根据人们的活动需要而被改变，使这里汇聚着市民生活的活力（图 3-12）。

公园绿地

公园绿地既属于城市公共空间，也属于城市开敞空间，归属于两者的叠加范畴。在这里所指的是提供游憩观赏的具有一定软质景观的城市空间（图 3-13）。

公园通常被认为是高密度城市中的绿洲与庇护所，提供人们游览、观赏、休憩、开展科学文化及锻炼身体等活动，有较完善的设施和良好的绿化环境，具有改善城市生态、防火、避难等作用，一般可分为综合公园、森林公园、主题公园和专类公园等。对过路者和那些进到公园里的人而言，公园带给他们视觉上的放松、四季的轮回以及与自然的接触。同时，也要考虑与人接触的需求，既为公开的社会活动或集会服务，又为隐藏的社会活动或人们观察周围的世界服务②。如上海陆家嘴中心绿地公园，不但可以开办各类展览、演唱会等公共活动，更便于市民开展游玩、观赏、野餐和慢跑等休闲活动，适合多年龄段阶层人群的交往休闲生活。

图 3-12　鹿特丹斯霍姆伯格广场

图 3-13　上海陆家嘴中心绿地公园

---

① 庄宇，陈泳，杨春侠.城市设计实践教程 [M].北京：中国建筑工业出版社，2020：51.
② 克莱尔·库珀·马库斯，卡罗琳·弗朗西斯.人性场所——城市开放空间设计导则 [M].俞孔坚，王志芳，孙鹏，等译.北京：北京科学技术出版社，2017：89.

图 3-14　东京惠比寿花园广场

图 3-15　布拉格广场

图 3-16　瑞士琉森卡佩尔廊桥

室内化公共空间

通常以建筑"灰空间"的形式出现，是一些延伸到建筑内部的公共空间，如公共通道、室内步行街与建筑中庭等。这些空间将完善城市公共步行体系作为重点考虑内容，进行室内外一体的步行体系设计，通过丰富的建筑内部空间吸引人群。有的不以建筑边界设置门禁，保持步行系统在非营运时间也畅通无阻，既有利于提高建筑内部的人气活力，也有利于城市整体步行体系的空间拓展与品质提升（图 3-14）。

2）按空间形态划分

从形态学的角度，公共空间有点状与带状之分[①]。

点状

点状公共空间常具有"集结点"和"连接点"的作用，是人们聚集活动的场所，诸如城市中的广场、公园等空间。布拉格广场作为捷克布拉格旧城的十字路口，与犹太区、查理大学和通向瓦茨拉夫广场的行人通道相连，成为人们集结休闲的场所（图 3-15）。

带状

带状公共空间则侧重于为人们提供穿越、通行的功能，诸如街道、滨水通廊与线性绿带等。如瑞士琉森火车站旁罗伊斯河畔的卡佩尔廊桥，该桥全长 200m，连接着桥头的教堂和城市广场。横楣的图绘、装点着天竺葵花的桥体，合着沿岸中世纪及文艺复兴时期历史建筑组成的景观界面，将这条带状的廊道打造成为充满诗意的城市公共空间（图 3-16）。

① 宛素春.城市空间形态解析 [M].北京：科学出版社，2004：6.

图 3-17　成都西村大院

3）按功能类别划分

根据城市公共空间的活动主题与功能目标的不同，可以将空间做以划分。依据服务对象与承载功能的不同，可以将城市公共空间划分为社区交往、工作休闲、集散前厅、城市绿洲和步行天堂等类型。

社区交往

社区交往类公共空间有社区中心、儿童游乐场和老年人活动中心等。在成都西村大院中，引人注目的跑道系统形成了社区的休闲运动设施，设计师将运动休闲、文化艺术、时尚创意有机融合于本土生活集群空间，使其满足多元化现实需求，以持续激发社区活力（图3-17）。

工作休闲

工作休闲类公共空间有公司前庭广场、工作区公园庭院等。位于加利福尼亚州由弗兰克·盖里设计的 Menlo 公园里的 Facebook 新总部拥有一个碗状的内部绿色庭院，该庭院的优美风景，为员工提供了工作之余休闲娱乐的社交场所。庭院内部栽植大量树木植被，并采用自然材料进行地面铺装及公共设施打造，营造出了轻松愉悦的氛围（图3-18）。

购物休闲

购物休闲类公共空间指供购物人群驻留交谈或休憩玩耍使用的广场或长廊。米兰埃马努埃莱二世长廊位于意大利米兰大教堂广场的北侧，与斯卡拉广场相连。这个带有顶棚的拱廊街被认为是欧洲最美的商业拱廊街之一，拱廊内外设有众多商铺及餐饮门店，同时拥有精美的大理石马赛克拼花地面，为购物人群提供了可遮蔽风雨的公共休闲空间（图3-19）。

集散前厅

集散前厅类公共空间指使用效率很高的公交枢纽站前方便行人出入的广场

图 3-18　Facebook 新总部内部庭院

图 3-19　米兰埃马努埃莱二世长廊

图 3-20　大阪站北门大楼前中庭广场

性质空间，如地铁入口空间、码头车站广场和天桥地道等。如大阪站（Osaka Station）北门大楼前的中庭广场是进入大阪站的主入口，向南连接车站主体和南部大楼，向北连接开敞的梅北广场，左右两侧则直接与车站商场连接。作为动线中心，该中庭广场对购物、观光及通勤人群实现了高效率的集散疏导（图 3-20）。伦敦国王十字火车站西侧的拱形广场坐落在地铁售票大厅的上方，夹层处设置有零售店铺，作为转运客运设施，该广场加强了该区域与伦敦公交系统之间的关联（图 3-21）。

城市绿洲

城市绿洲是一类植被占较大比重的广场，形式上比较像花园或公园，同街道部分隔离，如花园绿洲、户外午餐广场和屋顶花园等类型[①]。如斜坡式的大阪难波公园通过 8 层跨越多个街区的屋顶花园设计，可供人们停坐、散步和观景，

---

① 克莱尔·库珀·马库斯，卡罗琳·弗朗西斯 . 人性场所——城市开放空间设计导则 [M]. 俞孔坚，王志芳，孙鹏，等译 . 北京：北京科学技术出版社，2017：20-21.

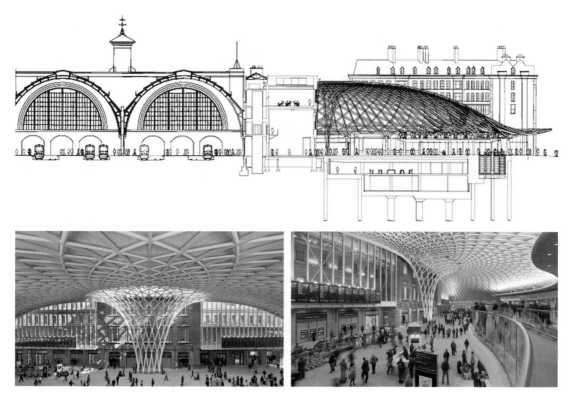

图 3-21　伦敦国王十字火车站拱形广场

营造出景观和休闲相结合的城市自然体验（图 3-22、图 4-7）。

3.1.3　公共空间界面

空间界面，从字面上看，是空间的"分界面"或"以界定面"，即"空间与实体的交界面"。在城市中由于实物的结合层次及与人的视距不同，界面以不同的层面形式被人们所感受[①]。相对于城市级界面（即城市的侧影 Silhouette）、领域级界面（轮廓线 Outline）而言，在城市的公共生活中，人们更多地关注于街道、广场所形成的基本场所界面感受，因为它们是人们形成城市意象的来源。

1）界面的分类

公共空间界面按其形态方位可分为垂直界面、水平界面与城市家具等类别。其中，垂直界面包括建筑物与构筑物、室外的分隔墙、树木等；水平界面包括地面、水面与草坪等；城市家具则指街道设施、绿化小品等。

---

① 齐康. 城市建筑 [M]. 南京：东南大学出版社，2001：371.

图 3-22 大阪难波公园

图 3-23 巴黎旺多姆广场

垂直界面

垂直界面，是空间视角感受（例如开放性、封闭性等）的主要结构特征。在城市生活中，人和垂直界面常常是相面对的，因此在一定的视野范围内，垂直界面常作为空间的边围和轮廓，具有一定的观赏性。无论是硬质的建筑立面、围墙，还是柔性的柱廊、构架与行道树，都可利用它们高低或前后错落来增加空间的深度感，同时也可以通过不同的尺度或材质的搭配来设计出连续的、充满丰富变化与凸凹穿插的垂直界面，营造不同的空间场景。如巴黎旺多姆广场在空间处理时将转角处理为一个小界面，八边形侧界面形态增强了广场的汇聚性，营造出相对严谨凝重的空间氛围（图 3-23）。

水平界面

水平界面是空间接触感受的主要结构特征。其通过构成材料的质地、硬度、平整度、色调、尺度、状貌与高差等为人们提供不同的空间体验，对城市公共空间的塑造起到积极作用。例如，硬质铺地、裸土等均属于硬质基面，不仅可供人们停留或进行各种活动，还有助于限定空间、增强场所识别性；而水、植物所形成的柔性基面则改变了人工环境的呆板感，使之充满自然式的柔美。美国圣安东尼奥市圣安东尼奥河的滨水步道设计以丰富多样的亲水广场、阶梯、平台等形成错落有致的底界面，在绿树成荫的柔性场所布置休息座椅与商业外摆，并以楼梯和电梯等设施完成河谷与城市道路层面之间的垂直连接（图 3-24）。

城市家具

公共空间中往往布置了不同类型的环境设施，如座椅、遮蔽棚、围栏、路灯、交通护柱以及标牌等[①]。这些城市家具是创造街道空间不可或缺的要素，

---

① 庄宇，陈泳，杨春侠. 城市设计实践教程 [M]. 北京：中国建筑工业出版社，2020：144.

图 3-24　圣安东尼奥河及滨水区

有时也会成为城市的特色形象标志 [①]。由于它们往往隶属于不同的市政部门管辖，在空间布局上很少考虑整体效果，因此需要统筹规划，避免设计上的杂乱无章。并且，现有的设计通常以工程技术思维为导向，如街道优先考虑小汽车而不是行人，这需要明确步行、自行车和机动车的优先层级，通过设计、施工、管理和维护等全过程的协调来实现，也需要与相关管理者（如地方规划机构、道路交通、绿化环卫及市政等部门）密切合作。

　　城市设计中常用"功能构体与景观构体整合"的方法，将城市家具与城市景观融为一体。例如杭州滨江的休息坐凳与观赏玻璃球的结合设计（图 3-25），又如上海市静安寺广场的风井与喷水池景观的结合（图 3-26）。

2）界面的组织

　　在公共空间的设计中，需要对诸多界面要素进行整合设计，同时也应体现出对使用者行为感知的关怀。从界面组织的目标来看，主要可以分为"活化空

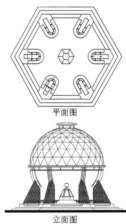

平面图

立面图

图 3-25　杭州滨江休息坐凳设计

---

① 齐康 . 城市建筑 [M]. 南京：东南大学出版社，2001：375.

图 3-26　静安寺广场风井设计与喷泉结合　　　　　　图 3-27　博洛尼亚柱廊

间界面"和"呼应空间属性"两类。活化空间界面，主要是通过空间渗透和边界过渡等设计手段，促进界面内外活动行为的互动；呼应空间属性，是指界面的组织应与空间的性质相呼应，通过界面的材质肌理与节奏特征反映城市空间特质，如商业空间的多变活泼抑或公共空间的简洁严整，并塑造空间的高宽比关系。

活化空间界面

①空间渗透：通过增加面向公共领域的门窗数量、使用大面积透明玻璃、加设壁洞、门廊或柱廊等"灰空间"的设计手法，可以将建筑室内活动向街道空间延伸。例如，意大利博洛尼亚连绵不断的宽敞柱廊通过柔性的边界营造出公共社交的城市客厅（图 3-27），这将建筑边缘附近的不同活动叠合在街道上，创造了许多室内外的交流点。同时，夜间亮灯的窗户可以暗示其他人的存在而形成"街道眼"，有助于维护行人的安全感。

②边界过渡：在建筑的外边缘可以考虑布置正式的（如座椅、长凳等）或非正式的（如后退的入口、雨篷、花坛与台阶等）设施来提供人们休息逗留；也可以通过餐馆、咖啡厅、酒吧等商业外摆的形式，形成柔性而富有生气的边界过渡[①]（图 3-28）。

呼应空间属性

在生活性街道的沿街界面设计中，为了给行人提供良好的视觉感受，可以通过狭窄的街面住宅单元为街景创造竖向的节奏。如阿姆斯特丹的沿街界面在开间大小、窗洞比例、立面色彩及材质等方面精细化设计，加强沿街居住建筑的节奏感，创造出宜人的生活性街道空间（图 3-29）。

---

① 庄宇，陈泳，杨春侠. 城市设计实践教程 [M]. 北京：中国建筑工业出版社，2020：127.

图 3-28　法国安纳西镇的拱券廊与餐饮外摆　　　　　图 3-29　阿姆斯特丹的街道

3.1.4　公共空间发展倾向

随着城市的高密度建设，城市空间环境出现体系化、集约化和立体化的发展趋势，公共空间也呈现出新的特点。

1）平面使用向空间使用倾向

高密度城市的土地功能不再拘泥于传统的二维平面规划，城市公共空间呈现出立体化布局的态势，这主要针对高密度城市或有基面高差（如轨交站、山坡水岸）的区域而言。例如，可以通过地铁、轻轨的设计将地下、空中及地面空间有效地组织在一起，形成立体化的城市空间系统。鹿特丹为克服 6 车道的城市干道对商业区的切割，设置东西向下沉商业街，连通道路两侧的商业街区，同时也连通了地铁站和周边多个大型商场的地下商业空间。项目建成后，城市中心区作为时尚的购物娱乐场所获得重生（图 3-30、图 4-18）。

2）室内化倾向

室内化也是公共空间的一个新变化趋势。这里的室内空间包括公共建筑的室内公共空间、过渡空间、地下空间等多种类型。公共空间进入建筑，有利于城市公共空间体系的拓展，同时也能促进公共空间与私有领域的有机联系，推进城市步行化和人性化的发展。东京中城（Tokyo Midtown）的复合型街区由 6 栋建筑构成，拱廊街（Galleria）是建筑群的重要组成区域。这个全长约 150m，4 层竖井式结构的大空间不仅承载着中城的主要购物功能，同时也植入了阳光庭院、自动扶梯、水景景观与观赏绿化，是顾客休憩、约会的良好场所（图 3-31）。

3）私有化倾向

当代城市的公共空间所有权和管理权往往相互分离，出现了很多由私人提供或运营的公共空间。私有化倾向的实质是私有产权空间的公共使用，其目的

图 3-30　鹿特丹 Beursplein 下沉商业街　　　图 3-31　东京中城拱廊街空间

是为了提升城市活力，促进城市通勤、扩大消费并融入城市活动。从空间形态来看，私人拥有的公共空间在社会服务方面大体可以分为两类：

①有助于步行通行与连接的线型公共空间，例如街道空间的拓宽区、建筑物之间或建筑物与公交、地铁等公共交通站点之间的立体（空中、地面或地下）空间连接、跨街区的室内步行空间等，起到增加公共步行路径与改善步行环境的作用，由此带来的行人流量可以促进地块内及室内的商业发展。如由 19 栋高层建筑塔楼组成的纽约洛克菲勒中心，通过四通八达的地下购物步行网络将塔楼联成一个整体，并与周边的纽约公共汽车站、潘尼文尼火车站和中央车站连成一片，形成功能完善、布局合理的地下交通网络，每天超 25 万人次在此穿梭、逗留和消费（图 3-32）。

②有助于社会交往与互动活动的点型公共空间，例如室外广场、街头公园、建筑中庭与大型购物中心的公共部分等，可以提供购物、休闲、社交、娱乐、演出、集会等公共活动。上海恒基·旭辉天地在两栋商业建筑之间设计了带有屋顶的半室内街道，半开半合的屋顶为街道提供遮护，公众能够自由出入，进行购物或休闲活动（图 3-33）。

私人拥有的公共空间在很大程度上缓解了城市建设密度过高的状况，构筑了供人休憩、聚集与放松的场所，增加了城市物质环境的视觉美感和便利通达性[1]。需要注意的是，私有公共空间的意义应落实在如何将它通过步行体系与城市外部空间融合一体，而不是一系列孤立的岛屿。

---

① 庄宇，陈泳，杨春侠 . 城市设计实践教程 [M]. 北京：中国建筑工业出版社，2020：53.

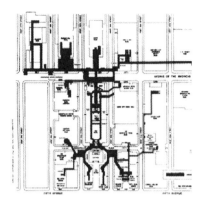

图 3-32　纽约洛克菲勒中心地下空间网络

图 3-33　上海恒基旭辉天地中央半室内街道

3.2　城市空间属性

城市空间属性是指使用者基于视觉感受以及交往活动中的知觉感受而最终形成的一种认知体验。

3.2.1　视觉感受

视觉感受是人们体验城市环境的主要途径，城市空间表面的色彩冷暖、肌理的粗细和细节的质感体现着空间的品质，也影响着空间内部所承载的交往活动。

1）整体性

整体性描述的是一种空间状态，围合或组成城市空间的各要素也许各有性格，但在相互对话的环境制约中能够相互依存，带给人们和谐一致的整体性视觉体验。纳沃那广场为古罗马竞技场所在地，如今的巴洛克式广场是经历漫长岁月更新改建的结果，尽管周边建筑带有不同时代的特点，但和谐地存在于这个统一空间中，丰富变化的界面带来了良好的视觉感受（图 3-34）。

2）比例与尺度

比例是指一个部分与另外的部分或整体之间的适宜尺寸关系，是追求城市空间与界面和谐整合的重要内容。当有多个要素组成形式之时，图形各部分或

图 3-34　罗马纳沃那广场　　　　　　　　　　　图 3-35　瑞士琉森沿河街道立面

要素之间的比例是统一与否的重要因素。比例即是为各部分组织在一起提供合适的数量关系，这是建立视觉秩序的方法[①]。在城市街道设计中，设计师可以通过对同比例模块单元进行空间组构，或利用体块单元系列形成空间秩序，来实现场所中单元个体与群体的良好比例关系。同时，这也涉及建筑立面的虚实比，或者与实墙元素相关的开窗排列方式。例如，瑞士琉森沿河街道在不同单体建筑的立面设计中利用统一的窗墙比例关系，构建出具有视觉一致性的城市街道立面秩序（图 3-35）。

尺度是衡量人对于城市要素或者场所大小的度量，尺度虽与城市要素或者场所本身的实际尺寸密切相关，但是尺寸并不等同于尺度，反映的是人与物及物与物之间的相互关系。尺度首先与它的尺寸相对于人的大小有关，可以分为亲切宜人的个人尺度（图 3-36）、社会使用的众人尺度（图 3-37）和精神层面的超人尺度（图 3-38）。其次，与它相对于周边环境的大小有关，将相同的城市要素或者场所置于不同的城市环境中，其尺度感受也是不同的。除了城市要素或者场所的整体尺寸之外，其细部构件的尺寸在对空间尺度的定义与感知中也起到关键作用，如建筑门窗、楼层划分、立面肌理、楼梯台阶和街道家具以及绿化小品等都是赋予城市空间尺度的重要依据。正是不同尺寸的比较产生了比例，而只有合适的比例关系才能构成良好的空间尺度关系[②]。

同时，人本身的行进速度也会影响其对空间尺度的感知与体验。例如当人在慢速行走时，有足够的时间来观察周围发生的一切，因此以步行为主导的传统城市环境是以丰富细腻的视觉印象为基础的，而以车行为主导的城市环境则

① 王辉 . 城市美学 [M]. 北京：中国建筑工业出版社，2020：160.
② 庄宇，陈泳，杨春侠 . 城市设计实践教程 [M]. 北京：中国建筑工业出版社，2020：65.

图 3-36　罗马遗迹大道旁的休憩台阶

图 3-37　西雅图雕塑公园

图 3-38　圣彼得大教堂柱廊

图 3-39　法国安纳西小镇

要求开敞的视野和宽阔的马路，道路交通信号与符号标示都需要简化且放大尺寸以便于驾驶员能获取信息。而从戈登·卡伦的"序列场景分析"对于景观视觉体验的论述（1961），到罗伯特·文丘里对于为"车行主体参观者"打造的环境的批判（1972），均在提倡"环境应该被设计成更能吸引步行者的注意力"这一理念。扬·盖尔则更进一步地阐述了观看速度为 5km/h 的人性化尺度与观看速度为 60km/h 的汽车尺度的区别[①]。法国安纳西是一座以 5km/h 为观看速度的城市，拥有优美雅致的标示符号和精美的细部界面，给穿梭其中的人们提供了丰富的感观体验（图 3-39）。深圳福田区的城市交通干道呈现出以 100km/h 为观看速度的街景，大型空间、巨型标识和大型建筑的组合是车行为主导的城市环境的标志（图 3-40）。

———————————

① 扬·盖尔. 人性化的城市 [M]. 欧阳文，徐哲文，译. 北京：中国建筑工业出版社，2015：43.

图 3-40　深圳福田城市交通干道街景

图 3-41　威尼斯布拉诺彩色岛沿河居民住宅

3）韵律与节奏

韵律与节奏是指空间及其组成要素有秩序的变化或有规律的重复，其中，韵律更强调变化，节奏更强调重复，有韵律感或节奏感的空间具有美感。韵律指元素中的某些相似性，通过共同的基本设计样式或主题而获得统一。如威尼斯布拉诺彩色岛的沿河居民住宅，因为岛内空间较狭窄，因此沿运河而建的房屋地基面积较小，每家用来刷墙的涂料颜色与立面的装饰也不尽相同，但正是由于拥有着相似的地基宽度，小岛建筑的秩序在体现在开间、坡顶和材质等方面形成了韵律的统一。而其韵律的变化则体现在高低起伏、色彩不同的外墙立面上（图 3-41）。

和韵律不同，节奏依赖于更严格的自身重复的效果。节奏是指一座建筑物的外立面中通常重复的构成部分（即其窗户或开间）的排列和大小。对于节奏而言，尤为重要的是沿街立面的窗墙比、开窗法的水平或垂直重点以及结构的表达[①]。如哥本哈根沿河住宅楼，统一的立面设计、一致的檐口标高与开窗比例以有规律的重复加强了群体的节奏感（图 3-42）。

4）对称与均衡

对称与均衡是指空间组合关系所呈现的视觉形态。对称与均衡的空间属性有一个共同点，即空间范围有一个中心，两侧绝对一样的称对称，两侧形态不同，但能产生平衡的视觉感受者称均衡。由此可见，对称是指由相同或相似空间要素所构成的绝对平衡的空间状态，是等形等量的平衡。罗马卡比多市政广场位于罗马行政中心的卡比多山上，是文艺复兴早期的轴线对称广场，入口台阶和

---

① 马修·卡莫纳，史蒂文·蒂斯迪尔，蒂姆·希斯，泰纳·欧克. 公共空间与城市空间——城市设计维度 [M]. 马航，张昌娟，刘堃，余磊，译. 北京：中国建筑工业出版社，2015：215.

图 3-42 哥本哈根沿河住宅楼

图 3-43 罗马卡比多市政广场

广场平面呈梯形，广场两侧分别为博物馆和档案馆，尽端正面元老院，对称式布局和透视手法的应用创造出独特的城市序列空间（图 3-43）。

均衡则可以通过对色彩、肌理、形状的和谐组织而被感知。意大利圣马可广场空间环境中单体建筑的对比效果显著，如狭小入口和开敞广场之间的对比，横向建筑与竖向塔楼之间的对比，庄严的总督府与色彩丰富的教堂之间的对比。但同时又通过统一的布局，以塔楼为竖向平衡点，两侧建筑体材质的色彩相似，从立面效果和形体组织上实现了视觉意义上的均衡（图 3-44）。

5）色彩与材质

不同城市的自然地理条件对城市色彩具有重要的影响，而文化、宗教和民俗等人文地理因素，使这种差异变得更为鲜明而各具特色。四川甘孜藏族自治州色达城的众多房屋沿袭干栏式建筑形式的传统，在建筑表面涂以赭红色的涂料，不仅展示出鲜明的城市性格，更蕴含着宗教文化的内核（图 3-45）。

图 3-44 威尼斯圣马可广场入海口立面

城市设计中，应针对不同地段，对建筑色彩和场所色彩进行设计导控。波茨坦地区的城市色彩规划遵循德国特有的中明度和中纯度暖色调的建筑色彩传统，将沉稳的氧化红色系和赭黄色系定位为城市主色调，灰色系、白色系作为辅助色系，并以蓝色系为点缀，得到了居民和造访者的积极评价和肯定（图 3-46）。徽派建筑则受到徽州传统文化的影响，粉墙黛瓦展现出徽派建筑质朴典雅、内敛含蓄的基调，民居建筑群表现出大面积的白色，马头墙脊则呈现线状黑色，黑白灰的

图 3-45　四川甘孜藏族自治州色达

图 3-46　德国波茨坦小镇

图 3-47　徽州宏村

图 3-48　瑞士格劳宾登州木质房屋

整体色彩与周围自然山水和谐相生（图 3-47）。

　　材质同样也是一种地域性表现，地域属性、生物气候条件和物产资源情况对材质的选用产生着重要的影响。如瑞士格劳宾登州气候较为寒冷但木材取材方便，井干式房屋围合的空间具有良好的保温性能，因此当地居民在建筑建造中，对木材的使用较为普遍（图 3-48）。

　　6）格调与特色

　　格调是城市性格的体现，城市的空间性格不仅体现着地方精神，更记录了组成城市空间的"历时性"与"共时性"元素的历史变革。城市空间在这一变革过程中不断被建立与革新，存留下拼贴画式的共时体，彰显着本土化特色。对于整个城市空间的塑造而言，设计师不仅要创造实体的城市物质空间，更要继承或完善一种珍贵的地方精神。日本古川町通过社区文化营造，保留建筑特色与形态，继承传统祭祀盛典"古川祭"，传承当地飞弹匠人的传统木工技艺，使当地文化精神得到传承（图 3-49）。

图 3-49　日本古川町

3.2.2　活动行为

　　人在城市空间环境中的行为活动是城市设计关注的重要内容，空间因人们的行为活动需要而形成，是行为的载体。例如，街道主要承载城市的日常交通出行与公共生活，广场是人群聚会交流交往行为发生的城市空间，而公共绿地则为休闲、游憩活动提供了场所[①]。

1）交通通行

　　人的交通出行方式主要是步行与车行。由于城市机动交通的快速发展，带来了城市拥堵、交通安全与环境污染及空间隔离等问题，人们开始重新关注行人及其步行环境，在考虑车行需求的同时，以步行友好为中心，充分研究步行者的行为方式与心理体验及其环境特征，建构多种交通模式混合的环境[②]。如德国弗莱堡市的凉亭式车站项目通过削弱高差、统一材质，步行空间和电车轨道，自行车道路被融合在一统空间中，这使得老城区的步行体验不仅没有被快速交通线路所取代，反而以一种多样交通和步行有机复合的状态呈现在市民面前，为人们提供了一个交流场所和聚会空间（图 3-50）。

2）休闲驻留

　　城市是复合功能的综合体，城市空间为人们创造一个富于生机和魅力的休闲活动场所。当人们在城市中随意地逗留、观望或坐下享受城市和此时此刻的时光，那么这个场所便为人们提供了良好的休闲空间。如日本东京的 3331 艺术学校再生项目，将原本的学校教学楼改建为社区居民活动中心和艺术学校的集合，大面积绿地和大台阶成为周边市民和上班族休憩的重要据点，使得此地

---

① 卢济威.城市设计创作——研究与实践 [M].南京：东南大学出版社，2012：30.
② 马修·卡莫纳，史蒂文·蒂斯迪尔，蒂姆·希斯，泰纳·欧克.公共空间与城市空间——城市设计维度 [M].马航，张昌娟，刘堃，余磊，译.北京：中国建筑工业出版社，2015：28.

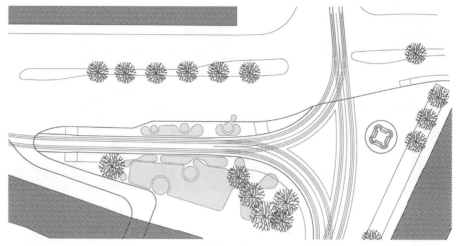

（a）平面图

（b）鸟瞰

（c）近景

图 3-50　德国弗莱堡市凉亭式车站

成为周边区域内难得的休闲驻地（图 3-51）。

3）交往互动

　　城市公共空间中见面的机会和日常活动，为市民们的相互交流创造了条件，这种交往不仅包含了亲密朋友或熟人之间的对话招呼，也包含了陌生人的偶然性交流或是被动式的参与接触[①]。因此，街道、广场或小品等的设计中应侧重于交往空间活力的激发，增加日常使用的可能性。例如，卢浮宫广场上的台阶为人们提供了休憩交流的场所（图 3-52）。也可以通过公共艺术的介入来促进人们之间的联系，以对场所的共鸣激发人们交往的热情。哈萨克斯坦阿斯塔纳居住区的 Gustaw Zieliński 广场装置通过本身的框架结构引导人们在装置上悬挂吊床、秋千、绳子和木板等物品，吸引人群使用，使装置本身成为一个活动发生器，整个场地也成为居民活动交往的据点（图 3-53）。

———————————

① 扬·盖尔. 交往与空间 [M]. 何人可，译. 北京：中国建筑工业出版社，2002：16.

图 3-51　日本 3331 艺术学校再生项目

图 3-52　法国巴黎卢浮宫广场上的台阶　　　　图 3-53　阿斯塔纳住区广场装置

4）观演聚会

人们在城市空间里的观演活动可以分为两类，一种是非正式的小型活动，如街头艺人和音乐家的表演、宗教团体散发宣传册等（图 3-54）；另一种是较大规模的、有预先计划的聚会活动，如节日和文化活动，它们将公共空间作为了舞台。众多事件和文化活动构成了城市中最诱人的一道风景线，增强了城市的吸引力和凝聚力，并使城市变得更加生动有趣而富于变化（图 3-55）。

图 3-54　艺人表演　　　　　　图 3-55　瑞士琉森狂欢节的街头音乐集会

3.2.3 认知体验

认知体验是指人们对所处空间环境的感知与反应，通过视觉、听觉、嗅觉和触觉来感知空间，而认知并不停留在感知这一层面，更指对于所处环境的体味与共鸣。

1）可识别性

城市的可识别性，指的是一些能被认识的城市部分以及它们所形成的形式而被人理解[①]。清晰可识别的环境可以带给人们丰富的认知记忆，从而增强人们内在体验的深度和强度。城市空间的塑造应力求独特性、可识别性，主要表现在城市空间的整体意象上。如巴塞罗那主城区，其基本方格网布局是由尺度相同的 113m 宽度的最小街块，20m 宽的街块间大道组成，角部还做出 45° 的倒角处理。在人视角度上而言，齐整的街道界面，统一的沿街建筑高度、正交通达的十字道路、方格网布局的规划形态和充满理性与秩序的城市肌理形成了巴塞罗那清晰可识别的城市空间特色（图 3-56）。

图 3-56 巴塞罗那老城区

2）场所氛围

城市的氛围是城市空间整体所呈现给人的一种直观感受和印象，因为公共活动发生的区域性格各异，有的空间给人的氛围感是热闹的，有的是安静的，但归根结底，理想空间的氛围应是引人入胜的，充满着休闲的放松和迷人的魅力。

例如丹麦奥斯胡市的海滨浴场不仅提供给前来游泳的市民提供游泳池和基础配套设施，还为市民提供了观景的道路平台和休闲设施，闲适、惬意的海边生活场景反映了城市活力阳光的性格所在（图 3-57）。相比之下日本东京涩谷的城市空间就显得紧张和忙碌，人流交织的十字街口呈现出的是快节奏的都市生活氛围（图 3-58）。

3）领域感

领域感是人们在公共空间中所能获得的认同感与归属感。人们会为了满足自身的某种心理需要要求享有一种特定的空间，无论是公共的热闹还是私密的

① 齐康. 城市建筑 [M]. 南京：东南大学出版社，2001：263.

图 3-57　丹麦奥斯胡市海滨浴场

图 3-58　日本东京涩谷街景

图 3-59　威尼斯圣马可广场

安静，这类空间需支撑着人们的需要及情感。在城市设计中，可以通过空间限定和特定标识来引导人们的行为并使其获得心理的认同。

　　其中，公共的热闹讲求相聚的集中与交往的亲近，人们可以在其中被鼓舞被感染，产生节日般的欢聚。如威尼斯的地标广场圣马可广场，明确的空间限定和标志性的塔楼围合出了城市客厅的品性，教堂活动和观光行为使得市民和游客在此相聚和交流，热闹而充满活力（图 3-59）。而私密的安静则表现为对独处与退避空间的要求，这就需要设计师在城市中恰当地穿插进这样的公共空间，以便人们享受个人的独处与安静的氛围。如郑州碧沙岗公园在微更新设计中拆掉沿街围墙，使得公园绿植更贴切地融入市民生活，而同时与城市相连接的小径又导向了街边的小型休息空间，适合个人或三两朋友的独处，营造出安静的氛围（图 3-60）。

4）安全感

　　安全感体现在城市环境应保障市民活动的正常进行，并有利于其进行安全防卫。安全感是一个城市设计成功的先决条件，一旦缺乏安全感，人们便会倾向于将公共领域的部分空间私有化，如门禁社区将生活住区变成了一个

图 3-60 郑州碧沙岗公园边的沿街休息角

个孤立隔离的生活单元，这种"排他"的做法削弱了人们交往的可能[①]。城市设计手法中提升安全感的策略通常包括：打造界面围合的空间、尽量依靠公共设施、减少外界干扰以及拥有"街道眼"[②]的场所营造。例如智利安托法加斯塔市广场，其处于两条重要街区的交叉路口，曾经是大片无设施的空地，不宜于步行者的停留，缺乏视线监督的场所因此成为滋生犯罪的温床。设计师后将此地改造为能够提供多功能集会的区域，设置座椅、凉亭与绿植景观，将其打造成一个社区交流的场所。并利用地形打造下沉广场，增添了来往人群的视线高差，休憩和聚会的人群对场所产生了天然监视，因此提高了场所的安全性，也使居民在舒适使用该公共空间的同时提高了对该区域的认同感（图 3-61）。

　　有安全感的城市空间也意味着人们在使用开放空间的时候能够体会到轻松与舒适，而不是紧张与焦虑。小汽车的快速发展往往带来了城市交通安全问题，需要关注城市宜步行环境的打造。例如在纽约，时代广场及周边道路人车混行的场景在步行化改造后消失了，行人享受到了一种更为平和而安全的方式停留在街边，穿行和交谈，与城市产生对话（图 3-62）。

① 马修·卡莫纳，史蒂文·蒂斯迪尔，蒂姆·希斯，泰纳·欧克. 公共空间与城市空间——城市设计维度 [M]. 马航，张昌娟，刘堃，余磊，译. 北京：中国建筑工业出版社，2015：166-167.
② 简·雅各布斯. 美国大城市的死与生 [M]. 金衡山，译. 北京：译林出版社，2013：34-35.

改建前

改建后

图 3-61 智利安托法加斯塔市广场

改造前

改造后

图 3-62 纽约街头改造前后对比图

3.3 典型城市空间组织

3.3.1 街道

街道路网是城市的空间骨架。街道是城市公共空间最基本的组成，承载人们的交通、购物、交往、休闲及相关活动的需求。路网是街道空间结构的宏观表现，也是城市空间结构形成的基础，它涉及交通与景观的组织、历史文脉和自然生态的保护与延续以及人性化公共空间的发展 [1]。

① 卢济威 . 城市设计创作——研究与实践 [M]. 南京：东南大学出版社，2012：31.

纽约曼哈顿　平均容积率：9.85　　　　　　维也纳第一区　平均容积率：2.9

芝加哥 The Loop　平均容积率：6.5　　　　特拉维夫白城　平均容积率：2.0

哥本哈根核心区　平均容积率：3.2　　　　　新加坡中国城　平均容积率：2.3

图 3-63　街道肌理与建筑布局

　　但是，现代交通规划往往将街道作为机动车的通道，由此引发的交通安全、噪声与污染问题使街道中社会交往的质量急剧下降。而且，以车为本的层级道路体系忽视了原有路网的复杂性、融合性和多元性。因此，需要重新思考街道路网的公共属性和组织体系，强调其为不同使用者所共享，并重视路网的密度、形态以及与街道密切相关的建筑布局、功能、界面、尺度、密度与建设强度等要素的关联（图 3-63）[①]。

　　街道空间的微观形态是街道两侧界面的组织。欧洲街道形态，特别是老城区，多半是继承中世纪的街道特征，界面延续成直线状，这对于突显广场和纪念性建筑（如教堂）是有利的，即使现代也是一种特色的街道空间；但现代街道的功能复杂，多种功能交混有利于街道活力，为适应不同功能的街道活动，界面后退红线有所不同，城市设计给予有节奏的组织，会形成另一种街道空间形态。

---

① 庄宇，陈泳，杨春侠 . 城市设计实践教程 [M]. 北京：中国建筑工业出版社，2020：72.

　　街道设计应为全部使用者提供安全的通道，包括各个年龄段的行人、骑行者、机动车驾驶人、公交乘客和残障人士。巴塞罗那 PASSEIG DE ST JOAN 大道建于 19 世纪，50m 宽的道路是一条通向尽端公园的交通干道，设计包括中央 25m 的车行道和自行车道以及两侧各 12.5m 的人行道，但人行道的铺装缺乏连续性，景观设计也较为欠缺。因此，街道上除了往来的车辆，行人鲜少出现。为提升街道的活力，激发步行者和骑行者的出行，改造将车行道路中央部分设置成双向 4m 宽自行车道，同时将两侧的景观人行区域宽度扩展到 17m，其中 6m 分配给行人出行，11m 的树木覆盖区保留了古树，设置为容纳了休息区、儿童区、聚会区在内的休闲区。这些措施不仅确保了绿荫大道的延续性，同时人行道旁的公共空间为人们提供了街道生活的场所，有利于该区域在保护历史价值的情况下重振商业和娱乐价值（图 3-64）。

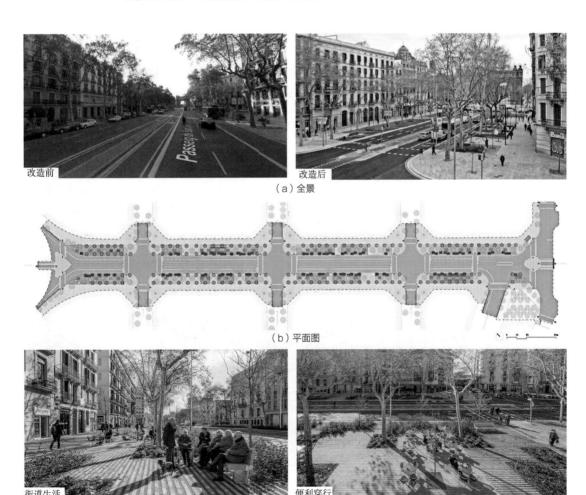

（a）全景

（b）平面图

（c）节点

图 3-64　巴塞罗那 PASSEIG DE ST JOAN 大道

3.3.2 广场

广场是人们集合、休闲、交往、表演和娱乐健身的公共场所，是城市空间的重要组成部分。城市广场的设计应贴近市民的生活，更多体现对人的关怀，强调公众作为广场使用主体的身份。同时，广场还可以作为综合解决环境问题的手段，强调广场对周边乃至城市空间的组织作用，主要体现在空间位置、空间形态组织和空间内聚性组织三方面[①]。

首先，广场处在城市的空间位置，随着城市基面的变化而变化，大部分广场位于地面，当地区地下空间得到充分发展时，可运用下沉广场作为地下与地面空间的过渡，例如纽约洛克菲勒中心的下沉广场（图 3-65）。当区域有完整的空中步行系统时，可在空中建广场，如香港中环全长超过 3km 的空中步道系统主要分布在香港站与中环站的交接区域以及中环站东南部区域，通过平行、对接和穿越三种模式将商业、办公和交通设施在二层（局部三层）基面上连为一体。空中广场作为该步道系统的重要节点，为步行者提供了休憩、玩耍和交流的城市开放休闲空间（图 3-66）。

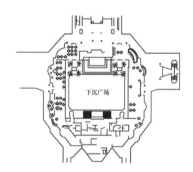 

图 3-65　纽约洛克菲勒中心下沉广场

图 3-66　香港中环步行体系与空中广场

---

① 卢济威. 城市设计创作——研究与实践 [M]. 南京：东南大学出版社，2012：33.

图 3-67　法国里昂沃土广场

图 3-68　波茨坦广场

图 3-69　美国波特兰先锋广场

图 3-70　罗马圣彼得广场

图 3-71　上海浦东大拇指广场

　　其次，广场的空间形态应根据广场的性质、地形和城市空间布局等因素决定。广场的空间性格当要求庄重、严肃时，通常采用规则图案，如方形、圆形等（图 3-67）；当要求气氛活泼、亲切时，通常采用自由、不规则的异形平面（图 3-68）；立体广场能提高空间的趣味性，通常在起伏地形条件下更显自然，如美国波特兰的先锋广场（图 3-69），结合地形的变化构建了活泼的市民活动场所；组合广场能增加空间的变化，形成不同的场所，适应多种行为活动的需要，圣彼得广场（图 3-70）就是典型的组合广场。组合广场在国内近年来也得到广泛运用，如上海浦东的大拇指广场，就是一个由多个空间耦合而成的商业休闲广场，广受市民的喜爱（图 3-71）。

　　最后，广场的空间内聚性是其空间组织的重要手段。内聚的广场使人产生亲切、安定感，也是空间积极的重要方面。增强广场内聚性的常用方法是运用周边建筑界面的围合与限定，产生封闭内向感。当广场的铺砌地面宽度（D）与界面高度（H）的比值 $D:H \leq 3$ 时，建筑界面较易围合出内聚性较强的空间，而当 $D:H>3$ 时，广场的内聚性越来越差，空间感离散。因此，当围合程度弱时，可采用柱子、雕塑和树木等景观设施加强限定空间，以提高广场内聚性（图 3-72）。同时，还可以通过在广场中间设置集聚人们活动和视觉的场所，以达到加强广场空间的内聚性的目的[①]。例如，日本驻波中心广场（图 3-73）只有两个围合面，设计者在其中间设置了一个山水型的下沉广场，提供市民活动，增强了广场的内聚性和活力。

　　城市广场作为一种具有空间限定和围合感的硬质户外空间，建筑不一定仅仅只是广场空间的界面限定元素，建筑的附属部分同样可以被融入广场的设计中来，形成

① 卢济威. 城市设计创作——研究与实践 [M]. 南京：东南大学出版社，2012：33.

图 3-72   洛杉矶珀欣广场   图 3-73   日本驻波中心广场

限定物与开放空间的自然过渡。如伦敦特拉法尔加广场改造项目的核心组成部
分就是引入了国家画廊的开放大台阶（图 3-74）。在荷兰阿姆斯特丹屋顶城市
广场，建筑伸入水面，市民通过斜坡到达屋顶广场，在广场上观景并进行各种
活动（图 3-75）。建于 20 世纪末的浙江省临海市崇和门广场也是一个与建筑
结合的立体型广场，整体形态由广场空间、实体建筑和周边沿街建筑组成。其中，
广场平台上建商业和娱乐设施，建筑中央布置下沉露天表演场，虚实结合的空
间形态不仅利于场所感的营造，更使得广场的使用效率得到了有效提升，保证
了广场的全天候活力（图 3-76）①。

图 3-74   特拉法尔加广场   图 3-75   荷兰阿姆斯特丹国家科学中心屋顶城市广场

① 卢济威 . 城市设计机制与创作实践 [M]. 南京：东南大学出版社，2005：89-92.

（a）鸟瞰　　　　　　　　　　　　　　　　　（b）东北口

（c）从西南向东北看　　　　　　　　　　　　（d）下沉表演场

图 3-76　崇和门广场

3.3.3　城市轴线

　　《中国大百科全书》中对城市轴线的定义是：组织城市空间的重要手段，通过轴线可以把城市空间布局组成一个有秩序的整体。王建国认为，城市轴线通常是指一种在城市空间布局中起空间结构驾驭作用的线形空间要素。一般来说，城市轴线是通过城市的外部开放空间体系及其与建筑的关系表现出来的，并且是人们认知体验城市环境和空间形态关系的一种基本途径[1]。按照轴线的主要作用，可以分为功能型轴线、交通型轴线和景观型轴线三类。

1）功能型

　　功能型城市轴线通常对城市的结构拓展方向和功能转移方向起到控制作用，轴线穿越的线性地段内通常会集中类似或相关联的特殊城市功能。如广州珠江新城北起燕岭公园、南至海珠区全长 12km 的广州城市新中轴，作为一条功能型的城市轴线，该轴线贯穿火车东站、天河体育中心、珠江新城、新电视塔等城市重要地标，承担引导优化城市空间品质、提高公共空间的可达性与延续性、改善人居环境、提升城市中心区核心职能和展现城市形象风貌特色等重

① 王建国. 城市设计 [M]. 南京：东南大学出版社，2008：155.

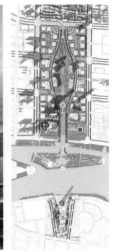

图 3-77　广州珠江新城轴线

要作用（图 3-77）。又如北京城自永定门到钟鼓楼长 7.8km 的城市中轴线贯穿外城、内城、皇城及宫城几个层次的城市空间，作为重要的政治文化核心轴线，包含了北京作为国际化大都市和中国首都的各项职能，讲求从空间上统帅、控制和组织北京的各大城市主要功能片区的作用（图 3-78）。

2）交通型

交通型城市轴线大多跨域城市数个片区，具有较明显的交通走廊性质。巴黎的香榭丽舍大街是横贯东西的主干道，全长约 2.1km，作为一条交通型的城市轴线，其两向 10 车道的大马路跨越两个街区，贯穿联系了两端的协和广场和星形广场（图 3-79）。上海浦东的世纪大道是该地区的一条交通干道，全长约 5.5km，宽 100m，形成了从东方明珠到浦东世纪公园之间的直接交通联系（图 3-80）。

图 3-78　北京故宫轴线

图 3-79　香榭丽舍大街

图 3-80　浦东世纪大道

3）景观型

景观型轴线是城市空间组织的传统手法，通常作为城市或区域的中心轴，是控制和组织城市景观的重要途径。美国首都华盛顿的城市景观发展基础包括朗方规划和麦克米伦规划在内的一系列城市规划，确立了华盛顿特区"绿色核心"型国都城市格局，形成了以绿轴景观统领国都城市结构的特点。林荫大道和大面积绿地，不仅塑造了良好的城市形象，而且为华盛顿核心区域形成纪念性景观集群以及其他文化设施集群创造了良好的条件（图 3-81）。

图 3-81　华盛顿城市轴线

3.3.4　序列空间

城市是由很多空间组成的，当其连续形成序列时会形成步移景异的美学感受，或威严肃穆，或轻松愉快，或节奏多变似进入丰富多彩的交响乐中，或山重水复疑无路、柳暗花明又一村。序列空间组织应顺着人们移动的路径，可以是步行，也可以是车行[①]。在城市空间的设计中，序列空间大致可以分为对称型和自由型两种类型。

1）对称型

对称型的序列空间主要用于纪念性空间的营造。圣彼得教堂前的广场由梯形广场和弧形广场连接组成，其中梯形广场打破了基于常规透视法的空间认知，使得在轴线上展开的空间呈现宽度的变化。方尖碑位于弧形广场中央，起到竖向视觉上的统领作用，喷泉雕塑和半圆形的长廊左右对称。整体广场空间烘托出庄严肃穆的空间氛围（图3-82）。

2）自由型

自由型的序列空间主要用于生活性空间的营造。在罗马古城的城市空间序列中，街道和建筑物之间体现出很好的功能适配性。广场虽然是城市的重要组成部分，满足人们大型聚会和社交的需要，但城市空间的组织不止对纪念性空间的创造，还包括个人日常生活场所和纪念场所之间的关系，以及如何组织这些场所在城市空间中的序列关系（图3-83）。

图3-82　圣彼得教堂广场轴

---

① 卢济威. 城市设计创作——研究与实践 [M]. 南京：东南大学出版社，2012：37.

图 3-83　罗马城市空间序列

3.3.5　地下公共空间

地下公共空间既是城市公共空间向地下发展的自然延伸，更是城市地下空间体系发展的结构骨架，可以将地下各个独立空间连接成一个整体。从空间形态来看，地下公共空间已由简单的地下街、下沉街和下沉广场及中庭而逐渐发展成为城市的公共地下步行网络，更加注重与地铁枢纽的结合和空间品质的提高，通过整合自然与人工环境、公共与私有领域、交通与房地产等城市各功能要素而发挥有效作用，呈现地下、地面和地上空间一体化协同发展的趋势[①]。地下公共空间在社会服务方面大体可以分为 3 类：

第一是商业功能，包括地下商业街、地下商业中心与综合体等。如伦敦金丝雀码头金融中心，设计围绕地铁站，组织不同层数的立体化地下空间和位于地面标高的地下街，有效将地下、空中及地面空间结合在一起，有效提升了地下公共空间的商业绩效潜能（图 3-84、图 0-62）。

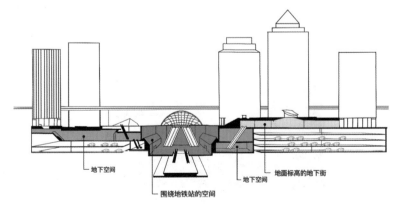

图 3-84　伦敦金丝雀码头金融中心立体地下空间

---

① 庄宇，陈泳，杨春侠 . 城市设计实践教程 [M]. 北京：中国建筑工业出版社，2020：54–55.

图 3-85　名古屋 OASIS21 银河广场

第二是休闲功能，地下商业运营之外的休闲活动区域，提供人们自由休息放松的场所。例如位于 OASIS 21 地下一层的银河广场与名古屋地下铁公共步行网络相连，广场周边设置有座椅，供市民享受闲暇时光。除却周末的假日市集、舞台表演等特定活动，该场地平日常被打造成溜冰场及休闲座椅区供市民玩乐休憩（图 3-85）。

第三是交通功能，用于日常通勤活动的各类步行交通空间，包括地铁站站厅区域，也包括为地下人群提供水平移动或上下转换的其他公共交通空间。如上海静安公园地铁枢纽地下空间，该空间网络以地铁站为中心，组织过街人车分流与地铁换乘，建立地铁站通勤购物体系，促进地区商业网络，构筑地下地上一体化的休闲、商业购物空间，创造结合地形的立体化生态景观环境（图 3-86、图 2-17）。

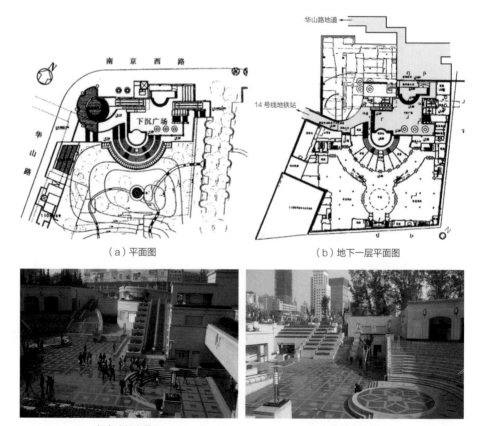

（a）平面图　　　　　　　　　　　（b）地下一层平面图

（c）广场内景 1　　　　　　　　　（d）广场内景 2

图 3-86　上海静安公园地铁枢纽出入口下沉广场

地下公共空间在与地上空间的一体化空间组织方式上也可分为 3 种类型：

首先是地下空间与公园绿化一体化。地下公共空间与城市自然环境的穿插渗透，有利于形成绿色开放空间网络，改善地下空间的环境品质。如名古屋久屋大通公园，该公园位于市中心两条公路之间，公园下方为商业街，二者通过下沉广场直接相连，构成融休闲、购物与通勤于一体的开放空间网络（图 3-87）。

其次是地下空间与城市道路一体化。结合道路本身可达性和公共性的特征，促进地上地下空间的联动发展。例如，在福州市八一七商业街的城市设计，八一七路下建地下商业街，为了地下街与城市道路联系，必须地下地上一起考虑，结合八一七路西侧传统滨水商业街的建设，将其面对车行道一侧建下沉广场，与道路下的地下商业街持平，既解决了地下商业街的可达性，又使其地面化（图 3-88）。

图 3-87　名古屋久屋大通公园

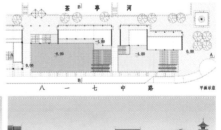

图 3-88　福州市八一七中路购物商业街下沉广场设计

最后是地下空间与地面建筑一体化，主要包含垂直式和并置式两种形式。其中，垂直式是通过一体化设计将地面建筑的节点空间与地下公共空间的垂直向交通和采光通风需求相结合，使彼此间的空间和活动能够延续。如蒙特利尔地下街网，以东西向城市主干道和两条地铁线为轴线，修建了南北方向的地下广场和过街道，将交通站点、办公商业及广场公园联系在一起，形成了连续性的网络，建筑面积达 360 万 m²。地下街网与上部建筑结合，设置了各式采光井和中庭，以减少地下的压抑感，高大畅亮的下沉式广场使地下地上空间浑然一体（图 3-89）。

总之，一体化组合方式是要将平面系统转化为交叠的立体网络，实现结构优化功能重组。一方面，通过网络连接，增加地下与地面的空间连接度，提高可达性，实现各种活动的联通；另一方面，促使城市多种功能立体重组，突破城市与建筑之间的边界，相互渗透。

（a）蒙特利尔地下街网平面

（b）中庭采光

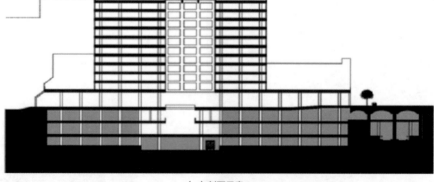
（c）剖面示意

图 3-89　蒙特利尔地下街网

3.4 城市空间组景

城市空间组景是城市景观体系的重要组成部分，它是对城市中实体要素之间的结构性景观组织，包括城市轮廓线、城市地标、景点、观景点、视廊与对景等。

3.4.1 城市天际线

城市轮廓线是城市实体要素，包括建筑物、构筑物和自然物等共同叠加形成的远景轮廓线，当背景是天空时，也称天际线。天际线往往反映了城市的总体立面形象，其比例关系往往可以对观察者产生直接的视觉刺激。城市天际线的形成与观察者所处的环境、距离紧密联系[①]。只有从不受遮挡的开阔视野才能看到一定范围的连续城市空间，所以城市天际线景观往往是一些重要视点的观赏结果。例如大型广场、公园绿地、江河湖泊等滨水地带与高山、高台以及高层建构筑物的顶部观光层等[②]。这些视点尤其需要关注天际线的设计与塑造，应注意：

①考虑与地形的关系，尤其利用自然景观形成水体前景、山体背景等自然层次，建筑轮廓线组织要与山体轮廓线和谐，彼此间主从结合，相互映衬。如香港维多利亚港片区，港岛建筑群背山面水，近景港湾提供了开阔的视觉水面，优美的建筑群倒影其中，中景以建筑群景观为主，远景有连绵的群山作为背景，建筑轮廓景观的波动与群山轮廓的波动此起彼伏，人工要素和自然要素相互穿插，在视觉上形成相互映衬的效果，产生了协调有序的景观感受（图 3-90）。

②分析物质空间与非物质空间之间"虚实相间"的节奏形式，强调大尺度的高低与宽窄变化。

③可以设置独特的地标型构筑物，将周边松散平淡的天际线统一起来，并形成向心结构。如南京市 450m 高的紫峰大厦作为独特的地标建筑，统领了玄武湖平缓的天际线（图 3-91）。

④突出城市的文化个性与建筑风格，展示城市特色形象。

---

① 卢济威. 城市设计创作——研究与实践 [M]. 南京：东南大学出版社，2012：42.
② 庄宇，陈泳，杨春侠. 城市设计实践教程 [M]. 北京：中国建筑工业出版社，2020：79.

（a）实景

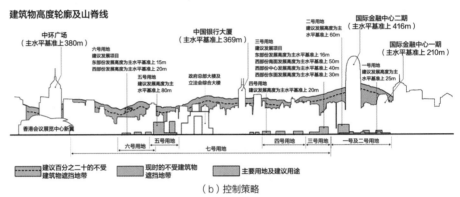

建筑物高度轮廓及山脊线

二号用地
建议发展高度为主
水平基准上 60m

国际金融中心二期
（主水平基准上 416m）

中环广场
（主水平基准上 380m）

六号用地
建议发展项目
东部份发展高度为主水平基准上 15m
西部份发展高度为主水平基准上 20m

五号用地
建议发展高度为主
水平基准上 80m

中国银行大厦
（主水平基准上 369m）

三号用地
建议发展项目
东部份南面发展高度为主水平基准上 16m
西部份南面发展高度为主水平基准上 50m
西部份中心发展高度为主水平基准上 40m
西部份北面发展高度为主水平基准上 30m

国际金融中心一期
（主水平基准上 210m）

一号用地
建议发展高度为主
水平基准上 25m

政府总部大楼及
立法会综合大楼

四号用地
建议发展高度为主水平基准上 20m

香港会议展览中心新翼

六号用地　五号用地　七号用地　　四号用地　三号用地　一号及二号用地

建议百分之二十的不受
建筑物遮挡地带

现时的不受建筑物
遮挡地带

主要用地及建议用途

（b）控制策略

图 3-90　香港维多利亚港片区城市轮廓线

图 3-91　南京玄武湖天际线

　　城市天际线的形成会涉及一个相当大的区域，建设时间跨度大，并且与市场经济发展和房产开发等诸多复杂因素相关。因此，对城市天际线的组织是一个连续的动态的调整过程，新建筑都要用"加入"的方法进行空间模拟，分析其对城市天际线的影响，排除会破坏整体轮廓线的方案。如芝加哥的城市天际线壮丽而优美，舒展有序的整体轮廓，纵横相宜的空间形态给人以深刻印象。它反映了城市空间发展的一个动态过程，既有时间的积淀，也有深刻的社会经济背景，基本上不是一个"大手笔"的城市设计所能设计的产物。但在这个过程中，完善的控制法规对于引导天际线的有序发展起到重要作用（图 3-92、图 3-93）。

图 3-92　芝加哥城市天际线

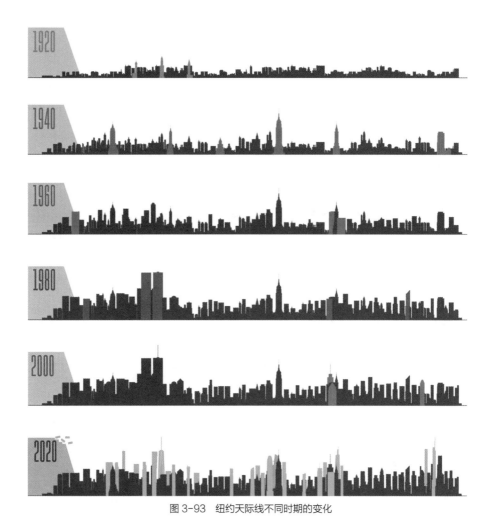

图 3-93　纽约天际线不同时期的变化

3.4.2　景点、观景和视廊

1）景点

城市景点主要指优美的自然或历史文化景物，如北京紫禁城、上海外滩与杭州西湖等。为了更好地供人观赏，要保证留出视线通廊与开敞空间等观赏空间，同时还需要提供人们活动的场地，使景点具有公共可达性。罗马特里维喷泉位于意大利罗马的三条街交叉口，具有良好的步行可达性。作为最大的巴洛克式喷泉雕塑，其总高近 26m，为保证良好的观赏效果，设计者以许愿池相间，拉开了景点与观赏者之间的距离。同时，结合下沉广场设置的休息台阶也为往来的人群提供了驻足聚集的空间（图 3-94）。

（a）许愿池   （b）喷泉雕塑

图 3-94　意大利罗马许愿池

2）观景

　　观景点是人们观赏景点的场地，需要考虑在什么样的场所氛围下观赏什么样的景观，还要让这些观景点成为城市公共场所，面向更多的市民与旅游者，城市设计要认真地组织相宜的空间环境，能将人留下，同时还应适应平视、仰视和俯视的视觉条件。作为巴黎市中心唯——幢办公摩天大楼，蒙帕纳斯大厦拥有俯视巴黎城区和远眺埃菲尔铁塔最好的观景场所，登高 56 层，市民和游客可以将巴黎壮丽的城市景色尽收眼底。但值得注意的是，蒙帕纳斯大厦的建造对历史街区天际线的完整性造成了一定程度的破坏（图 3-95）。而挪威邻近于池塘和海滩的 Herdla 观鸟台，则采用了悬空形式的楼层，既对观赏者形成了阴影遮藏，又保证了观赏行为在不佳天气状况下的顺利进行（图 3-96）。

图 3-95　巴黎蒙帕纳斯大厦登高远眺

图 3-96　挪威 Herdla 观鸟台

3）视廊

视廊指人们远距离观赏城市景点时所留出的视线通廊，它与城市路网结构、开放空间布局与建筑高度控制紧密相关，一般通过城市总平面布局来留出水平向视廊，通过建筑高度控制来留出竖向视廊[①]。如巴黎凯旋门位于戴高乐广场的中心，是一座迎接外出征战的军队凯旋的大门。19 世纪中叶修建的十二条大街以这座高 49.54m 的凯旋门为中心，向四周放射，使其成为视廊的焦点，同时也是地区路网组织的核心，突显出磅礴的气势（图 3-97）。

常州火车站南广场城市设计中，设计者专门开辟道路以界定"火车站—天宁寺塔"的城市空间视廊，两侧建筑控制在天宁寺塔高度之下，形成线性引导的空间界面，凸显城市标志性特色，以求观景（图 3-98）。

图 3-97　巴黎凯旋门视廊组织

---

① 卢济威. 城市设计创作——研究与实践 [M]. 南京：东南大学出版社，2012：45.

（a）总平面图

● 借景   ——→ 视廊

（b）视廊分析图

（c）天宁寺借景

图 3-98   常州火车站南广场——天宁寺塔视廊

3.4.3   地标

　　地标是城市中具有独特形象并处在显著位置上的建构筑物或者自然物，通常以高耸或高位的景物来提供方位的指示，引导人们在城市中的穿行，也可以是具有集体认同感的社会场所，它们都会给人以深刻的印象和精神上的震撼[1]，如纽约克莱斯勒大厦，高 320m，独特的塔顶，已成为纽约市中心的地标（图 3-99）。

　　例如，我国古代的风水塔，往往是标志城镇方位的地标，形态简洁明确，体现了当地的文化与风俗。人工实物型的地标设置应充分考虑选址的显著性与形体的特色性，选址的显著性意味着它周边具有开阔的空间或重要视廊，以保证公众视线的可达与指引作用；形体的特色性意味着地标在城市居民和外来访客心目中占有极高地位，既要呈现地方文化的延续性，也要提倡时代的创新精

---

① 庄宇，陈泳，杨春侠. 城市设计实践教程 [M]. 北京：中国建筑工业出版社，2020：78.

图 3-99　纽约克莱斯勒大厦　　　　图 3-100　阆中古城华光楼区域鸟瞰

神。例如阆中古城内以 25m 高的中天楼为制高点，被视作古城风水坐标和穴位所在，城内街道以它为轴心，呈"天心十道"向四面八方次第展开。城外以临江的华光楼为制高点，四层 30 多米高的过街楼形式，造型华丽，色彩古朴，是由嘉陵江进入古城的门户地标（图 3-100）。

3.4.4　对景

对景也指人们视线的聚集逗留之处，通常表现在人们行进过程中的视觉端景。对景在公共空间组织中运用较多。当街道弯曲时，在街道直线方向往往是组织对景的上佳位置[①]。扬州大明寺栖灵塔处于平山堂东路转向街道的直线方向上，同时借助地势，成为城市街道的对景（图 3-101）。与此相似的还有苏州北寺塔，其处于人民路转向的街道直线方向上，是城市街道的对景标识（图 3-102）。

3.4.5　城市入口

城市入口是城市的脸面，给人以城市的第一印象。古代大多数城市都有城墙，人们步行或马车进城，城门是城市的入口，这样的城市入口是静态的。现代城市随着城市化过程不断发展扩大，入口位置在不断外移，人们对城市入口

---

① 庄宇，陈泳，杨春侠. 城市设计实践教程 [M]. 北京：中国建筑工业出版社，2020：80.

图 3-101   扬州平山堂东路对景大明寺栖灵塔

图 3-102   苏州人民路对景北寺塔

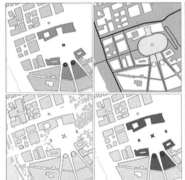

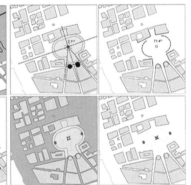

（a）广场平面及分析

（b）广场中心雕塑

（c）鸟瞰

图 3-103   罗马入口波波罗广场

的感受也在变化，主要表现在由静态转向动态，转向过程感受，形成对空间序列的感受过程。

　　古代城市入城口的代表作罗马波波罗广场北面紧邻波波罗城门，广场不仅与罗马的道路相连，也与第伯河和港口相连。设计者把广场设计成三条放射性大道的出发点，介于三条大道之间的两座相似形教堂加强了与广场中央方尖碑的联系（图 3-103）。墨尔本的城市入口则位于连接机场和东南部高速路的城市环路上，在设计中运用隔音设施构建了尺度巨大、色彩鲜明的城市入口标志。该设计以黄色曲线隔音墙作为引导，以两排红色斜柱组成透明雕塑屏障，同时在前进方向设置拱状隔音屏障。该入城口为高速行驶的汽车驾驶者所设计，所有元素组合在一起，形成了有力而充满动感的城市入口形象，给人以振奋和难忘的印象（图 3-104）。

图 3-104　墨尔本城市入口的现代雕塑

第 4 章

城市基面建构

4

4.1 城市立体化与城市基面

4.1.1 城市发展与城市立体化

城市是人口和社会活动为了经济、宗教、军事、文化等目的在空间上集聚的结果。为了有效利用城市空间资源，满足城市生产和生活的需求，需要在三维空间内进行要素和功能的组织。从广义上看，立体化是城市空间形态发展的普遍特征。在当代城市的高密度的空间环境中，为适应城市要素组织、功能安排、开发建设等方面一系列的变化，以更好地满足城市有序、高效和活力发展需求，城市进入立体化形态的发展期，其主要特征是作为城市公共活动的承载面的城市基面从地面向立体延伸。体现出这样一种特征的城市被称为"立体城市"。

具体而言，随着城市的不断发展，空间使用的强度和密度也不断增加，城市空间形态的构成要素及其相互关系越来越复杂。以交通系统为例，在城市发展的早期，仅仅使用速度较慢的交通工具在地面活动就能解决基本的出行和运输需求。工业革命以后，机动车成为主要的交通出行方式，车行和人行的矛盾开始浮现。在车行量不大的早期，处理人车关系较为容易，当机动车的速度和数量达到一定程度后，人车矛盾日益尖锐，对交通空间和新的交通方式的需求也越来越大，仅仅依靠二维平面无法很好地解决问题，于是地下交通和空中交通出现了。交通行为的立体化导致了城市日常行为空间的立体化，城市公共活动也从地面层向空中、地下拓展，多层基面应运而生。

以此为背景，城市基面作为容纳城市公共生活的载体和整合城市要素的媒介，随着当代城市立体化发展的新需求而产生和发展起来。

4.1.2 城市基面

城市基面是承载城市公共活动和城市要素的基准面。在传统城市中，地面是公共活动的主要基准面。而在当代城市中，城市立体化发展进入新阶段使得地面不再是唯一的公共活动基准面，多层基面应运而生。为了适应高密度城市环境发展的具体要求，从地面层发展到空中层、地下层，空中多层、地下多层等多种基面类型，也出现了为将不同标高基面联系成为一个系统的整合性要素。

城市基面具有两大特性：公共性和中介性。公共性是指基面必须具有与城市公共空间相同的属性。从开放时间的角度而言，基面空间应当满足城市日常公共活动的行为规律。从使用者的角度而言，在满足基本社会规范的情况下，使用者不会由于身份、地位的区别而被限制对基面的使用。在基面内开展的应当是具有城市功效的活动。中介性则是指基面作为一种媒介，要促进各种各样城市环境要素的相互关联，发挥在三维空间中组织复杂形态和行为的作用。

4.2　基面立体化的发展动因

结合城市发展的不同条件和具体的现实问题，立体基面在空间环境建构中扮演着不同的角色：面对多变的自然地形，立体基面主要是为了适应地形、建立建筑等人工要素同自然环境之间的和谐关系；面对当代城市复杂交通的组织，立体基面有助于在三维空间中安排汽车、轨道交通、步行、地下隧道、停车等各种交通要素，组织有序、高效、安全的行为系统，同时充分发挥城市交通在带动城市活力和发展中的作用；而在高密度的城市环境中，又可以借助立体基面来拓展组织公共活动的空间领域，使公共空间不仅仅被局限在地面。

4.2.1　地形适应

城市建设活动离不开处理人工环境同自然地形的关系。处理单体建筑与场地标高的关系是设计师的工作内容之一。当对场地的处理扩大到城市的尺度时，问题会更为复杂。地形的变化会限制城市空间的组织方式，但如果能创造性地应对这种变化，又可以营造出丰富的城市空间。特别是对于山地城市而言，立体化的基面系统是城市形态组织最为显著的特征。关于如何在山地环境中居住和建设城市时结合地形选择不同标高的有效建设用地作为城市基面，人类积累了大量的经验。当然，在城市发展的不同历史时期，处理城市与地形关系的方式是不一样的，从而形成了基面的不同面貌。

在城市发展的早期，社会经济发展水平较低，缺乏强力改造自然的经济和技术能力。同时，城市规模和集聚程度有限，空间资源充足，因而也缺乏通过

图4-1　重庆十八梯

强力改造地形以更加有效地使用土地资源的意愿。表现在城市建设上，倾向于选择自然条件本身较为理想的环境来营建城市，为建设活动进行有限的场地改造，例如小规模的土地平整。基面形态上显示出小规模，多层次的特征，基面形态的变化与地形的变化是基本吻合的。以中国重庆为例，作为世界上最大的山地城市，早期的城市建设基本上都是依山而建、因地制宜，为适应总体自然地形变化形成了山顶上半城和山脚下半城的空间格局，结合局部地形变化形成的聚落空间，以及上坡下坎的空间体验。十八梯作为连通上、下半城的一条老街道，上下高差达45m，顺应了变化的地势，产生了极富张力的空间效果（图4-1）。

　　近、现代社会生产力的巨大进步导致了城市化大发展，城市规模、密度大大增加，对城市空间资源提出了越来越高的需求，经济和技术水平的提升也使人类获得了前所未有的改造自然建造人居环境的能力。在城市建设中倾向于采取强力手段改造环境，以获取更多的建设空间，提高建设活动的效率。大尺度的基面成为这一类城市建设模式的结果。这样一种建设模式短期来看可以节省成本，加快建设速度，但是对自然环境和既有城市空间造成了巨大甚至是不可逆的破坏。原先具有历史感的地形关系基本被抹除，引起了很大的争议。

　　对环境的强力改造引发的一系列问题，使人们逐渐意识到需要改变发展理念，在尊重环境的基础上建造城市。如果说早期城市的多层基面系统是被动适应自然地形的结果，那么在人类的经济和技术能力足以改造自然的时候，就更需要在主动尊重自然的基础上，建构满足当代城市运行和生活需求的空间环境。在当代城市中，出现了大量优秀的案例，不仅仅考虑了建筑、街区同地形的关系，更能够充分利用地形来安排城市立体基面，组织有序的行为系统，营造高质量的公共空间。例如中国重庆的洪崖洞、美国旧金山"花街"等，都是主动适应地形，灵活组织空间形态的典型案例（图4-9、图4-46）。

　　日本建筑师丹下健三设计的新加坡南洋理工大学，代表的是地形适应的另外一种模式。考虑到大学校园建筑之间紧凑便捷联系的需要，设计师组织了一个悬浮在起伏地形之上的建筑簇群，对自然地形的干扰最小化，同时避免了频繁的标高变化对与校园步行联系的不利影响（图4-2）。

（a）鸟瞰

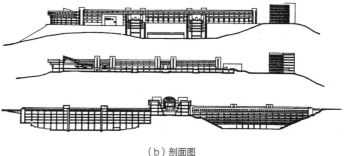

（b）剖面图

图 4-2　新加坡南洋理工大学

4.2.2　立体交通协同发展

伴随城市发展历史进程的是城市交通系统的不断演进，包括交通量、交通距离、交通手段和交通组织方式的变化。城市基面作为整合城市环境要素和城市行为的媒介，在适应不同历史阶段交通系统建构的要求中，也呈现出不同的特征。在当代城市中，立体化的基面在系统组织多种多样的交通要素，创造人性化的行为环境中发挥了重要作用。

在早期城市中，城市交通方式比较简单，以步行为主，即使是有少量的非人力车辆，交通量也较为有限，所以依托地面这一单一基面就可以满足交通组织的要求。少量地面之外的交通要素主要是为了跨越山沟、河流、山体等自然障碍而修建的桥梁、隧道等。这些要素虽然体现了一定的立体化特征，但并没有发挥出容纳城市公共活动和整合城市要素的作用，因此不能被视为城市基面。比较特殊的形式是一种带屋檐的廊桥，它不但起到普通桥梁的作用，也具有遮阳避雨、休憩观景、交流聚会等用途，体现出公共空间的属性，可以被视为是城市基面的雏形。

近代工业化和城市化带来了交通量和交通距离的巨大变化，汽车的发明彻底改变了人们的出行方式，在满足大量的、长距离的交通需求的同时也改变了城市的行为方式和环境面貌。汽车数量急剧增加，道路空间过于拥挤，无节制地增加道路空间又会不断蚕食步行空间，减少绿化和活动广场的面积，不但影响环境品质和市民的生活质量，而且降低城市的运行效率。为解决日益严重的人车矛盾，建立空中立体步行系统来进行人车分流是一种简单有效的解决方法。希尔伯赛默（Ludwig Hilberseimer）在 1920 年代提出的立体城市的概念，就是通过建立一个空中的步行系统，让步行者躲避汽车的干扰，把地面空间完全让给汽车（图 4-3）。同一时期柯布西耶提出的光辉城市概念，也体现了以汽车

图 4-3　Hilberseimer 提出的立体城市的概念

为主导的交通组织理念。在人和车对于城市空间的争夺和博弈中，人是相对弱势的一方。

空中步行系统在其发展的早期，与建筑之间往往缺乏良好的联系，人性化设计也不够，主要扮演的还是单纯的交通设施的角色，起不到城市基面的作用。当人们越来越意识到空中步行系统所具备的发挥城市空间价值、提升城市活力潜力的作用的时候，它与建筑的关系越来越密切，与城市的商业空间紧密结合，激活了地面层之外的消费和公共活动，步行空间就超越了纯粹的交通功能而发展成城市的空中基面，有的进一步演变为网络化的空中街道系统。以中国香港中环步行系统为例，中环作为香港的核心区域，20 世纪 70 年代的时候只有步行天桥简单相连，在之后 30 多年的建设中逐渐形成了总长度超过 3000m 的空中步行系统，将主要交通设施、公共空间和滨水环境等连接在一起，最后发展成了一个庞大的多层基面系统，在解决高密度区域人车矛盾的同时提升了区域活力（图 4-4）。为解决城市人车矛盾而形成新的城市基面的另外一种类型是轨道交通枢纽推动地下空间发展而形成的地下基面，它也是实现城市步行化的重要手段。同空中步行空间类似，在功能上它也经历了从地下通道和地下过街隧道等纯交通功能向复合功能的转变，在形态上它也经历了从线性向复杂网络结构的转化。

城市的不断发展对城市交通提出了更高的要求，仅仅依靠增加汽车数量和地面道路面积，不但无法实现交通系统的立体化发展，还无法促进地铁、高架轨道、高架道路、地下道路等交通形式的大量建设。这些交通要素的发展，不但解决了交通的需要，更重要的是导致了城市行为模式和公共交通方式的变化，在解决大容量较长距离交通需求的同时，围绕地铁站点大量人流的集散也蕴含了巨大的商业潜力，引发了地下空间的大规模使用，地下空间的商业

（a）步行天桥

（b）平面系统（2008 年）

图 4-4　香港中环立体步行系统

化和公共化成为当代高密度城市开发的典型模式，在形态上形成了地下街道、下沉街、下沉广场等城市基面。

在当代城市中，为了组织更加高效、安全、宜人的行为环境，各种交通方式（汽车、步行、自行车、轨道交通等）和各种交通空间（地面、地下、空中等）被有机整合在一起，形成立体化、系统化的交通体系。围绕这样的交通体系，城市立体基面体系的形式和内容也更加丰富，形成了多要素、多层次、立体化的基面系统。

上海江湾—五角场地下基面依托地铁站这一立体交通要素建设，其主要内容结合地铁 10 号线五角场站和江湾体育场站发展成一个由环岛下沉广场、一条地下商业街（太平洋森活天地）和"创智天地"下沉广场构成的地下空间体系。南端的地铁 10 号线五角场站同环岛下沉广场连接，将"百联又一城""万达广场""合生汇""百联悠迈购物广场""苏宁易购"五个商业综合体的地下空间整合在一起。地铁 10 号线江湾体育场站南端与"百联又一城"地下商业空间连接，北端通过"太平洋森活天地"地下商业街与"创智天地"下沉广场连接，步行流线也经过此下沉广场从地下穿越交通繁忙的淞沪路，将以办公文创为主的"创智天地"街区同以商业居住为主的"创智坊"街区连接为一个整体（图 4-5）。

（a）地下空间体系

（b）鸟瞰

（c）环岛下沉广场

（d）创智天地下沉广场

图 4-5　上海五角场地下基面

4.2.3   公共空间拓展

公共空间是市民开展城市活动、体验城市环境、感受城市历史和地域文化特色的场所、是容纳多元文化、多样人群交往、交流的容器。公共空间是整合城市要素和功能的媒介，也是城市基面的核心内容。

在传统的城市中，交通方式简单，绝大部分的城市活动都在地面展开，公共空间的建构也主要依托地面进行。同时空间资源相对充足，土地使用强度不高，反映在城市规划设计上，广场、公园等主要的城市公共空间被划定为单一功能的地块。当代高强度的城市开发和高密度的环境对城市公共空间的建构提出了新的要求：大量人口的集聚要求有更多数量的公共空间，但是有限的土地资源限制了公共空间发展，也就是以地面为主要基面的公共空间容量不足，公共活动的基面就需要从地面向地上、地下拓展，立体化的交通体系为这种拓展提供了支撑。同时，土地资源的高效利用也对公共空间的复合功能提出了新的要求，公共空间不再是单一的广场、绿地，而是拓展为整合商业、文化、交通等各种城市功能的"立体地面"。以此为出发点，立体基面成为当代城市公共空间建构的关键途径，从而在高密的城市环境中提供更多的公共空间，激发更多的城市活力。

日本东京的涩谷"未来之光"（Shibuya Hikarie）城市综合体项目位于东京地铁涩谷站，地上34层，地下4层，总占地9640m²，建筑面积144000m²。为了在有限的城市空间组织复杂的功能和大量的建筑面积，该项目将城市公共空间基面安排在地下、地面和空中的各个层次，将各种城市要素立体地组织在城市综合体内，体现出竖向复合叠加城市（Vertical City）的显著特征。地下2~3层为对接地铁的配套餐饮商业，地下1层到地上5层为零售商业，其中2层对接轻轨站，6~7层为餐厅餐饮业态，8层为文化创意业态，9层为会议功能，11层为剧院及空中客厅，通过11层的空中客厅可到达17~34层的办公空间。特别是将剧院放在距离地面11层高的位置上，并围绕剧院组织空中的公共空间，体现了高密度环境中公共空间拓展的模式特征（图4-6）。

日本大阪难波公园（Namba Park）位于大阪传统热闹的商业区，邻近难波火车站，离机场一站之遥。该项目将城际列车、地铁等交通功能与商业、文化、办公、酒店、住宅等有机结合，是当代城市综合体的代表性项目。为了最大限度地利用城市土地，建筑几乎占满所有地块。设计师设计了一个逐次抬高的绿化平台系统，从街道地面层一直上升至8层楼顶的高度，形成了独特的基

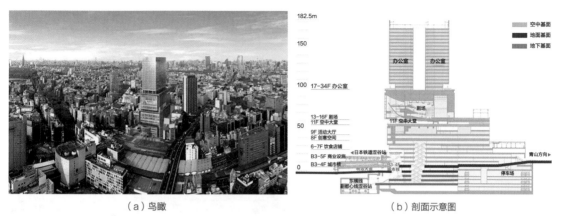

（a）鸟瞰　　　　　　　　　　　　　　　　（b）剖面示意图

图 4-6　日本东京涩谷"未来之光"

面序列，打破了室内室外的界限，整合了被城市道路分割的地块，在土地资源极紧张的城市环境中创造了自然生态特征明显的空中公共景观空间（图 4-7）。

加拿大蒙特利尔地下基面系统，结合地铁站的建设，将整个市中心的地下空间通过地下街和地下通道连成一体，从 1960 年开始到 1992 年逐步形成了约 30km 长的地下街道网络，网络覆盖范围达到约 36km²，面积相当于所在城区地面面积的十分之一，容纳了区域内 35% 的商业面积，每天有约 50 万人在地下活动，号称是"全球规模最大的地下城"（图 4-8）。

从被动适应环境到主动处理城市建筑与环境的关系，从人车分流到组织复杂交通系统，再到公共空间的拓展，可以说在当代城市中，立体化的基面在对城市要素、功能和行为的有机整合，创造高效、安全、宜人和体验丰富的城市

（a）鸟瞰　　　　　　　　　　　　（b）逐次抬高的绿色城市基面

图 4-7　日本大阪难波公园

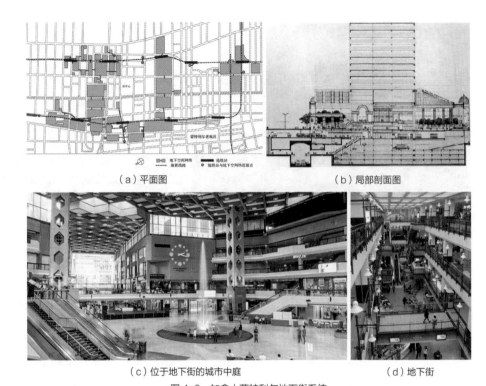

（a）平面图　　　　　　　　　　　（b）局部剖面图

（c）位于地下街的城市中庭　　　　　　（d）地下街

图4-8　加拿大蒙特利尔地下街系统

空间方面起到了十分积极的作用。城市设计师在处理复杂的城市空间组织的一系列具体问题时，也离不开对城市基面的深入研究和灵活运用。

4.3　城市立体化基面的类型

立体化的城市基面将广场、道路、绿地、建筑等要素整合在一起，形成了地面基面、空中基面、地下基面、倾斜基面等丰富的立体化基面类型。对于立体基面系统的讨论，基础基面的确定是出发点。何为空中基面，何为地下基面，取决于同基础基面的相互关系。基础基面是一个城市立体化系统中最为开放、功能最为复合、公共活动最为集聚的基面。在平地城市中即地面；在地形复杂的城市中，基础基面是根据实际情况确定的，例如面积最大、在整个系统中处于中心位置的地面等。

不同类型的基面由于其所处标高和整合的城市要素的不同，具有各自不同的类型特征和需要解决的特殊问题。而不同基面之间的联系形成立体化系统时，则需要借助台阶、坡道、中庭等连接性的要素，这些要素也是城市立体基面建构中不可忽视的研究对象。

4.3.1　地面基面

地面基面是依托城市自然地表形成的公共活动承载面。虽然当代城市基面立体化的程度越来越高，但是在一般情况下，地面仍然是最为主要的城市基础基面。地面基面与自然地形关系密切，它包含了水系等自然生态要素，并可以有缓坡、起伏等微地形特征。地面基面同周边区域联系方便，因此车行、步行交通和公共活动主要依托它开展。从行为习惯的角度来看，除非在地面的活动受到大量机动车、污染、噪声的严重干扰，人车矛盾极为严重，或者空中或地下基面的高度发达使得大量的使用者不必借助地面就能到达目的地，并且可以在空中和地下基面中获得类似于地面的空间体验，否则地面基面仍然是大多数情况下城市的主要公共活动空间。

4.3.2　倾斜基面

倾斜基面是为连接不同的场地标高而形成的标高连续变化的公共活动承载面，倾斜基面也可以被视为地面基面为顺应地形的变化而形成的特殊基面类型。例如美国旧金山的 Lombard Street，因其在 180m 的斜坡上有九个急转弯被称为"九曲花街"。该街道连接 Hyde Street 和 Leavenworth Street 上下两条街道，坡度在 25°~40° 之间，是人车混行的斜街，沿街种植了各种鲜花与树木，丰富的景观、彩色的沿街建筑立面与连续的 S 弯一起形成了独特的城市景观，具有典型的倾斜基面特征。在重庆、香港等山地特征明显的城市，也有很多类似的斜街，体现了山地城市的独特风貌和空间效果（图 4-9）。

（a）重庆磁器口斜街　　　　　　（b）香港中环砵甸乍街　　　　　　（c）旧金山"花街"

图 4-9　斜街

4.3.3　空中基面

空中基面是地面公共空间向空中延伸而形成的标高高于地面的公共活动承载面，它是在当代城市高密度、立体化开发的背景下产生并发展起来的。它作为一个以结合建筑或者独立形成的公共空间系统，承载了越来越多的交通、商业、休闲活动，促进了城市空间资源更加高效的利用，激发了城市活力，丰富了城市空间的体验。

构成空中基面的空间要素主要是具备车行、步行功能的空中街，以及以集散和行为转换功能为主的空中广场和空中绿地。

1）空中街

空中街包括空中街道和空中步行街两种类型，区别在于前者同时具有车行和步行功能，而后者只容纳步行交通。空中街是城市基面系统中的线性要素。之所以被称为"街"，主要是在于空中街道或步行街在平面几何特征、与建筑的相互关系、行为模式、功能、景观等方面体现出跟地面街道一样的特征，既组织车行和步行，串联建筑和公共空间等要素，行为上具有较强的流动性和方向性。当代的很多空中街，为了优化环境、增强吸引力，通过休憩设施、骑楼灰空间、绿化种植等方式，将地面上城市公共生活场景引入空中，尽可能去营造一种地面街道的空间体验。

英国伦敦的金丝雀码头的空中街道，将连接高层办公楼群的街道布置在以一层建筑为基座的二层平台上，其目的是把码头区以水环境为特征的地面空间留给步行者，将有车行交通的街道布置在空中（图0-62，图4-10）。

图4-10　英国伦敦金丝雀码头空中街道

空中步行街是空中步行系统发展的结果。空中步行街发展的最早阶段是人行过街天桥，其主要目的是满足人车分流，特别是安全过街的需求。过街天桥在跨越道路后在人行道落地，与建筑几乎没有联系。随着城市的发展，过街天桥不再仅仅满足道路交叉口交通功能，而是逐渐向周边的建筑延伸，形成连接诸个街区建筑的连廊系统。连廊系统的连续性使得它拥有过街天桥所不具备的便捷性和舒适性，吸引了更多的使用人群，这是空中连廊系统发展为空中步行街系统的重要基础。空中连廊与地面以上商业空间的紧密结合，有利于激活空中的消费和公共活动，最终发展为空中步行街这一空中基面要素。

与必须同时解决车行和步行的空中街道不同，空中步行街

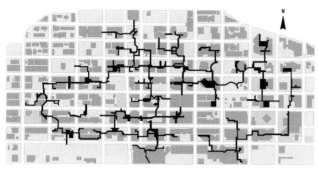
（a）二层步行系统图

（b）二层步行天桥连接

图 4-11　加拿大卡尔加里空中步行系统

作为纯粹的步行空间，在景观、休憩设施的布置上更加自由，也可以通过局部的遮盖甚至封闭，创造更加宜人的物理环境。例如在加拿大卡尔加里以及美国明尼阿波利斯市等北美城市中广泛使用的空中步行系统，纵横交错的空中走廊将市中心多个地块连接在一起。空中走廊可以利用玻璃、金属等材料围合形成封闭的室内空间，内部设有完善的暖通系统，并以合理间距设置景观与休息区，一系列人性化的设计使空中的步行体验比地面街道更加舒适（图 0-52，图 4-11）。

　　空中步行街在城市空间中穿越，以不同的方式同周围的建筑发生关系，连接方式主要有并联式、串联式和混合式 3 类。并联式则是空中步行街的主体独立于建筑建造，主体不与建筑直接相连，通过与主体垂直的次一级连廊与建筑相连，步行街系统比较容易加入既有的街区环境，在路径选择上自由度更高，管理上也更加方便。例如上海陆家嘴地区的二层步行系统就是在周边建筑基本已经建成的基础上增建的，串联了正大广场、国金中心、金茂大厦、环球金融中心等建筑，即使是与其连接的建筑关闭了，仍然不影响二层系统的运行。然而并联系统的问题是二层步行系统往往无法得到两侧建筑的功能支持，"街"的特征不够显著。如果二层系统同周边建筑统一规划设计，使两侧建筑的商业消费功能成为空中步行街空间界面，那就能在维持其优点的同时，提供更好的空间体验。串联式空中步行街是指空中街直接穿过沿线建筑，使各建筑的室内空间成为系统的一部分。串联式空中步行街要求建筑内部空间具有开放性，因此被串联的建筑空间通常是商业综合体的中庭、交通枢纽的换乘空间、宾馆的大堂和餐饮服务空间等。串联式的空中步行街系统的整体性很高，在建筑内部穿越的路径能提供舒适、丰富的步行体验。但串联式的问题首先是在既有的街区中进行系统组织的难度很大，因为沿线某些既有建筑的内部功能不具有开放

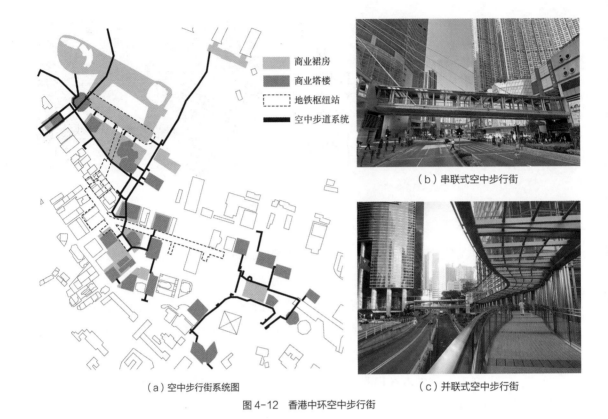

（a）空中步行街系统图　　　　　　　　　　（c）并联式空中步行街

图例：
商业裙房
商业塔楼
地铁枢纽站
空中步道系统

（b）串联式空中步行街

图4-12　香港中环空中步行街

性，其次是整个空中街系统的运行要依靠公共和私人领域的紧密配合，解决好开放时间、日常管理维护等问题和矛盾（图4-12）。

混合式的空中步行街系统兼具并联式和串联式的优点，同时尽可能规避两者在实施中的矛盾。例如历经30多年建成的香港中环步行系统，为了适应复杂的现状条件，既有贴着建筑外围的空中步行路径，也有穿越建筑内部中庭或走廊的部分，与空中步行街紧邻的建筑空间，除非是无法开放的后勤或设备空间，商业空间在可能的条件下往往面向商场内侧和空中街两侧同时开口，行人可以自由进出，形成了购物、游览、休闲以及步行交通为一体的空中步行街系统。

2）空中广场与空中绿地

空中广场和空中绿地是空中基面系统内的节点空间，它的形成首先是空中街道不断发展的结果。如果说街道的行为特征是以流动为主，那么空中广场和空中绿地内人群的活动则是以驻留和集散为特征，对于大量人流的组织具有重要的作用。同时，空中广场和空中绿地作为"网络—节点"空间结构中的变化，丰富了空中基面的空间体验，也有助于复杂空间系统中的寻路和定位。从空间立体组织的角度而言，空中广场和空中绿地也常常是不同标高的基面之间连接、过渡和转换的节点，确保了空中基面的运行通畅。空中广场和空中绿地的主要区别在于其景观形态的差异性，并在行为组织上体现出不同的特征。空中广场一般是以硬质铺装为主，供使用者自由活动的区域较大，对于大量人流的集聚和流动更为有利。相对于空中广场而言，空中绿地有更大面积的绿化种植，某些较大规模的空中绿地，甚至将大量的乔木引入空中基面，在高密度的人工环境中营造自然、生态的场所。

根据其形成的原因、形态特征和行为模式，空中广场可以分为局部放大、流线汇集、驻留集聚等多种类型。局部放大型，是空中街道的断面产生变化的结果。当空中街道达到一定的长度之后，局部的放大可以产生空间的节奏变化，避免单调感。放大的空间形成的小尺度广场空间，既可以供使用者短暂驻足，也可以结合周边的功能和业态，布置室外咖啡休憩座位。流线汇集型，是在复杂的空中街道系统中多条街道因交汇之处空间放大而形成空中广场。这种类型的广场尺度通常比较大，场地设计比较简单，以保证大量使用者的高效流动为主要目的。例如日本北九州小仓站站前广场，多条不同方向的空中街汇聚于站前由室内和室外共同组成的空中广场，下层为商业与酒店的公共广场，上层（位于室内）则为对公众开放的购票与候车大厅，自然地将不同目的的使用者分流，保证了交通行为的有序（图 4-13a）。在香港中环空中基面系统中，人流强度较高的交易广场大厦前平台整合了 4 个不同方向的多条空中走廊，并把人流引导到其他方向的空中连廊去（图 4-13b）。驻留集聚型，具有公共空间的最为典型的特征，围绕广场的大多数为积极的商业界面，广场的景观设计、服务设施和公共艺术设计等都是为了吸引使用者的停留、集聚、休闲、消费。这样的空中广场往往还会具备文化表演的功能，从而让空中基面更具吸引力和活力。

多种类型的多个空中广场被空中街道、连廊等联系在一起，创造了不被地面交通割裂的连续的大型空中公共广场系统。法国巴黎拉·德芳斯副中心是空中广场系统大规模发展的典型案例。该项目在离地三层高、长 1200m、宽 300m 的大平台上建设综合活动基面。位于平台中央的空中广场全长约 600m，宽约 80m，虽然尺度巨大，但不仅仅是一个均质的、宽而长的矩形平面。从德方斯的东端至西端，广场空间逐渐由窄变宽，在大拱门处形成最为开阔的广场。两侧借助建筑的进退、围合形成亲人尺度的局部小空间。广场上穿插布置有林荫道、花园、人工水池等多样的景观，将地面上的步行体验带到空中，创造了一个优美、舒适的步行环境。空中广场与地面的高差最大达到 22m，广场上活动

（a）日本北九州小仓站站前广场

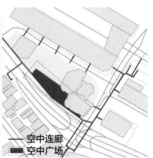

（b）香港交易广场大厦空中广场

图 4-13　空中广场

　　的人流则可通过平台中部的下沉广场进入下部的商业空间和公交车站以及更深层面的地铁站（图 4-14）。

4.3.4　地下基面

　　城市地面公共空间向地下延伸而形成的标高低于地面的公共活动基准面被称为地下基面。地下交通设施，特别是地下轨道交通系统的建设，将大量的城市

（a）空中广场轴测

（b）空中广场区位示意图

图 4-14　法国巴黎拉·德芳斯

活动引入到地下。通过地下基面将地铁车站、地下过街通道、地下停车场等地下交通要素联系起来，有效提高了地下交通系统的运行效率。20 世纪 60 年代以来，地下空间的商业性和公共性不断加强，地下基面既作为与地下交通空间直接相连的聚散空间，又是集商业、服务、娱乐等功能为一体、不受机动车干扰和地面恶劣气候影响的公共生活空间，极大地发挥了地下交通带来的商业潜力。

构成地下基面的空间要素主要是兼具步行连接与休闲购物等功能的地下街和下沉街，和以集散和公共活动为主的地下广场和下沉广场。从形态特征来看，地下基面的主要构成要素同空中基面有所类似，但是由于地下基面的大部分区域都位于封闭的地下，在空间组织和环境营造等方面又体现出自身的要求和特点。

1）地下街与下沉街

地下街的雏形是以交通功能为主，以实现人车分流为主要目的地下步行通道。随着以地铁为主要内容的地下交通系统的发展，地下通道成为不同线路地铁车站之间换乘以及连接地铁车站和与周边地块地下空间的纽带，在交通功能之外，商业性越来越强，从而在形态、活动等方面体现出与地面街道类似的特征。地下街根据其空间结构特征可大致分为三类，线型、面型以及复合型（图 0-57）。

线型地下街以线性形态连接地铁站、商业办公群等空间节点，街内活动人群移动的目的性和指向性较强。如上海市五角场地区的"太平洋森活天地"地下步行街，平行布置于淞沪路之下，全长约 500m，连接了地铁 10 号线江湾体育场站，同时串联了五角场商业中心、创智天地等商业办公集群。地下街两侧均设置连续的商业店铺，街中央还在局部设置了岛型临时商铺以及休闲座椅区，创造了连续而又丰富的步行体验。沿淞沪路两侧共设置了 14 个出入口，强化了地下空间同地面的联系（图 4-15）。

面型的地下街系统是地下街充分发展的结果。它往往结合开发强度比较高、商业商务活动频繁、有多条地铁线穿过的区域建设，包括城市中央商务区，铁路交通枢纽综合发展区等。面型地下街主要表现为以一个或多个交通节点为核心，通过兼具商业和交通功能的地下空间将各个交通节点连接在一起，并向周边区域水平向延伸，形成复杂的网络结构。

图 4-15　上海五角场"太平洋森活天地"地下街

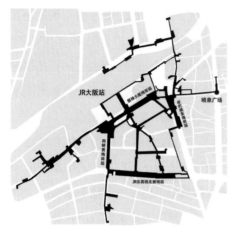

图4-16　日本大阪站周边地区地下空间网络

网络型的地下街在日本发展较为成熟，东京车站与大阪车站周边的地下街都是这一类型的代表性案例。大阪车站区域的地下街网络则是结合不同时期、不同铁路公司开发的地下街的落成而逐步扩张壮大形成的。依次建成的梅田地下中心、堂岛地下中心以及大阪钻石地下街三个主要的地下空间节点由地下街或地下通道连接，具备了大部分日常生活所需的功能以及举办活动集会的场所，人们可以在地下无阻穿行、换乘、购物、消费，不受天气影响地参加各类公共活动（图4-16）。

地下街中商业、餐饮、娱乐等公共消费的功能大多设置到地下二层为止，再下层一般为地下交通站厅以及停车场等等。而少数案例中，地下街网络的发展突破到了地下三层，甚至深入地下四层，这样一种立体网络型的地下街一般与重要的城市公共交通节点结合，原因在于这样的节点由于多线交通换乘的需要，大量行人的活动被引入到了更深的地下。日本横滨的皇后广场未来港站以及东京涩谷"未来之光"是这一类型的代表性案例。横滨皇后广场的地下空间是较为早期的多层地下街的实践案例。地下铁未来港站站台位于地下4层标高处，其上方是一个直达皇后广场地上2层的通高空间，将车站层与商场地下各层以及地上层一体化连接。在皇后广场内，地铁站厅层至地面层之间均为以商业、餐饮、娱乐功能为主的地下购物街，地上部分则呈现为开放的玻璃中庭。整个空间贯穿着具有代表性的红色扶梯，从上部向下望，可以看见正驶进车站的列车（图4-17）。

（a）联系地下和地上的"车站核"中庭

（b）中庭剖面示意图

图4-17　日本横滨皇后广场

日本东京涩谷车站地区受到谷地地形、城市干道以及多家铁路公司的铁道切割的影响，车站及周边街区的地面步行系统十分薄弱，机动车交通堵塞的状况也频繁发生。在涩谷车站周边区域再开发项目中，多层地下街网是整个立体步行网络的重要组成部分，其中涩谷"未来之光"的地下街局部延伸至地下三层，引入多个通高空间，将不同标高的地下街网进行纵向贯通，既提高了换乘效率以及步行安全性，又改善了步行环境的舒适性。更直接地吸引东京地铁副都心线带来的人流，并将车站的人流持续不断地传递到城市中去（图 4-6）。

下沉街是地下街的特殊形式，它是指低于地面且顶部无覆盖或只有局部覆盖的开放式地下街。与完全室内化的地下街相比，下沉街会受到日晒、风雨等自然天候的影响，但使用者的空间体验更接近于传统的地面街道也正是它的优势所在，同时下沉街建立了一种地面和地下更为直接的空间关系，这样一种关系对于增加地下公共空间的吸引力是很有帮助的。荷兰鹿特丹在市中心建设了一条下沉式步行街 Beursplein。该下沉街采用平缓的坡道同地面相连，从地下穿过一条六车道的城市主干道，将被其分隔的街区在地下连成一体，从下沉街可以直接进入 Beursplein 地铁站。下沉街在形态上由一条直线和一条 S 形曲线组成，结合曲线和直线相交形成两个半月形，形成了局部放大的空间。两侧为连续的商业界面，采用传统商业街小型店面的形式，局部被柔和的弧形玻璃顶棚覆盖，可以遮风避雨，为市民提供了一个舒适逗留的场所（图 0-60，图 4-18）。

2）地下广场与下沉广场

地下广场和下沉广场作为地下基面空间网络中的节点性要素，扮演着整合连接地下地面空间、整合各种地下空间要素、组织公共活动等多重角色。地下广场和下沉广场的存在，也可以丰富地下空间形态，产生节奏鲜明、收放自如的空间序列，避免单调沉闷的空间效果，这对于地下空间的活力也是有利的。

在复杂的地下基面系统中，空间结构上的复杂性使寻路疏散和空间体验等成为空间组织的重要问题。行人在复杂的地下空间时很容易失去方向感，从而导致寻路困难的问题。另一方面，尽管随着建造标准的提高和人工环境技术的进步，地下空间的照明和通风条件得到了提升，但是在大规模的封闭空间中长时间活动，还是容易让使用者产

图 4-18　荷兰鹿特丹 Beursplein 下沉街

（a）地下街实景图

（b）地下广场平面分布图

图 4-19　日本大阪长堀水晶地下街

生心理和生理上的不适感。同时，地下空间规模的不断增加带来的大量使用者，引发了紧急状况下的疏散困难。地下广场和下沉广场在地下基面组织中的运用有助于解决这些问题。

日本大阪的长堀水晶地下街，在两个地铁站之间的地下街空间中布置了"水钟广场""观月广场""瀑布广场"等 8 个不同主题的地下广场。虽然地下街总体形态狭长，但收放有序的广场序列，可以使人们在行进中形成清晰的空间意象，便于把握在地下空间中的方位，也不会感到空间单调（图 4-19）。

大阪梅田（Umeda）地下街系统，在蛛网密布、串联多个街区的地下空间网络内联系在一起，利用景观设计手段，建立地面空间同地下空间的联系，将地面的光线引入地下，改善了地下空间的环境体验，并形成了充满特色的节点空间，有利于空间定位。其中的"喷泉广场"建成于 20 世纪 70 年代，是市民和旅游者约会、休憩的场所，是地下空间系统中的标志性节点（图 4-20）。

下沉广场除了发挥地下广场的一般作用之外，还有其独特的作用。从空间形态上来说，它区别于封闭的地下广场，开放性更强，在城市环境中容易被识别和感知，是联系地下和地面活动的中介性要素。它还能够直接为地下引入自然光线和空气，创造宜人的空间感受。例如位于上海静安寺的下沉广场（图 0-59），是将大量人流引入地下空间和地铁车站的空间节点。而在静安寺

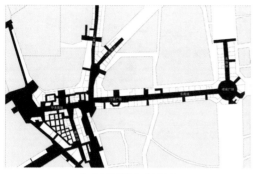

（a）地下街平面示意图

（b）喷泉广场

图 4-20　日本大阪梅田地下街

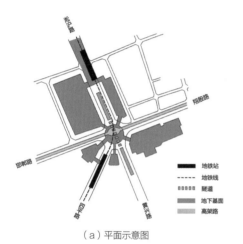

（a）平面示意图

（b）下沉广场内景

图 4-21　上海五角场下沉广场

地区地下空间设计中，通过一个连接地面静安公园的绿化空间和地下商业、交通空间的下沉空间，把自然光和绿植引入地下。

　　下沉广场还具备整合城市空间的作用。上海五角场下沉广场，以圆形的下沉广场为中心发散出的五条地下通道，将被城市交通干道分隔的五个地块的商业综合体联系起来，对人流进行有效的衔接和疏导（图 4-21）。西安鼓楼广场下沉街和下沉广场结合，通过下沉广场和下沉街组合形成有导向性的城市空间，将古迹钟楼和鼓楼整合成一体，并激活了地下商业，丰富了历史文化空间的城市活动（图 4-22）。

　　随着公共空间向地下的拓展，下沉广场也成为内容丰富的城市活动的场所。日本福冈运河城的下沉广场，以文化休闲和商业娱乐功能为主，结合水景组织的带状下沉广场穿过狭长的商业建筑，两侧的商业功能同广场联系紧密，形成了下沉广场的活跃界面。带状下沉广场在综合体的南北主入口以及中部放大形

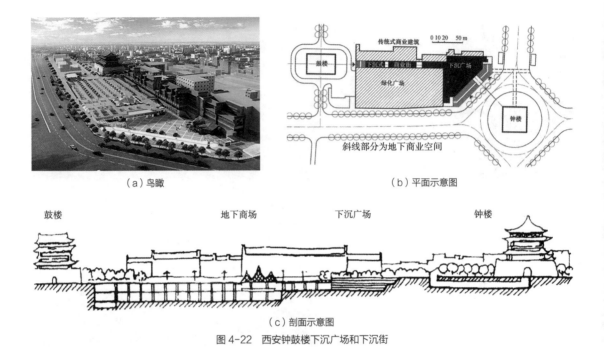

(a) 鸟瞰

(b) 平面示意图

(c) 剖面示意图

图 4-22　西安钟鼓楼下沉广场和下沉街

成庭院和下沉广场，分别为星星庭院、海洋庭院以及太阳广场。中部的太阳广场位于五层通高的半球形中庭空间的底部，是综合体中最主要的室外表演场所，成为整个地下基面系统的视觉焦点和公共活动集聚的核心（图 4-23）。入口引导型的下沉广场通常作为大规模的地下空间的入口。上海陆家嘴国金中心下沉广场，平面形态呈圆形。沿圆形下沉界面设有多个出入口。临街角一面的扇形大台阶是主要的出入口，并在东侧配有自动扶梯，连接地面与下沉广场，引导来自陆家嘴天桥以及地面人行道的人流。西侧预留了与地铁 14 号线站厅衔接的通道，为未来吸引地铁带来的大量人流。除了位于广场东南角的地下商业空间的主入口通道，环绕下沉广场的商店、银行、咖啡店等面向广场与商场均设有出入口，广场中央标志性的苹果店玻璃圆柱体则能更为有效地将人流引入地下商业空间（图 4-24）。美国纽约曼哈顿的洛克菲勒下沉广场在平面上处于洛克菲勒建筑群的中心位置，在空间上嵌入整个地下空间与步行网络之中，四周被高层建筑的地下空间环绕。广场的各个方向的界面都设有出入口，可直接进入周围的 11 幢高层建筑。同时也有地下公共通道将周边主要公共建筑彼此之间在地下联系起来。洛克菲勒下沉广场是这个街区最有活力的公共空间。在夏季，广场被餐厅、酒吧的外摆座位区占据，在冬天，市民在浇灌形成的冰场上运动嬉戏，给广场带来了强烈的活力（图 4-25、图 3-65）。

图 4-23　日本福冈运河城下沉庭院　　　　　　　图 4-24　上海国金中心下沉广场

（a）夏季休闲场景　　　　　　　　　　　（b）冬季溜冰场景

图 4-25　美国纽约曼哈顿洛克菲勒中心下沉广场

4.3.5　基面竖向连接

　　竖向连接节点是城市立体化系统的必要组成部分，通过设置竖向连接建立不同水平标高的基面之间的空间、功能关系，使之成为一个完整的城市立体化行为系统。作为城市公共空间和行为系统的有机组成部分，城市基面的竖向连接必须综合研究以下几个方面的问题：①城市基面承载的是城市性的活动，活动内容复杂，使用者数量大，因此不同层面之间相互连接和转换的强度上必须充分适应城市性活动的要求；②对于地下基面和空中基面而言，竖向连接要素还应当发挥吸引使用者从地面引入地下基面和空中基面，增加基面的可达性的作用；③在当代城市中，立体基面通常与建筑有紧密的联系，因此基面系统的连接借助城市化的建筑空间可以进一步增加城市功能和行为系统的整体性。

　　台阶和斜坡是城市立体基面系统中最为常见的连接要素。同建筑内部的楼梯和坡道不同，具有城市基面联系作用的台阶和斜坡除了在尺度上要满足大量城市步行活动的要求之外，本身还常常是公共空间的一部分。特别是那些连接多个标高基面的台阶和斜坡，汇集了多个方向人流，容纳了丰富多彩的公关活动。

　　台阶的特点在于它可以通过踢面和踏面尺度的变化，在通行的阶梯、停留平台和休憩的座位等各种功能之间自如的转换。例如意大利罗马的西班牙广场

图 4-26　意大利罗马西班牙大台阶　　　　　图 4-27　日本京都 JR 车站大台阶

大台阶，联系起了高差较大的两条街道，梯段宽度收放灵活，在梯段中插入了多个层次不一的活动平台，兼顾了逗留与交通行为，吸引了大量的市民和旅游者（图 4-26）。日本京都 JR 车站，台阶从地面一直延伸至屋顶，在四层及以上部分，台阶扩大并同位于不同标高的平台连接，组织了不同的主题或功能，并可以通向与之相连的各层建筑空间的入口，有效地组织了办公、购物、餐饮、酒店等不同人流。其宏大的尺度为大型城市公共活动提供了合适的场所，也使之成为城市的标志性场所之一（图 4-27）。

　　斜坡则是以倾斜的平面来实现不同基面之间的连接。斜坡的特点在于标高的过渡更为自然，尤其是当组织斜坡的空间比较宽裕的时候，坡度可以放得很缓，使用者在坡道上的行走体验与在水平面上更为接近，并具有开展各种公共活动的条件，甚至是残障人士也可以无障碍地活动。例如日本名古屋的"绿洲21"广场，以一个倾斜的城市绿地来连接久屋大通街道和爱之艺术剧场步行入口基面，将进入剧场的步行人流同斜坡之下的巴士车站和地面层的剧场车行空间分离（图 4-38）。上海人民广场与南京路商业街之间的下沉空间，采用一个近似扇形的缓坡连接地面和地下两个基面，最低处与三个地铁站的出入口处于同一基面，向西缓慢抬升至地面，以十分柔和的方式处理了东西向地势的高差，使人民广场地下空间与西侧地面广场之间形成了良好的连接关系（图 4-28）。由 B.I.G. 设计的 MÉCA 文化经济创意中心，以坡道的形式过渡滨河自然景观与城市环境，为法国波尔多市创造了一个连接滨河区域与新城区的充满艺术气息的公共空间。MÉCA 中心以东北面的跨河步行桥上桥点和东南面的商业街出入口作为联系点，紧贴建筑两侧长边引出坡道联系商业区和跨河桥，将公众直接引导至广场平台，使人们能够在城市与滨河区域之间便捷而自由地穿梭。坡道的顶部广场平台处于门框状建筑的灰空间之下，是绝佳的滨河观景平台，也可以作为画廊的室外展览空间，或是用于举办音乐会、戏剧表演等城市公共活动。坡道下方的底层大厅则扮演了"城市客厅"的角色，设有餐饮、社区服务等辅助功能（图 4-29）。

在面对复杂的多层基面时，往往通过贯穿多层的"城市中庭"来建立基面连接关系。它不但可以整合台阶、坡道、自动扶梯、电梯等各种竖向交通要素，强化不同层面的基面之间的行为连接，同时也有助于建立空间和视觉上的连续感觉。城市中庭通常处于城市综合体的核心位置或者交通枢纽站点，是组织与构成整个区域的枢纽与中介，也常作为该区域的公共活动中心以及共享空间。日本东京涩谷"未来之光"的中庭总高度达 40m，纵向上联系了地下 3 层的副都心线站厅到地上 4 层通向日本铁道涩谷站，横向上通过地上二层联系了从明治大道到青山大道的流线，中庭作为横纵流线的交点位置，实现了车站与城市的链接。同时城市中庭上部向城市敞开，与城市环境联系，相互交融（图 4-30）。

图 4-28　上海人民广场地铁站出入口坡道

图 4-29　法国波尔多 MÉCA 文化经济创意中心

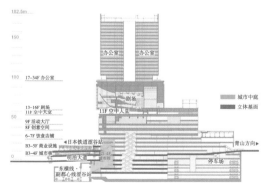

（a）中庭剖面示意图

（b）中庭内景

图 4-30　日本东京涩谷"未来之光"

4.4 城市立体基面建构

立体基面通过不同的组织方式形成城市立体基面系统，解决高密度城市环境中单一基面难以解决的复杂空间、功能和行为问题。传统城市规划与设计只有当起伏地形时被动地建设主体基面，现代城市设计实践主动地运用城市立体基面的建构，克服堤坝对城市亲水行为的阻碍、缝合被交通分离的城市空间、组织人车分流优化城市环境、实现与轨道站协同发展提高城市效率、充分利用土地资源等多方面目标。

4.4.1 以亲水为目的的立体基面建构

滨水空间的建设是当代城市建设中的重要部分，优良的滨水空间往往是一座城市当中最具活力与特色的区域之一。但自然水体一般都有防洪要求，需修建一定高度的堤坝防止洪水灾害。按防洪要求不同，堤坝高度低的高出相邻城市地面 1~2m，高的甚至可以达到 5~6m。堤坝在有效防洪的同时，也给人们的亲水行为带来了障碍，造成了滨水区域与其他区域的空间阻隔，降低了滨水空间的可达性。而在很多城市中，往往还会平行于堤坝建设等级较高的城市道路，进一步恶化了滨水空间的行为环境。

在城市规划建设控制中，倾向于采用蓝线等控制线在二维平面内对滨水区的各种建设行为进行控制，虽然保证了城市建设活动的秩序和效率，但是在一定程度上进一步加剧了堤坝造成的空间阻隔。而采用城市立体基面建构的方法则可以通过各要素的三维空间组织，减少堤坝对滨水空间的不利影响，连接滨水区域与城市网络，使滨水空间具有更高的可达性与亲水性。

1）扩大堤顶空间，组织亲水基面

当防洪堤坝明显高出城市基准面的时候，可以结合堤坝组织空中基面。在上海北外滩地区的沿江第一层面，防洪堤坝被扩大为整体抬高的滨水基面。在扩大的基面之上组合办公建筑群和绿化开放空间，基面下组织停车和商业等功能。在空中基面欣赏黄浦江和对岸的景色不受阻碍（图 4-31）。

在河南漯河市中心区城市设计中，对于防洪堤坝的处理也采取了类似的堤顶扩大的手段，结合河流两侧扩大的堤顶空间组织了商业、文化、休闲等功能，滨水空间成为吸引和集聚公共活动的"城市起居室"（图 4-32、图 1-31a）。

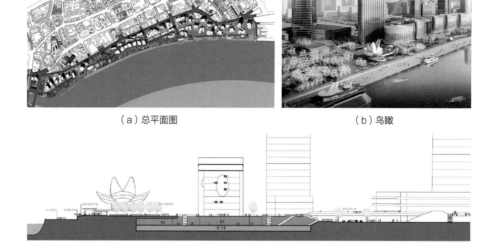

（a）总平面图 　　　　　　　　　　　　　（b）鸟瞰

（c）剖面示意图

图 4-31 上海北外滩城市设计（沿江第一层面街区）

2）连接城市与堤坝，扩展城市滨水基面

在杭州江河汇流区（钱江新城拓展区）城市设计中，组织了垂直于钱塘江、位于二层的空中步行基面，并同大型商业办公建筑整合在一起。步行基面跨越多条城市地面道路，连接钱塘江防洪堤坝的顶部和从运河伸入街区的自然山丘，一方面将人流引向滨水空间，增进市民公共活动的亲水性，另一方面也将滨水空间的人流导向街区内部的商业空间（图 4-33）。

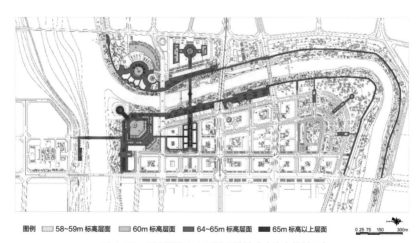

图例 □ 58~59m 标高层面 □ 60m 标高层面 ■ 64~65m 标高层面 ■ 65m 标高以上层面　　0 25 75 150 300m

图 4-32 河南漯河中心区城市设计（亲水立体基面）

4.4.2 以缝合城市空间为目的的立体基面建构

工业革命以来，由于技术的进步和城市发展的需要，交通运输方式不断革新，以铁路和高速公路为主体的交通网络是现代城市对外交通联系的骨干，它

（a）总平面图

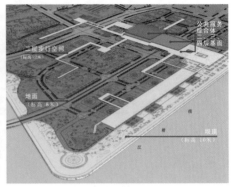
（b）多层步行基面

图 4-33 杭州江河汇流区城市设计

们在促进城市发展与进步的同时也给城市带来了一系列的问题。在工业化和城市化的早期，铁路和高速公路在规划时一般选址在城市边缘以减少对城市的干扰，但是由于城市的不断扩张逐渐将铁路与快速路包围，造成了这些线性要素横亘在城市之中，产生了对两侧城区的物理隔阂，割裂了城市空间和行为。这种割裂不仅会造成沿线地区缺乏活力，同时也会造成被割裂的各个区域之间联通不畅、发展不均，甚至造成城市孤岛的现象。

1）组织空中绿色基面，跨越城市交通缝合城市空间

西雅图奥林匹克雕塑公园作为空中基面缝合了城区和滨水区，它跨越了被铁路和公路割裂成三块的滨海工业用地。设计构建了一个新的"之"字形基面横跨铁路和公路，将展览空间、地形、景观整合，使被交通要素割裂的几个区域连接起来。新建基面呼应基地原有高差，形成了起伏的形态，同时产生了步移景异的游览体验（图 4-34）。

2）组织空中商业平台，整合铁路车站两侧城市空间

瑞士巴塞尔火车站就是利用车站改造的契机，被赋予了缝合城市空间的新角色。该火车站位于市中心的区位条件和交通建筑的固有属性，使之成为城市中公共性最强的建筑，聚集了大量的人流，具有巨大的商业潜力。因此，车站

（a）鸟瞰

（b）横跨铁路和公路的连接

图 4-34 美国西雅图雕塑公园

功能向复合化发展，成为整合交通、商业、办公、景观等功能的交通综合体和
城市中的重要公共活动场所，是车站改造的目标。车站并列布置在铁路旁边的
传统二维组织方式不但难以解决交通组织的复杂问题，还加剧了铁路站场对城
市的阻隔，不利于城市社会、经济的整体发展。巴塞尔火车站跨越铁路，组织
了一个空中基面，兼具了交通集散、空间缝合和公共空间营造的作用。新的火
车站保留了原有站厅，同时在铁路另一侧新增了一个站厅，利用横跨铁路公共
性较强的空中商业连廊将二者连接在一起。新火车站的公共区域成为连接城市
区域的新基面，它不仅仅是进入火车站台的交通空间，也是市民日常通行、购
物的场所（图 4-35）。

（a）鸟瞰　　　　　　　　　　　　　　（b）车站城市连廊

图 4-35　瑞士巴塞尔火车站

3）组织下沉基面，促进区域步行化和站城融合

郑州南站（原小李庄站）位于郑州市的西南位置。随着城市的发展，区域
已处在城区内，站城融合是项目的重要目标之一。城市设计采用大型 TOD 枢
纽的空间组织模式，将车站与周边 3km 范围的区域进行统一研究和设计。设计
充分结合地铁资源（规划 3 到 4 条线路），在地下一层组织公共枢纽大厅，分
别与车站候车大厅及站前下沉广场联系。步行流线从下沉广场出发，通过下沉
街向周边街区延伸，以达到车站和周边街区联系的完全步行化，促使车站区域
经济、社会和文化活动的整体发展。由地下一层的地铁枢纽站厅、下沉广场和
下沉街组成的地下基面，避开了地面繁杂的车行交通，使车站与两侧城区成为
一体化的城市行为环境（图 4-36）。

4.4.3　以人车分离为目的的立体基面建构

随着以车行为主体的城市规划产生的问题不断凸显，人们逐渐意识到良好
的城市交通系统运作需要城市车行系统与步行系统相互协调，城市步行系统的

（a）总平面图　　　　　　　　　　　　（b）立体交通系统

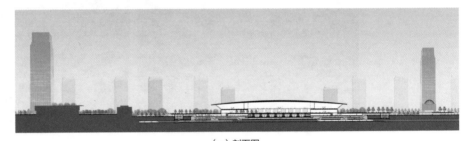

（c）剖面图

图 4-36　郑州小李庄客运站地区城市设计

组织已经成为城市设计的重要内容。然而在二维平面解决人车矛盾有一定的局限性，特别是在人车流量大的中心区域和一些对步行系统完整性有较高要求的公共空间，往往就需要通过多层基面将步行交通与机动车交通分离，保证慢行系统的系统性和安全舒适的慢行体验。

1）组织社区空中步行网络，促成城市中心人车分流

巴比坎项目是位于英国伦敦泰晤士河北岸的混合功能居住街区，占地面积15.2hm²，人口密度达 570 人 /hm²。它的南侧和西侧紧邻城市主要道路，同时也是多条地铁的交汇处。片区内包含住宅公寓、学校、音乐厅、影院、美术馆商店等功能，因片区内功能复合，人口密度高，车行与人行矛盾较大，因此将车行系统和步行系统完全分开，地面层为车行道和停车场，在地面之上建二层步行大平台，并结合建筑组织步行网络，创造了约 4.8hm² 的不受机动车干扰的公共活动空间。围绕一系列空中广场布置住宅、商店、艺术中心等不同功能，供建筑组团内部居民交往活动，同丰富的庭院景观一道创造了舒适和愉快的社区环境（图 4-37）。

（a）鸟瞰

（b）步行网络连接

（c）二层平台与地面关系

（d）二层步行平台

图 4-37 英国伦敦巴比坎中心

2）组织空中街道基面，营造地面亲水步行环境

20 世纪 80 代开始策划，由美国 SOM 公司主持城市设计，在 1990 年代实施建设的英国伦敦金丝雀码头金融区，是通过立体基面连接高密度区域建筑群体的标志性案例。它位于伦敦东侧的原码头区，占地约 35hm²，综合组织地铁、轻轨、车行、步行等系统，为了充分利用和发扬码头区特色的水系环境资源，保证地面层处的亲水性和可步行性，设计创造性地将核心区主街道安排在二层平台上。也就是在一层裙房的屋顶上布置街道，形成车行道和人行道并置的空中街道基面，建筑入口均设置在空中街道上（图 0-62、图 4-10）。

3）组织多层步行基面，创造不被机动车干扰的步行体验

多层基面系统也常用于保证城市公共空间的连续性与系统性，使其不受地面车流的分隔。当公共空间占地面积较大，横跨几个街区时，如大型城市公园、城市景观轴线等，常采用多层基面将各个地块相连，以构建公共空间内完整的慢行系统。基面本身也是公共空间系统的重要组成部分，因此在组织立体基面时不仅要考虑到它的连接作用，也应使其发挥承载公共活动的作用，通过景观元素及休憩空间的设计让基面本身成为具有良好空间品质的线性公共空间。

日本名古屋久屋大通公园与"荣"公园区域是多层基面实现城市步行体验

（a）鸟瞰　　　　　　　　　　　　（b）大通公园与地下街相连的下沉广场

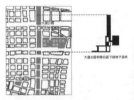

（c）总平面图　　　　　　　　　　（d）"荣"公园内下沉广场剖面

（e）"荣"公园鸟瞰　　　　　　　　（f）"荣"公园下沉广场

图 4-38　日本名古屋久屋大通公园与荣广场组合多层基面

的一个佳例，大通公园宽 100m，长 2000m，横跨多个街区。公园地下建地下街，地下、地面通过公园的下沉广场联系。大通公园东侧的"荣"公园，则是一倾斜的城市基面和下沉广场，倾斜基面向西面对公园，向东跨路与二层的爱知艺术剧场基面连接，下沉广场与地下街联通，使地区形成地下、地面和空中立体基面的步行环境，创造了丰富、宜人的步行体验（图 4-38）。

4.4.4　以轨道交通站点协同发展为目的的立体基面建构

城市轨道交通是城市发展的催化剂，一方面地铁、轻轨等城市轨道交通作为公共交通系统的重要组成部分，方便人们出行的同时也提高了城市运行效率；另一方面随着 TOD 开发模式的兴起，轨道交通为其周边，特别是车站附近区域带来了巨大的发展动力，给市民的出行、购物、休闲、交往等行为带来极大的便利。结合城市地下或者空中轨道交通站点组织的多层基面系统，有助于整合周边城市空间资源,组织有序、高效的行为系统,促进车站与城市的联合发展,能够充分发挥轨道交通带来的发展价值。

1)围绕地铁站,协同建构地下步行基面

地下基面的策略是通过在地铁站周边区域构建地下步行网络,将地铁站、地下街、建筑地下室等城市地下空间连接起来,形成地下公共空间系统,扩大地铁站的影响范围,使车站与周边区域紧密联系,人们进入地下商业空间和往来地铁站更为便捷。

上海静安寺地区处在多条地铁线路的交汇处。20 世纪 90 年代,在轨道交通 2 号线建设时,由于车站(静安寺站)由区政府出资,城市设计在规划部门的支持下,将车站建设同周边开发相结合,推进地下空间一体化研究,构建地下步行基面,将车站周边的静安公园、久光百货、锐欧百货等主要城市公共空间和商业建筑的地下部分连接起来,并且结合轨道交通 7 号线站进一步扩大地下网络的覆盖范围,同时利用下沉广场将地铁站入口、城市广场、城市绿地等整合在一起,使整个区域形成一个整体性的地下活力空间系统(图 4-39)。

2)整合地铁、轻轨、火车站,建构立体步行基面

日本东京汐留地区是城市的副中心,也是东京开发强度最高的区域之一。该地区地铁、轻轨、火车站等地下、地面、空中轨道交通要素集中。与单一要素的轨道交通站相比,这类城市空间节点的人流量更大,交通行为更加复杂,因此城市设计采用地下—地面—空中复合立体基面的组织策略。结合位于不同标高的车站建构立体步行系统,促进功能和行为的组织。

汐留地区复合立体基面系统,包括地下二层步行街、地下广场和庭院,空中二层和三层步行通道,同时还建设了联系地面、地下和空中步行系统的城市中

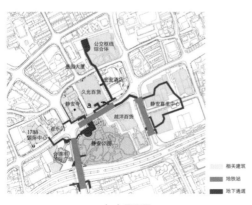

（a）平面图

（b）下沉广场鸟瞰

图 4-39　上海静安寺地区地下步行基面系统

（a）平面示意图

（b）空中基面

（c）地下庭院

图 4-40　日本东京汐留地区立体基面

庭，立体基面形成立体公共空间网络，使这个高密度开发建设的地区非但没有拥挤感，反而还给市民和旅游者提供了舒适的环境和有趣的城市体验（图 4-40）。

4.4.5　以土地资源立体化利用为目的的立体基面建构

土地资源充分利用是城市规划与设计的重要目标；如何运用立体基面构建实现土地资源充分利用是城市设计探索的重要课题。

1）利用铁路线上部空间，建构城市区域空中基面

荷兰阿姆斯特丹的 Sloterdijk 片区位于铁路、轻轨、城市快速路的交汇处。面对被交通线路割裂的用地，该片区将一个抬高至地面二层、长约 400m、宽度超过 100m 的空中平台作为基面，跨越铁路，与城市快速路相连。整个基面上布置了居住、酒店、商业、办公等功能，以及广场、公园等城市开放空间，是一个凌驾于地面之上的完整城市街区。它不仅消除了铁路造成的两侧城市空间的割裂，同时充分利用了交通线路上部的空间资源，整合了区域环境，营造了新的城市活力片区（图 4-41）。

2）结合城市综合体，建构多层次城市基面

城市综合体是指商业、文化、商务、交通等功能混合，建筑空间与城市空间交叉、融合的大尺度城市单元。它是当代紧凑城市发展中功能混合、要素集聚、

（a）鸟瞰

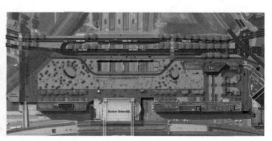
（b）街区平面

图 4-41　荷兰阿姆斯特丹 Sloterdijk 片区

高强度高密度、有机立体发展模式的典型代表。城市综合体对土地资源的立体使用为建构立体基面创造了条件。

日本东京六本木山城就是一座由群组建筑构成的城市综合体，包含居住、办公、商业、文化、娱乐等复合功能，总建筑面积达 75 万 m^2。六本木项目的"垂直花园城"概念，就是在十余米高差的条件下利用多层立体公共基面组织城市空间。该项目以"森"大厦为核心，依托分布在不同标高的空中平台与建筑屋顶，通过连廊、庭院、大台阶等要素连接起来，建立起了富有层次的立体公共空间系统和空中步道立体网络，在三个城市地块内形成了一个富于变化的连续城市活动流线，在整合各个单体建筑的同时也创造丰富的城市公共空间（图 4-42、图 1-20）。

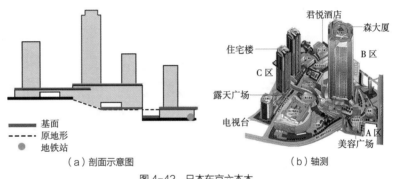

图 4-42　日本东京六本木

朗豪坊位于香港旺角砵兰街，由美国捷得建筑师事务所设计，于 2004 年落成，总建筑面积 16.7 万 m^2。朗豪坊是一座大型城市综合体，包含了零售商业、餐饮、文化、办公、酒店等功能。地上三层作为开放的城市基面与 60m 通高的巨型中庭整合，多个扶梯保证了不同标高城市基面的良好可达性，巨型雕塑和超长扶梯创造了震撼人心的视觉体验、玻璃天幕使得中庭可以实现自然采光，为人营造了开放共享的宜人空间。商业部分则通过一个以"岩石峡谷"为主题的中庭，采用螺旋坡道将位于三层的城市基面上下商业空间串联起来。在综合十一层屋顶设置了一个空中的庭院，在超高密度的城市环境中创造了一个"城市绿洲"。朗豪坊地下层和地铁旺角站直接接驳，地面层设置了巴士站及不同地面标高的人行入口，从而与城市紧密衔接（图 4-43）。

4.4.6　以适应山地地形为目的的立体基面建构

起伏地形在城市中经常出现，特别是山地城市高程复杂多变，会对空间组织造成约束，带来用地局促、城市空间连通性差等问题。通过有序的基面安排

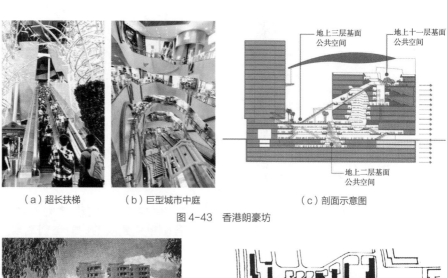

（a）超长扶梯　　（b）巨型城市中庭　　（c）剖面示意图

图 4-43　香港朗豪坊

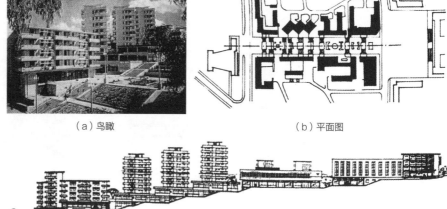

（a）鸟瞰　　　　　　　　　　（b）平面图

（c）剖面示意图

图 4-44　四川攀枝花炳草岗大梯道商业街

城市要素，组织功能和空间，不仅对原始地貌的破坏较小，体现对于自然生态环境的尊重，同时还能形成起伏地形带给城市的空间环境特色。

1）适应倾斜地形建构倾斜基面

倾斜基面通过斜坡、台阶等标高连续变化的基面连接山地城市中标高不同的建设层面，以保证城市空间的连续性。倾斜基面除了空间联系之外，也能承载一定的城市公共活动，体现出基面作为公共空间的特征。

四川攀枝花市中心的炳草岗大梯道商业街位于金沙江北侧的坡地上，以全长约 256m 的大台阶为主干空间，既连接了两侧的许多商业建筑，又解决了从新华街到人民街之间约 27m 的高差。为了获得符合商业气氛的空间效果，大梯道还结合踏步组织平台，设置建筑小品，以吸引人们停留、休息（图 4-44）。

2）适应倾斜地形跨越车行道建构 CBD 倾斜步行基面

重庆涪陵区中央商务区位于涪陵老城区、长江与乌江的交叉口。场地临江部分呈尖嘴状向江面突出。从江滨到涪陵传统商业中心南门山的水平距离接近800m，标高差约40m。滨江路、中山路和人民路三条道路穿过场地。城市设计方案组织的倾斜步行基面从滨江堤顶开始，跨越3条城市道路，形成了连接滨水空间和腹地的步行连接。步行基面内组织了广场、大台阶等空间要素和商业功能，并向周边地块扩展为网络化的立体系统，整合了复杂的城市功能和多种多样的城市公共空间（图4-45）。

3）适应陡峭地形建构建筑群集聚的倾斜基面

重庆洪崖洞是在用地局促条件下，应用倾斜基面消解高差的案例。它在不到50m进深的基地内解决了有48.5m高差的城市空间连接问题。该项目将多层基面与一栋11层的建筑相结合，通过分层筑台、吊脚、错叠、临崖等手法，在建筑的一、四、五、九、十、十一层设置活动平台、步行街、广场等活动基面，将巨大的高差分解成多段，并采用各种台阶、扶梯等手段，通过城市公共活动空间有机地将沧白路和嘉滨路之间的城市街区相连。餐饮、娱乐、休闲、保健、酒店和特色文化购物等业态被有机整合在一起，形成了别具一格的"立体式空中步行街"风貌，吸引了大量市民和旅游者，提升了整个区域的活力（图4-46）。

（a）总体鸟瞰

（b）城市设计模型

图4-45　重庆涪陵中央商务区

（a）鸟瞰

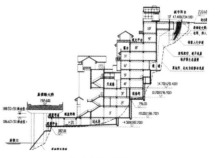
（b）剖面示意图

图4-46　重庆洪崖洞商业街区

城市形态结构塑造

5

　　城市设计的本质是依从人的行为需求和城市发展目标，整体地组织安排不同城市要素以达到最佳效果，塑造人本、活力、高效、特色的环境。

　　在当代城市建设实践中，对城市形态还存在一些误读。一方面，追求宽阔的道路、宏大的广场、英雄主义式的单体建筑和天际线等单一要素的形式，常常以上帝视角替代常人视角来简单地判断和决定城市形态，缺乏对人的行为活动与形态要素组织间互动关系的关注和回应；另一方面，缺失内在关联的模式化形态布局，以及在城市层面下夸大个体建筑体量和缺失人本尺度的组织模式，难以产生一种形态逻辑来塑造可感知、可识别、可意象的"地方特征"。

　　城市设计需要结合经济、政治、文化和环境等方面的特点和需求，通过研究人与空间形态的互动关系，创造性地构建城市形态要素的布局和组织关系，来实现"源自对地方性格的尊重而产生的内聚力"。

5.1 城市形态和结构

5.1.1 概念和辨析

1）城市形态

　　凯文·林奇和库德斯认为，城市形态是由城市实体环境构成的聚居形态，包括了建筑、街道、地形等物质构成和使用它们的活动方式及其呈现的空间结构和形式，城市形态可分为有形（显性、物质的）形态和无形（隐形、非物质的）形态两部分：前者主要包括城市区域分布形式、城市用地的几何形态、城市内各种功能地域分异格局，以及城市建筑空间组织和面貌等；后者指城市的社会、文化等无形要素的空间分布形式及特性如氛围、多样性等。

　　对城市形态的研究有多个维度的视角，较多的研究因循了城市形态学的脉络，通过分析演变和进化的历史经验，解释城市有形形态的形成、生长和衰败与社会、经济、文化等无形形态之间的相互作用，并尝试预测城市未来发展；也有部分研究侧重在城市形态与人们的感知、活动和城市运行间的关系，凯文林奇提出了五方面形态要素构成的认知意象，并强调"好的城市形态应该从人们有目的的行为及其伴随的想象和感受入手"，来指导城市的塑形过程，培根在《城市设计》中提出依据活动（功能）和认知（意象）来建立不同有形要素之间的关联，塑造有地域感的城市形态 ①。

2）结构

结构通常指事物中各组成要素组合、排列的方式，系统论学者波恩（Bourne）对城市形态与结构的关系提出了较为清晰的阐释，他认为城市形态是指城市各要素（包括物质要素和经济活动等非物质要素）的空间分布模式 ②，这些要素之间由于人的行为存在相互作用，使得城市功能得以运转（图5-1）。

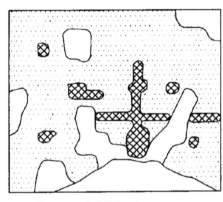 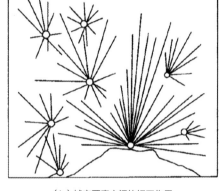

（a）城市形态　　　　　　　　　　　　（b）城市要素之间的相互作用

图 5-1　城市形态与结构的关系

在城市规划和设计方案中，经常用"空间结构""功能结构"等表达设计区域的总体框架概念，例如，深圳整体城市设计的空间结构表达了带型城市沿干道深南大道形成组团式的开发片区；嘉兴中心区城市设计的总体空间结构呈现了十字轴和多个空间节点的保护更新格局；上海南京东路商业步行街详细规划中的功能结构展示了（机动和步行）动线骨架和功能片区的关系，也加入了重要空间节点（红色）的界定；上海世博会最佳实验区城市设计中的功能结构呈现了"一轴、两核、九组团"的功能 – 空间布局（图5-2）。可见，在不同尺度下，"空间结构"是对现有和待发展区域在空间布局上进行抽象概括而成的组织框架，"功能结构"则是将功能发展片区、空间区位以及主要交通动线进行综合性的概括，两者都常用"轴、核、带、组团、片区、节点"等形态关键词对"结构"进行抽象凝练，形成简洁概要的专业化表述。

虽然在设计过程中，空间、功能和形态在"结构"层面上的推敲是互动的，

---

① E.D 培根等 . 城市设计 [M]. 黄富厢，朱琪，译 . 北京：中国建筑工业出版社，1989：2.
② Bourne L S. Internal structure of the city: readings on urban form, growth, and policy[J]. Historian, 1982, 26（1）: 1–18.

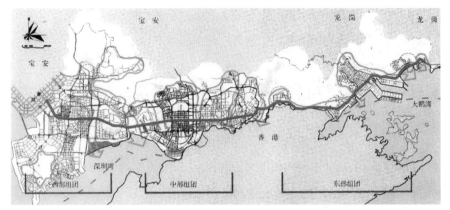

（a）深圳整体城市设计中的城市空间结构

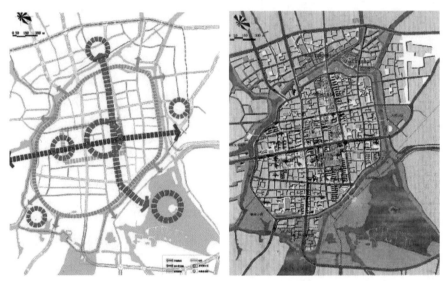

（b）嘉兴城市设计中的总体空间结构和城市设计总图

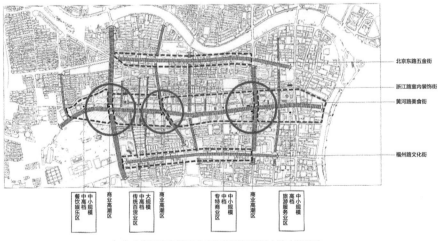

（c）上海南京东路商业步行街详细规划中的功能结构

图 5-2　空间结构和功能结构（一）

（d）上海世博会最佳实验区详细规划的功能结构和鸟瞰图

图 5-2　空间结构和功能结构（二）

但"空间结构、功能结构"等更偏重在较大的尺度和抽象的描述，而本章要谈及的"城市形态结构"则更多是在规划结构的基础上，对具体的三维城市发展形态进行形式和意象上的描述，并较多在中微观的尺度上展开，其中也包括二维的空间结构。

3）城市形态结构

城市形态结构是指在一定的空间范围内，城市物质构成要素在分布和组织上的整体形态关系及其认知特征。

凯文·林奇在城市意象中提及"任何意象（Image）都由自明性（Legibility，又译为易读性 / 可识别性）、结构（Structure）和意义（Meaning）三部分构成，结构是其中重要因素"[1]。现代主义之前，作为地标的建（构）筑物与大量尺度类似、形式协调的城市建筑组合起来，构建了城市总图式的形态结构，当现代建造技术和组织机制得到充分发展，特别是高层建筑和突破传统类型建筑形态的出现使得平面化的城市总图形态已难以表述"组织结构"的自明性，本书提出的"城市形态结构"就是将形态要素的组织作为一个整体，构建一个当代建设语境下清晰明确的"整体形态框架"，让城市塑形过程更易于理解、决策和形成城市意象。

有别于"空间结构""功能结构"等的二维抽象表述，"形态结构"是指在一定的空间范围内，城市物质构成要素在分布和组织上的整体形态关系及其被感知的组织特征。这里的城市形态强调了具体的建筑、地块、街道、公共空间、

---

① 凯文·林奇.城市意象 [M].方益萍，等译.北京：华夏出版社，2001.

市政设施和景观等要素通过城市设计组织所表现出的三维形态，是反映内在行为活动和城市机能作用下的外在形式，因而，"要素 – 关系 – 特征"是描述、分析、比较和评价形态结构的重要方法，而"可识别性 / 可意象性"则是解读具体城市形态结构的关键内容之一。

5.1.2　不同尺度层级的城市形态结构

对于城市形态及其结构的认识可以呈现在宏观、中观和微观三类不同层级的尺度。宏观的尺度往往是整个城市，一般都是几十平方公里甚至更大的范围，中观尺度通常是城市的局部区域或某个地区，往往是几平方公里至几十平方公里的范围，而微观尺度则是城市的某个特定片区或街坊群，一般都在几十公顷至几平方公里的范围。尺度的差别导致关注的内容和方法相差甚远，通常人们对宏观尺度下的形态认知能力是受限的，本章的研究和实践主要在中微观尺度下开展。

1）宏观尺度下的城市形态结构

宏观尺度下的城市形态通常是地理学和城市规划学主要的研究对象，关注城市空间形态发展、城市二维形状、城市中心布局、城市集聚（人口 / 经济 / 社会阶层等）状况、城市与周边（乡村）关系等内容[①]。其形态结构研究更关注城市外部轮廓的二维形状特征和不同功能区之间的布局关系，侧重抽象的城市结构，如道路、土地利用和社会人口经济分布的组织关系，其中道路网络与城市用地二维形态的关系通常作为宏观层面不同城市形态结构类型划分的依据，这一尺度下的具体物质形态无足轻重（图 5-3、图 5-4）。

2）中观尺度下的城市形态结构

中观尺度下的城市形态是城市规划和城市设计主要的研究对象，内容包括城市构成要素、用地布局、道路组织等，并涉及土地利用的强度密度分布及其三维形态（包括市中心等集聚区布局）[②]。在中观尺度下，由空间和实体（街坊）

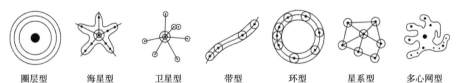

圈层型　　海星型　　卫星型　　带型　　环型　　星系型　　多心网型

图 5-3　宏观尺度下的城市形态结构类型

---

① 中国城市规划设计研究院 . 城市规划资料集：城市设计 [M]. 北京：中国建筑工业出版社，2005：19-20.
② 中国城市规划设计研究院 . 城市规划资料集：城市设计 [M]. 北京：中国建筑工业出版社，2005：93.

（a）大伦敦圈层发展形态（1951）　　（b）哥本哈根指状发展形态　　（c）大巴黎轴向发展形态

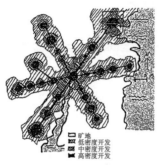

（d）华盛顿市多轴发展形态　　（e）华盛顿沿波托马克河单向发展形态

图 5-4　宏观尺度下的城市形态结构类型案例

组成了框架性的三维城市形态，并通过边界、路网、轴线、中心、节点、体量分布等呈现了可认知的结构性骨架（图 5-5、图 5-6）。

3）微观尺度下的城市形态结构

微观尺度下的城市形态是城市设计重点研究对象，主要关注具体的空间和实体要素组合关系、公共空间形态和建筑体量分布，以及作为公共活动容器的精细空间形态，如基于地形的步行基面三维状况等。微观尺度下的形态结构最易于形成市民对城市的认知和意象，可以理解为三维的城市肌理，它不仅体现人们的视觉形态，还能体现人们的活动形态。在这个尺度下，通过大量的城市设计方案和建成案例分析，"街道网格、公共空间、地标物、建筑群、活动基面、城市轴线、自然要素"等是主导城市形态形成认知的关键（图 5-7、图 5-8）。

中观和微观尺度下城市形态框架的认知构成了本章节关于"形态结构"讨论的核心。

放射型　　　　　方格型　　　　　自然型　　　　　图案型　　　　　轴线型

图 5-5　中观尺度下的城市形态结构类型

（a）阿姆斯特丹老城（荷兰）

（b）芝加哥卢浦区（美国）

（c）威尼斯（意大利）

（d）帕尔曼诺伐城 Palamnova（意大利）

图 5-6　中观尺度下的城市形态结构案例

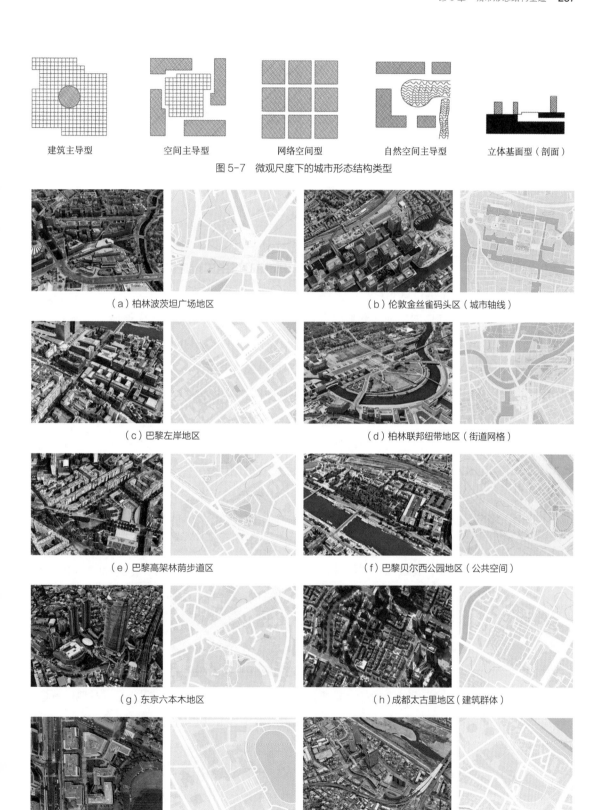

建筑主导型　　　空间主导型　　　网络空间型　　　自然空间主导型　　　立体基面型（剖面）

图 5-7　微观尺度下的城市形态结构类型

（a）柏林波茨坦广场地区　　　　　　　　　　（b）伦敦金丝雀码头区（城市轴线）

（c）巴黎左岸地区　　　　　　　　　　（d）柏林联邦纽带地区（街道网格）

（e）巴黎高架林荫步道区　　　　　　　　　　（f）巴黎贝尔西公园地区（公共空间）

（g）东京六本木地区　　　　　　　　　　（h）成都太古里地区（建筑群体）

（i）上海五角场创智天地地区　　　　　　　　　　（j）东京二子玉川车站地区（立体地面）

图 5-8　微观尺度下的城市形态结构案例（一）

（k）圣安东尼奥市河滨街区　　　　　　　　　（l）罗马西班牙大台阶广场区（河道和地形－自然要素）

图 5-8　微观尺度下的城市形态结构案例（二）

5.1.3　建立"形态结构"的意义

1）完善空间秩序，提高城市长期建设中塑造形态的结构逻辑力，从而提升城市的可认知性。

秩序即"独立元素间有意义的总体关系"（格哈德·库德斯，1995），当实体与空间之间的组织关系产生秩序感时，人在城市中将获得易于认知的空间感受。吉布森（Gibson，1973）通过研究人类五个感知系统的特性，验证了实际生活中人对空间秩序、围合感等的需求。林奇在《城市意象》中也指出人脑所具有的适应性使得人更容易理解和记忆相互关联的事物。城市要素的形态组织秩序有助于人们更清晰、更易于形成对建成环境的认知，通过对这些原本彼此分离要素的组织理序会令人产生环境的整体感。

埃蒙德.N.培根在《城市设计》一书中所说："观念影响结构，结构产生观念，交替作用以至无穷"，城市物质性表层结构通过控制不同的要素，并通过观念和感受建立了设计者与观察者之间的关系。形态－结构的塑造强化了要素之间的关联性、整体性，更便于人们感知形态背后的逻辑与特性，正如格里尔（Giere，1985）指出的那样，"我们的大脑能在几秒内抓住空间秩序的特征，而不需要有意识的思考。这种能力叫作直接感知"，这种阅读城市的天性使得形态结构本身更具实际意义。

2）突破固化的形态模式，彰显和传递符合设计理念和目标的形态特征。

城市设计者的一个重要任务就是为城市打造独特的名片，通过对地域特色、环境资源、要素关系的研究，创造出基于地方特色的空间结构和形态，塑造城市的性格。城市形态结构的目标就是塑造一个有地域特征、秩序清晰和认知鲜明的形态组织框架。美国建筑学家伊利尔·沙里宁曾说"城市是一本打开的书，从中可以看到它的抱负。让我看看你的城市，我就能说出这个城市居民在文化上追求的是什么。"城市的形态和空间源于设计的理念，同时，它也是一种无声的语言，阐述着城市的文化追求和精神观念。

　　城市建设是个漫长过程，要经历时代的更新和需求的变化，局部的项目建设会发生多种改变的可能性，避免固化的形态模式，在城市设计塑造形态的过程中，创建清晰的塑形逻辑和形态结构，达成共识性的城市意象特征，来指导城市整体形态的不断成型，有利于城市形态在形成和漫长变化过程中始终保持和凸显某种认知上的特色，这也是研究和构建"城市形态结构"的意义所在。

5.2　城市形态结构要素

5.2.1　城市形态的要素组成

　　城市形态是由城市中的实体和空间两类物质要素组成，承载了非物质的社会形态等，其形成是一个社会、经济、文化相互作用的复杂过程。对城市形态的物质性分析，既包括由骨干路网、开放空间、地形、地标等构成的城市格局（Framework），也包括由街道、街坊、地块、建筑和公共空间等构架的肌理（Fabric/tissue）；城市形态的组织特别强调上述要素之间的关联、构造和生成逻辑，以及背后的社会、经济、文化等因素的影响。此种解析不仅是后续场所营造（将不同要素有特点地组合成为有意义的地方）的基础，也应成为城市形态发展和修补的依据。

　　城市形态的具体物质构成要素很多，可以归纳成四类：实体要素、空间要素、自然要素和历史遗存的人工要素，它们以复杂的组织形成整体。

1）实体要素

　　实体要素包含：**建筑物、构筑物、市政工程物（如桥梁、道路、天桥、堤坝和风井等）、城市雕塑**等，实体要素一般都是独立设置，也可以结合设置，需要考虑周围的空间要素形成空间秩序；在城市设计关注的重要领域，实体要素可以和其他要素结合起来形成整体的环境（图 5-9）。

2）空间要素

　　空间要素包含：**街道、广场、公园、绿地**等，随着建造能力的发展，今天的空间要素还拓展到地下、地上、室内等开放的空间区域。空间要素常常要由

（a）布拉格市中心的建筑群

（b）伦敦跨泰晤士河的桥梁和轻轨站

（c）芝加哥千禧公园中的云门雕塑

（d）巴黎埃菲尔铁塔

图 5-9   实体要素

实体要素围合、限定而产生空间品质，也会以建筑、喷泉、纪念碑等要素形成中心，空间要素是公共活动最密切发生地，与自然要素和既有人工要素关系紧密，是日常生活、城市事件和场所精神的重要承载（图 5-10）。

3）自然要素

自然要素包含**自然地形地貌以及城市中的河流、小溪、山体、坡地、林带、湿地**等自然物。在高度发达的城市集聚区，自然要素往往是人们最喜爱的生活相伴（亲自然性），也是可持续城市发展理念的重要构成。因此，尽可能地保留自然要素的痕迹，与城市实体、空间要素结合，是城市设计的重要法则（图 5-11）。

4）历史遗存的人工要素

历史遗存的人工要素是指留存下来的有价值的历史文化遗产，包含**风貌保护区、历史建筑、工业遗存、文化遗址和有集体记忆的老建筑、构筑物和空间场所**等，这些人工要素的内容比较多样，范围有大有小，其基本状况参差不一。作为城市文化的承续，尽可能将这些形态要素保留、培育和再利用，纳入到当下的城市生活中来，使其仍然发挥特有的价值（图 5-12）。

（a）伦敦特拉法加广场

（b）纽约布莱恩公园

（c）巴黎市场街

（d）伦敦金丝雀码头绿地

图 5-10　空间要素

（a）巴黎外环的 Vincent 绿地

（b）首尔的清溪川水体

图 5-11　自然要素

（a）巴黎的高架铁路桥遗址

（b）香港 1881 遗产地

图 5-12　历史遗存的人工要素

5.2.2 城市形态的结构性要素

城市形态的结构性要素，是指城市形态结构中起着骨架作用的构成要素，也是构建城市整体形态的组成要素，不同于一般的城市形态要素，它（们）具有以下特征：①通常具有鲜明城市意象的作用；②在城市发展过程中具有不变性的结构作用，这些要素应反映在我国的控制性详细规划实践中。

通过观察前文所述的四个典型城市形态发展阶段——"关注平面布局形态和平面轮廓形态"的平面形态发展期、重视城市视觉审美艺术性而"关注空间景观特征"的空间形态发展期、随着高层建设兴起而"关注城市的高度及集聚形态发展变化"的竖向形态发展期以及由人类建设领域拓展而更"关注城市活动基面从地平面向立体发展"的地表形态发展期（图5-13）的形态特征，以及在对中微观尺度下大量当代城市设计案例解析的基础上，我们将结构性要素加以梳理归纳为"**自然元、街道网格、城市轴、地标物、公共开敞空间、建筑组群、立体地面**"七类，其构建的形态结构主导着城市形态的逐步发展。

这里提出的"形态结构"，可以体现在中小规模城市的总体形态特征上，比如美国华盛顿特区，而在当代城市规模不断扩大的情况下，形态结构更多体现在城市的局部地区，如日本东京二子玉川车站地区。但并非每个城市总体和

（a）卢卡老城

（b）威尼斯圣马克广场片区

（c）芝加哥中心区

（d）东京二子玉川车站区

图5-13 四个城市形态发展期

局部地区都会具有明确而显化的形态结构，越是复杂的城市，形态结构互相拼贴的历史痕迹越加明显，因此，形态结构更可能在局部的城市地区或局部城市设计中显现。

形态结构不是判定"好城市"或"好的城市设计"的唯一标准，梳理"形态结构"的目的在于，解析和提炼城市设计中基于认知的设计骨架，形成长期指导城市发展的共识，使城市形态塑造过程中的组织逻辑得以清晰而持续地展开，更利于塑造"可意象性"而具有共同认知感的城市。

1）自然元

自然元是地域中具有突出特征或高价值资源属性的自然要素，可以是富有特征的地形地貌，也可能是作为自然资源的河流、小溪、山体、坡地、林带、湿地等，尽可能地保留自然元的痕迹，与人造环境相结合，产生一种地方性的形态逻辑和意象性。葡萄牙里斯本在显著特点的山地地形中利用平坦地和山谷形成广场和主街来控制城市生长，整个城市分布在 7 个小山丘，高低错落有致；美国圣安东尼奥市沿约 4.5km 长的圣安东尼奥河畔展开，主要建筑都坐落在低于城市街道层面的河谷地带，河滨成为组织城市形态最有魅力的一条公共纽带（图 5-14）。

2）街道网格

自古以来，街道网格一直对城市形态的产生起着了决定性作用，在我国考工记中所描述的"九经九纬"方格路网以及阿姆斯特丹街河相伴的发散型街道网格都实证了这样一种城市发展所依托的形态结构性。在当代的规划建设中，尽管方格路网被大量采用，但作为承载城市人流车流等多样运动的街道网格仍然是组织城市形态的基本骨骼。在巴黎左岸地区的城市设计中，为缝合铁路造成的城市割裂，通过连接塞纳河和位于高地的既有街道来缝合街道网格，实现了铁路上方的形态修复和意象塑造（图 5-15）。

（a）里斯本的起伏地形　　　　　　（b）圣安东尼奥市中心的河道

图 5-14　自然元

（a）阿姆斯特丹的放射网格

（b）巴黎左岸项目的街道网格修复

图 5-15　街道网格

3）城市轴

城市轴往往是组织城市形态秩序的最常用骨架手段，通过"道路轴"如上海的世纪大道、巴黎的香榭丽舍林荫大道、凡尔赛宫前的三轴汇聚，"景观轴"如华盛顿的轴线绿地，"功能轴"如伦敦金丝雀码头区和堪培拉中心区（图 5-16），形成仪式性形态秩序。城市轴大量体现为几何直线，也有在不少具有场地特征的城市，有机地利用地形地貌来组织有机的城市轴，也产生了富有地方特色的城市形态。例如，英国爱丁堡老城中利用坡地的高区和低区组织的道路轴和公园轴、伦敦摄政街通过多个节点形成方向转换的城市轴、法国南特（Nantes）

（a）凡尔赛

（b）巴黎

（c）华盛顿

（d）堪培拉

图 5-16　宏伟秩序的城市轴

（a）爱丁堡老城　　　　　　　　　　　　　　（b）南特 50 人质大街

图 5-17　有机形态的城市轴

通过填埋老城河道形成曲线形的 50 人质大街城市轴等（图 5-17）。

4）地标物

城市形态组织和认知中，地标物——重要的建筑或市政构筑物（如巴黎埃菲尔铁塔）往往成为整个城市或片区的核心，是关键的结构要素。在过去，欧洲城市的教堂钟楼尖塔和中国城市的风水塔、钟楼、鼓楼、城门等要素一样，成为城市的地标；当代城市中，重要的公共建筑和具有特定意义的建（构）筑物，也起到了确定形态秩序和空间定位的作用。例如，香港的 IFC 国际金融中心大厦和 ICC 国际商业中心大厦，通过突破太平山的高度限制，成为维港的地标；上海的三幢超高层和东方明珠电视塔，共同构成了上海城市形态的定位点。地标物，常常体现为超乎寻常的建筑高度或体量，而有时一处特别的建筑和构筑物也能成为地标来组织城市形态。西班牙毕尔鲍鄂（Bilbao）的古根海姆艺术博物馆，俨然成为河滨地区和城市多个街道的端景和对景；塞维利亚（Sevilla）市中心菜市场广场上的蛇形构筑物——都市阳伞，已经成为市民和旅游者心目中的标志和定位点（图 5-18）。在城市形态组织中，地标物可以分为城市级、地区级和地段级等，满足人们日常生活中的认知和体验需求，也成为城市形态秩序层级中的标识体系。

5）公共开敞空间

以公园和广场为主的公共开敞空间（Public Open Space）布局，可以影响着城市整体形态或局部形态的格局，因此，公共开敞空间作为城市公共生活集聚的场所，毫无疑问是城市形态重要的结构性要素。从总体上，纽约最大的中央公园成为曼哈顿的城市形态重点之一，四周都形成了高强度开发，也是感受城市轮廓线的场所；同样，我国南京的玄武湖公园，成为城市认知和体验城市气质的重要场所，特别是在南京火车站临湖广场所感知的超高层引领下的城市

（a）上海陆家嘴东方明珠电视塔和三栋超高层

（b）塞维利亚市中心的都市阳伞

图 5-18　地标物

轮廓线，形成鲜明的城市意象（图 3-92）。从局部来看，公共开敞空间往往成为片区发展的中心，深圳福田中心 22/23-1 街坊利用两处街心公园广场塑造了高层商业商务地区的活动中心，上海静安寺公园及下沉广场和纽约的布莱恩公园，都成为地区高强度开发的形态核心，也是市民活动体验和视知觉认知的中心（图 5-19）。

（a）纽约中央公园

（b）南京玄武湖公园

（c）深圳福田中心街心公园广场

（d）上海静安寺下沉广场和静安公园

图 5-19　公共开敞空间

6）建筑组群

城市形态中最大量的要素是建筑实体，它们或者组成城市的基本单元——街坊成为城市形态的"基调"，或者以突出的个体或群体的方式显现着其在城市形态中的重要性，因而建筑（群）的高度分布以及组合形式等特征都对城市形态产生重要影响。以往的城市形态中（例如欧洲和亚洲城市的老城区），受制于当时的建造技术和建筑地位等级，教堂或风水塔成为城市形态的中心，其他建筑则成为背景；当代的建筑高度突破了这种约束，在城市建设具有更多三维竖向发展的潜在条件下，建筑高度的布局已经深刻地影响了城市形态未来的骨架，影响着每个地块和街坊的形态组织方式，是重要的城市形态结构要素。

香港本岛对建筑高度的规定一方面来自于对自然元（太平山）的协调，而另一方面也预留了重要建筑突破规则彰显身份和认知地位的关键位置。而东京市中心的建筑高度则更多源自土地开发市场对区位价值的认可，新宿、东京站、涩谷等多个车站地区都呈现了集聚式的建筑竖向发展形态。中微观尺度下，无论是广州的珠江新城、上海的陆家嘴金融贸易区，还是英国伦敦金丝雀码头区等资本集聚区域，都以超高层建筑（群）构筑了具有中心地位的形态框架（图 5-20）。

7）立体地面

城市形态的结构性并不总是体现在视觉景观的方面，而往往与人们的活动

（a）中国香港港岛高层群

（b）东京新宿副都心高层群

（c）广州珠江新城建筑群

（d）伦敦金丝雀码头建筑群

图 5-20 建筑组群

体验和认知感受密不可分，由人行基面发展的立体地面正是"内在行为需求"的结构性外显。在平面化发展的城市中，立体基面一般体现在城市轴、街道和广场中，也可以渗透在基础设施（如车站、堤坝等）和公共建筑（如市民中心、商业、办公等）中；在有地形起伏的城市中，可以借用高差形成立体活动基面（立体地面），促进城市活动的多维度展开，如重庆涪陵中心区、芝加哥河滨地区。在当代城市建设的迅速发展中，立体化要素日渐涌现，如地下街、下沉广场、轻轨车站、空中连廊等，随着人车矛盾、功用矛盾等问题的应对以及对行为活动需求的尊重，如亲水行为需求、观景行为需求等，立体化城市塑造理念下的立体步行活动基面逐渐成为形态组织的重要结构，在平面城市就有不少通过步行基面的塑造成就的立体城市，如蒙特利尔市中心区、多伦多市中心区、巴黎拉德方斯地区、美国芝加哥卢浦（LOOP）区、日本东京新宿区等，日本二子玉川车站地区，将车站的人群通过二层步行系统引向商业、办公和居住街坊，建立了与地面车行系统相协同的空中活力街区；而在部分有地形变化的城市，更是将这种内源性的空间组织需求显现在城市形态结构的组织逻辑中，在斯德哥尔摩魏林比新城（Vallingby New Town）（图5-21），利用南高北低的自然地形，

（a）罗马西班牙大台阶街区

（b）斯德哥尔摩魏林比新城

（c）东京二子玉川车站区

（d）芝加哥滨河区

图 5-21　立体地面

将铁路和车站与城市中心的商业、广场、公交站城等立体整合在一起。从古罗马的西班牙大台阶街区、20 世纪 60 年代的魏林比新城到当代城市实践如日本二子玉川车站区、美国芝加哥滨河区等，反映了不同时期立体化"活动基面"的结构性作用逐渐凸显，并从单一的街坊扩展为一个城市体系进而影响着整个城市（片区）的发展。

　　作为组织城市形态的骨架，上述七项城市形态的结构性要素反映了当代城市形态组织结构中的主要关注面，当然，具体的形态结构与其设计范围、周边关系、内部需求等因素密切关联，往往是多项结构性要素的组合。

5.3　城市形态结构的塑造

　　随着人类建造城市能力和组织机制的发展进阶，城市形态结构的塑造理念，已经发生根本性的变化。相当长的历史阶段，城市生长经历了自组织的有机过程，如意大利的古城锡耶纳（图 5-22），自组织抑或规划干预的城市生长与地形精密地结合起来，只能在有限的公共场所显现出人工的痕迹；在罗马、巴黎、西安等历史城市，规划的干预已蔓延到城市形态的结构性要素——街道、公共空间、地标物、建筑（群）和城市轴等。现代主义之后的当代城市实践，则将这种人工干预扩展到自然生态和市政基础设施如地形、河道、堤坝、快速道路、轨道交通等方面，并且开始意识到整体地考虑城市的各个组成要素，形成更为高效、经济和紧凑发展的模式。城市形态的演变经历了对城市形态组成要素单一地加以干预到复杂综合系统地进行干预的过程，虽然，这是一种干预能力和干预机制的飞跃式提升，但生长中的过程性和不确定性（自组织）依旧是赋予城市（社区）多元性、丰富性和生命力的关键。

图 5-22　意大利古城锡耶纳的有机生长

　　城市设计是依托城市愿景干预城市形态的重要手段和策略，对城市形态的干预，需要约束在有限但关键的内容上，保留城市机体具有自我调节自我成长的机能，城市形态结构的塑造就是提炼这些关键内容，兼顾人工干预和自我生长，而这种关键内容，是前述七类结构性要素的部分组合，是源自城市功能组织和未来发展的理念转译，也是有效地建立具有特色的城市意象和体验的重要途径。

　　城市形态结构的塑造，可以通过简洁的图示语言表达出结构要素及其组织方式，并辅以简单明了的文字，便于城市建设的参与方、决策者、市民、开发方以及其他利益方的理解、讨论和决策实现。

5.3.1　形态结构的二维和三维

　　形态结构的塑造，由于涉及不同的尺度，所呈现的"结构"也具有二维和三维的不同表征和认知。通常，在大尺度的城市设计中，主要表现为二维的形态结构，如美国华盛顿特区的城市形态；而在中小尺度的城市中，城市形态结构大多呈现三维的特征。形态结构的二维或三维，主要决定于三维立体的结构性要素如自然地形、建筑群体量、立体地面等，同时在城市特定的规模下具有关键作用。

　　在传统的城市形态研究分析中，除了少量特别重要的公共建筑外，大部分建筑高度是严格受控于形式和技术的限制，在这种情况下形成或塑造的城市形态大多是二维的，即主要依托由街道网格、城市轴、地标物和公共空间构成了城市的形态结构而生长的，如何组织这些结构性要素以形成特别的城市格局（框架），是人们获得特定感知形成城市意象的重要途径。华盛顿、巴黎、堪培拉是城市轴和标志物几何布局主导的典型，中国古城西安、威尼斯王国帕马诺伐城等则是另一种轴线和标志物对称布局的典型；相比而言，伦敦牛津街地区、荷兰阿姆斯特丹老城、意大利威尼斯城则呈现了不同尺度下的有机化形态组织特征。

　　而伴随自然地形的起伏、建筑高度的不断突破和活动基面立体变化的出现，城市形态的生长形成也在探求"三维"的形态结构，使城市的活动体验和视知觉感受产生丰富的变化，形成非同寻常的城市意象。例如，在总体上，意大利山城佩鲁贾、锡耶纳、比利时卢森堡等展现了地形主导的三维形态结构；在局部层面，上海静安寺地区、佛山岭南天地、成都太古里地区（图 5-23）都展现了建筑组群高低组合的三维形态结构；东京的新宿副都心地区、巴黎新德方斯

第 5 章 城市形态结构塑造　**251**

（a）佛山岭南天地中的建筑体量变化与分布

（b）巴黎拉德芳斯新区的"大板"平台

图 5-23　三维的城市形态结构

地区、伦敦金丝雀码头地区则呈现了立体活动基面诱发形态结构来组织城市形态发展的三维特点。

北川新城

北川羌族自治县位于四川盆地西北部，2008 年汶川大地震后，重新选址建设北川新县城，规划面积约 7km²。

新城选址四周环山，安昌河自北向南穿城而过，将新城分为东西两片。城市设计方案中提出了三个结构性要素：安昌河城中穿越，水系两侧发展城市公共景观空间、连通上下游城市的交通干道和包含城市基础设施的空间走廊；其次，垂直于水系建立横贯东西的城市景观主轴，主轴两端迎向园包山、塔字山和云盘山，贯通山水空间，串联重要文化设施，成为形态结构的中枢，跨河的商业步行街——禹王桥成为城市地标，统领整个城市空间景观；第三，城市的道路网格沿水系设置，至山中则顺应山势形成发散式支路。

北川新城基于周边的山水资源，所形成的二维形态结构可以归纳总结为：**"一河两片四周环山，景观主轴串联东西，廊桥居中城市地标，路网构架面水望山"**，其结构性要素为山体、水系、路网、城市轴和廊桥地标，构建了**"山水城市"**的意象概念（图 5-24）。

合肥滨湖地区核心区城市设计

合肥滨湖新区位于合肥城区的南部，与巢湖相邻。该城区是环巢湖风景名胜区的一个重要节点，其核心区规划总用地面积约 190hm²。

该城市设计通过引湖入城，以内湖为中心，打造了多样化、多层次的湖滨景观，植入了商业、展览、演艺等多元文化功能，从而实现了自然 – 人文 – 城市的充分交融，最大化地发挥了滨湖资源的优势；同时，设计以内湖为中心塑造了四个城市轴线，从而建立了丰富有层次的城市框架，不仅让城市功能得以

（a）鸟瞰　　　　　　　　　（b）总图　　　　　　　　　（c）形态结构

图 5-24　北川新城城市设计

有序组织，还使多元的城市风貌围绕内湖连缀成一个完整的城市意象；并且随自然边界而组织的主干路网，串联了滨湖核心区的八大组团，避免了主干路对城市重点空间的干扰与影响，使城市的生态意象进一步凸显。

合肥滨湖新区核心区的城市设计，充分利用滨水自然资源，打造内外勾连的水系和城市景观轴线主导下的二维形态结构——**"内湖为心，外湖相依，一心四轴，八片布局"**，其结构性要素为湖、城市轴、路网和功能片区，形成了**"水网城市"**的意象概念（图 5-25）。

广州珠江新城

珠江新城位于广州天河区西部，在新城市中轴线上，是广州天河中央商务区的主要组成部分。总规划用地面积 6.44km²，核心地区约 1km²，建筑面积约450 万 m²。

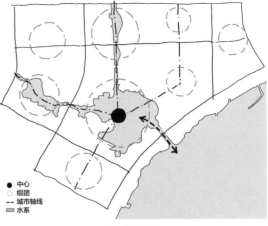

（a）总图　　　　　　　　　　　　　　　　　　（b）形态结构

图 5-25　合肥滨湖地区核心区城市设计

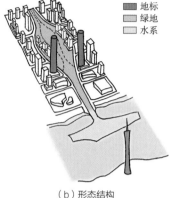

地标
绿地
水系

（a）鸟瞰　　　　　　　　　　　　　　（b）形态结构

图 5-26　广州珠江新城城市设计

城市设计构建的形态结构有三个特点：其一是垂直珠江建立南北向城市主轴线，承载了形象轴、功能轴、公共活动轴、交通轴等作用；其二是构建了约 40hm^2 的宝瓶状中央绿地广场，串联起北端广州东站和南端珠江海心岛，东西向车行道路在绿地下穿越，很好地保持了中央绿地舒适而不受干扰的步行活动环境；其三是设立双子塔楼，形成了与对岸城市级地标——广州塔相呼应的区域地标。2004 年后，沿中轴线增设了广州歌剧院、博物馆、图书馆、青少年宫等重要公共设施，强化了中轴线的多功能复合性，通过城市设计方案的持续优化下，珠江新城正逐步成为"都市生活的载体"。

珠江新城构建了三维的城市形态结构，可归纳为**"宝瓶形状城市轴，跨江对景电视塔，高层环抱宝瓶轴，双子地标立中位"**，其结构性要素包括了城市轴线、公共空间、建筑群、水系、路网和地标物（双塔楼与对岸广州塔），形成了**"中心轴城市"**的意象概念（图 5-26）。

5.3.2　梳理意象性要素

城市意象是公众对城市产生的集体印象，意象性要素是构成城市意象的关键，它是人们在城市中获得特定感受形成认知的形态要素，比如，巴黎市中心的新老凯旋门、罗马西班牙广场中的大台阶、锡耶纳的斜坡广场和钟楼等。由于城市形态结构必须具有被人们感知的特征，因而意象性要素是构建城市形态结构的基础。

城市形态的构成要素众多，其中既包括了重要的意象性要素，也存在感知性不强的要素，为此，城市设计过程要梳理这两种要素，选择意象性要素参与形态结构的组织。

纽约巴特利公园地区

纽约巴特利公园城，位于美国纽约市曼哈顿地区的南部，面朝纽约港。公园城的土地均是1970年代以来填河形成，占地约 37hm²，居民 16000 人，办公建筑面积约 99 万 m²。

该片区的城市设计利用了原有的滨水内港，在寸土寸金的曼哈顿地区开辟出一个难得的滨水公共步行区，并通过多栋高层塔楼环绕港湾，在城市天际线上形成局部隆起，强化了滨水地区的视觉中心地位。同时，城市设计将滨水公共空间向公园城内渗透并结合路网，塑造了多个面向水岸步行区的视觉通廊，并结合世界金融中心中作为城市客厅的"四季厅"室内公共空间，组织跨越交通干道连接港湾和原世贸中心大楼的二层步行系统，在激发塔楼二层商业价值的同时，为整个公园城片区带来了活力。

城市设计对该片区的形态组织，通过"港湾""滨水步行区"和"塔楼群地标"三项意象要素，给人们带来"亲水型城市"的感知意象，而其他非意象性要素如街道网格、其他建筑（一般的住宅、办公、商业楼宇）只是成为形态的组成而非构建城市意象的关键，由此形成了该片区**"滨水河湾居中心，围心高层塑标志，滨水步道向内渗，二层基面连世贸"**的三维形态结构（图5-27），其结构性要素为水体、地标、公共空间和立体地面。

城市形态结构，是在分析区域关联和梳理发展诉求的基础上，通过挖掘和塑造城市意象，提出可认知、符合行为活动体验的城市形态发展蓝图，并提炼出长期发展依托的形态框架，其中，意象性要素的选择和组织成为关键。意象要素往往和人们的城市感知关系密切，因而，通过对地标物、公共空间和结合自然特征形成特别场所等意象要素的选择，并构思其组合形态，是形态结构的关键所在，也往往可以形成富有特征的城市意象。

意象性要素的选择，并非空穴来风，而是依托在项目所处的环境、功能关系等基础，对将要塑造的形态环境下人们会发生何种活动、行为的特征是如何的、能否产生特别的认知和感受等一系列的思考。

（a）鸟瞰

（b）形态结构

图 5-27   纽约巴特利公园城

5.3.3　形态结构的塑造

1）意象性要素组织成形态结构

形态结构的塑造，是在梳理意象性要素的基础上，通过创造性地处理多要素形态关系，提炼整体形态的结构框架并借此形成项目特有的城市意象。

城市的形态结构往往由多个结构性要素组合而成，其中可以分为意象性要素和非意象性要素。通过历时性发展后城市是否可以形成令人印象深刻的城市意象，很大程度上源自意象性要素，因而，意象性要素是塑造形态结构的关键。

东京六本木山城地区

六本木之丘，又称六本木新城，位于日本东京闹区内的六本木，是日本规模最大的都市再开发计划之一。设计以打造"城市中的城市"为目的，并以展现艺术、景观、文化创意为发展重点。六本木之丘总占地面积约 $11.6hm^2$，总建筑面积 75 万 m^2，其中森大厦（Mori Tower）为中心，不仅为提高办公效率，建造了全日本最大约 $4500m^2$ 的标准层面积，形成了大体量的特色塔楼地标，同时，在顶部设置了美术馆；山城混合了居住、办公、娱乐、学习、休憩等多种功能及设施，成为文化都心为特色的复合型超大都会地区。

项目以顺应斜坡地形的特征，构建了包括空中广场、山坡毛利庭院、"地铁之帽"等节点的多层立体步行体系，建造了 54 层的"森大厦"作为主要的城市意象要素，形成三个不同标高的平台与塔楼组合的结构性关系，由此产生了富有特色的城市意象。

六本木之丘，通过"地标建筑和立体地面"等意象要素的组合，形成具有持久城市活力的"新都心"，其形态结构可归纳为"**顺应地形立体基面，跨路高台直通地铁，三层平台步行相连，高塔居中地标显现**"，其中意象性要素为立体地面、公共空间和地标（图 5-28、图 4-42）。

（a）鸟瞰

（b）形态结构

图 5-28　东京六本木山城地区

漳州西湖片区城市设计

漳州西湖片区位于福建漳州老城的西北，距主城区 6.6km，占地约 4.9km²，作为主城的北部延伸，主要承担居住和配套公共服务设施功能。沿九龙江需要修建 6~7m 高的防汛堤坝以及南北向沿江的城市快速路，场地呈西低东高倾斜，局部地势低洼，区内植被丰茂，未来在该地区中部的东侧，还将修建"漳厦泉"高架城际轨道车站。

城市设计将快速路整合在堤坝内，建构坝顶亲水带，并在北侧转折向东延伸，运用建筑方式建造高台，与堤坝一起组成空中公共活动基面，形成 L 形高台亲水城市轴，直通东侧基地边缘的城际轨道站，承载区域服务中心功能，建造服务设施和高层建筑群，成为整个区域的步行活动区和中心地标；利用低洼地形滞洪形成的指状西湖水系自然地在其下穿过，形成了立体地面的特色景观；指状西湖水系结合原有基地的绿植，形成自然生态网络；同时结合地形的街路网，组织区域中八大组团的交通出行和步行生活网络。

西湖片区的城市设计通过组织城市轴、地标、水系和立体地面等意向性要素，塑造了**"堤坝亲水高台轴，台上塔楼群地标，水系南北台下穿，西湖为心形网络"**的三维形态结构（图 5-29、图 1-33）。

华盛顿特区郎方设计方案

华盛顿特区位于美国的东北部，1791 年由法裔美国设计师皮埃尔·查尔斯·朗方开展规划的市中心区面积约 30km²，规划的人口规模为 80 万人。

朗方的方案受巴黎和凡尔赛的影响，"效法宪法上的立法、行政、司法三权分立，把其中最重要的立法机关——国会，放在了华盛顿最高处——高出波

（a）鸟瞰

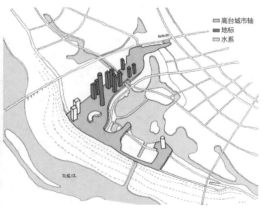
（b）形态结构

图 5-29　漳州西湖片区城市设计

（a）鸟瞰

（b）郎方总平面图

— 道路
城市轴
水系

（c）形态结构

图 5-30　华盛顿特区郎方设计方案

多马克河约 30m 的琴金斯山高地（后改为国会山），成为全城的核心，其他建筑均不得超过其高度。以国会大厦为城市中心，向西开辟了一条宽阔的景观型城市主轴，面向波多马克河（Potomac River），并连接白宫和最高法院，成为三角形放射布局，构成全城布局结构中心"[1]、[2]。

景观主轴中央的华盛顿纪念碑成为地标，东西向两端为林肯纪念堂和国会，两侧则为宏伟的公共建筑和博物馆群，南北向短轴两端分别为杰弗逊纪念堂和白宫；从国会大厦放射的两条主要轴线干道，其中宾夕法尼亚大道（曾考虑为"执政大街"）指向代表政府的白宫，两侧布置政府部门大楼，另一条则指向杰斐逊纪念堂，强化了政治建筑在城市意象中的中心地位。从国会和白宫等中心向四周放射出多个放射状道路，与方格网交叉形成很多广场、纪念碑等重要节点。

华盛顿市中心区的形态结构，强调了三权分立观念下的城市核心，由此形成的"核心 + 三角形放射 + 方格网"的二维形态结构，使得最终建设的结果和表达的思想高度统一，其形态结构归纳为"**中心高地国会山，向西城轴通波河，三权建筑放射轴，路格交叉设标志**"，其意象性要素为城市轴、自然山水、地标物和街道网络（图 5-30）。经过 200 多年的建设，虽然有局部改变，但总体形态结构保持不变。

2）形态结构生成的城市意象概念

大多数富有特色的城市片区，往往是在多个意象要素组合作用下，产生形态意象概念，并经历多年的不断完善后才成为公众认同的集体意象。大多数项目通过意象性要素构成一个意象概念，较大尺度的复杂项目也可能形成多个意象概念。

---

① 沈玉麟 . 外国城市建设史 [M]. 北京：中国建筑工业出版社，1989：115.

② 刘易斯·芒福德 . 城市发展史（起源、演变和前景）[M]. 宋俊岭，倪文彦，译 . 北京：中国建筑工业出版社，2005：423.

　　东京六本木山城的城市设计中，通过结合地形组织立体地面、公共空间和地标等意象性要素，构建了"顺应地形立体基面，跨路高台直通地铁，三层平台步行相连，高塔居中地标显现"的形态结构，从而塑造了**"地标型城市"**的意象概念。

　　漳州西湖片区城市设计项目，结合连接堤坝的 L 形高台城市轴、自然地势重塑后的西湖自然水系、立体地面和塔楼群地标等意象性要素，构建了"堤坝亲水高台轴，台上塔楼群地标，水系南北台下穿，西湖为心形网络"的形态结构，传递了**"与水系交织的立体亲水城市"**的城市意象概念。

　　华盛顿特区朗方设计方案中，运用了城市轴、自然山水、地标物和街道网络等意象要素，建立了"中心高地国会山，向西城轴通波河，三权建筑放射轴，路格交叉设标志"的形态结构，从而带来了今天人们广为感知的**"轴线型城市"**意象概念。

　　可见，富有鲜明特色的城市意象是紧密依托于整体的形态结构，这是多个意象性要素组织后的产物，而非某个单一的形态要素。多要素组合的丰富变化也为形态结构塑造所带来的城市意象创作提供了多种可能。

5.4　城市形态结构的评价

　　如前述，虽然并非每个城市或城市设计项目都具有明晰的城市形态结构，但有意识地建立形态结构，可以更好地建立长期可持续的城市形态发展框架，形成有特点的城市意象。城市的形成，既有像罗马古城、北京老城那样经历上百年的漫长过程，也有短期完成的，如阿布扎比的马斯达生态城（Masdar_City）、巴黎的玛尔拉瓦雷新城（Marne-La-Vallée）、广州的珠江新城等。城市建设的经验说明，无论百年古城还是快速建成的新城，清晰有序的形态结构会带来独特的认知意象，也利于稳步的形成过程。然而，如何评价城市形态结构的优劣开展决策，至少要思考和回应三个方面的问题：

　　（1）显著的可意象性及其形态秩序；

　　（2）契合城市设计目标；

　　（3）有利城市的可持续发展。

5.4.1　显著的可意象性及其形态秩序

城市形态结构是否拥有显著清晰的可意象性和隐含其中的形态秩序，是指导城市形态生长，体验和认知城市的关键。对城市形态结构所呈现的可意象性——结构秩序，往往有两个视角的认知，其一是城市总体或局部所具有的整体形态结构，这种结构往往是在城市总图或鸟瞰中得到的认识，是一种对**全局的把握和总体意象特征的抽象描述和提炼**，例如，华盛顿中心区的放射路叠加城市轴的格局和深圳福田中心区 22、23-1 街坊的工字形空间结构；其二是市民对具体城市场景的视知觉和活动体验——集体感知的汇总所形成对城市形态的描述和归纳，是**局部意象的感知及其结构秩序的认知**。如，在华盛顿城市主轴中对国会大厦 – 方尖碑 – 林肯纪念堂 – 白宫等的视觉体验，以及在深圳案例中两个街头公园与周边围合的骑楼裙房和高层塔楼的感受，都是具体真切的场景。前者往往是城市设计方案或建成环境中提炼的总体形态框架，后者则是城市节点或建成环境中形态组合的具体特征，全局层次良好的结构秩序并不一定能获得市民美好的体验，反之也是如此，因而，显著的可意象性及其形态秩序需要体现在不同尺度的这两个方面。

可意象性及其形态秩序会被误认为与全局的认知关系密切，由此容易忽略了日常视角的感知，而城市设计中可意象性的形态骨架更关注中微观尺度下的真实感受，往往需要中微观的形态组织来验证和呈现，形成更完整的可意象性，这些工作可以是城市设计提出的，也可以是深入理解整体框架后由建筑师展开再创作提出。因此，显著的可意象性及其形态秩序既需要整体的骨架，也需要具体形态要素组合的支撑，通过两方面的互相印证，市民才能从局部到整体来建立完整、清晰、易理解的城市认知。

城市设计方案中的可意象性及其形态秩序，是由主要的形态结构要素——意象要素组合形成，它是否能够形成清晰的认知，往往和自身结构的简洁明了以及组织秩序的鲜明特征密不可分。

深圳福田中心区 22、23-1 街坊

深圳福田中心区西南侧的 22、23-1 街坊，北邻城市主干道深南大道，东接直通香港的福田高铁站（地下），占地约 20hm²。基于优越的区位条件，该区域确定为城市金融商务片区并享有较高的开发强度。

城市设计运用了切小地块、加大建筑密度和容积率、减少地块绿化率等设计策略以激发土地市场的活性。基于小尺度的街坊城市形态，提出构建两

处街心公园形成街坊中心，并在两个街心公园之间创造了一条以"特色餐饮"为业态的林荫步行道，共同形成"工"字形的公共空间，并要求高层建筑朝向公共空间，形成连续界面以骑楼形式适应本地区气候条件，使公共空间周边聚留步行人群提升消费活力。该项目实施后的城市形态较高地完成了城市设计意图，虽然餐饮街的实施未尽原意，围绕两个公园周边已成为富有活力的高端就业商务区。

22、23-1 街坊的城市设计，通过地块、街坊、街道、公共空间的组织，突出了"街心公园 + 步行商街"的公共空间对整个街坊群的形态组织，城市形态结构可以归纳为：**"两个公园商街连接，哑铃公共空间成核，高层塔楼四周围合，骑楼界面岭南特色"**，其中的意象性要素为公共空间、高层建筑群和路网，也是建立**"围合空间型"**意象概念的结构性要素（图 5-31），其清晰的围合性具有明确的可意象性和形态秩序。

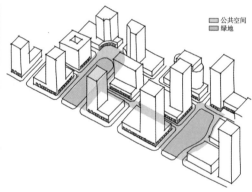

公共空间
绿地

（a）鸟瞰　　　　　　　　　　　　　（b）形态结构

图 5-31　深圳福田中心区 22/23-1 街坊城市设计

"显著的可意象性及其形态秩序"构成了评价形态结构的最关键内容，它是让市民对城市建立易读的、可理解的意象之保证，也是长期有效组织城市形态塑造过程的依托。

5.4.2　契合城市设计目标

城市形态结构的塑造需要紧密围绕城市发展需求下的城市设计目标，这里的目标不仅是由下至上对城市的现状问题和发展资源之回应，更是从上至下在宏大视野下思考城市未来如何发展等内容，这些内容不仅是城市形态创作和结构提炼的基础，也是评估形态结构是否在契合城市发展目标下开展有效利用城市资源、组合功能配伍、建立特色行为环境等内容，成为目标引领下"量身定做"型形态发展框架的核心，好的城市形态结构需要和城市设计目标下的内涵紧密关联，将城市社会、经济、文化发展等前瞻性的宏观思考，与中微观的局部片区的地方特点相结合，形成特定的城市开发和更新策略并落实在形态构架中，而不是"放之四海而皆准"的形态模式。

上海安亭新镇城市设计

安亭新镇位于上海市嘉定区，是上海市"十五"期间重点发展"一城九镇"中的"九镇"之一，其占地面积约 5km^2，拥有常住人口 1.1 万。基于上海当时建设九大新镇的社会经济发展需求，结合"海纳百川"文化多样性战略，邀请了德国建筑规划师阿尔伯特·施佩尔教授（Albert Speer）等团队，开展建设体现现代的"德国风格小镇"的城市设计目标。

城市设计中充分借鉴了中世纪遗存的"欧洲小镇"意象，立足场地中的水系特征，组织了四大意象性要素来建立鲜明的形态结构：联通区域水体形成象征"护城河"的环城水系；引入象征中世纪城市中心的围合型广场，商场、剧院、教堂等小镇公共建筑围绕布置；构建自由路网，模仿中世纪有机的画境型城市景观，形成步移景异的空间体验；参照欧洲典型建筑形式，构建住宅组团的围合式街坊，塑造了内向式的私密庭院。

致力于再现"**德国风格的当代欧洲小镇**"这一城市设计目标，是安亭新镇项目对城市发展目标的回应，其形态结构可归纳为："**水道环城平面城郭，广场水系公共空间，自由路网画境风格，围合街坊城市肌理**"，建成后的效果反映了形态结构高度契合了设计目标（图 5-32）。

（a）鸟瞰

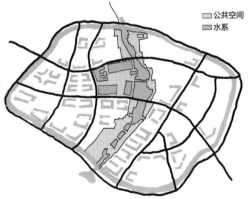

（b）形态结构

图 5-32　上海安亭新镇城市设计

伦敦金丝雀码头地区

金丝雀码头金融区离英国伦敦市中心 4km，位于泰晤士的弯头处，占地 39 公顷，按照当时英国政府建设伦敦的中央商务区和世界级的金融中心的发展计划，城市设计旨在充分利用废弃船坞区的码头水资源，塑造**"水上华尔街"步行亲水型城市**。虽然在实施过程中该计划曾经一度面临破产，但历经 30 多年的建设终于实现了这一设计目标。

城市设计方案结合大流量车行动线抬高城市基面，构建了贯穿金丝雀码头的空中街道作为城市轴，将车行街道安排在二层高台上，留出滨水的地面层作为亲水的步行环境；抬高的城市基面上的建筑（位于三层）与高架轻轨站结合；轴线不仅串联起四个空中广场和空中花园，并使不同时期建成的建筑群和开放空间在空间布局中成为一个整体；位于核心区的三座超高层办公楼，形成金丝雀码头的城市意象和地标；在船坞港湾的滨水侧设置了亲水街道和临水餐饮建筑，并与空中街道衔接设置了多个大台阶主导的滨水立体广场，形成了亲水活动集聚的立体步行城市生活。

金丝雀码头金融区的城市设计，构建了**"高台街道中心轴，三栋高层地标塔，地下空中交通网，地面亲水步行区"**的三维形态结构，其中意象性要素为立体地面、城市轴、地标、公共空间、水系和街道路网，通过城市形态结构的塑造，将充分运用码头水资源建设"水上华尔街"的城市设计目标落实在立体亲水型城市意象的特色中（图 5-33、图 0-62）。

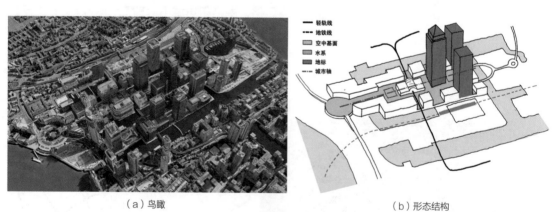

（a）鸟瞰　　　　　　　　　　　　　　　　　　　（b）形态结构

图 5-33　伦敦金丝雀码头地区城市设计

5.4.3　有利城市的可持续发展

当代城市发展，面临着环境污染、土地资源和能源匮乏、生态环境遭到破坏等问题，也面对人口不断增加、气候变暖、疫情暴发等的挑战，城市也迫切需要应对未来的需求提出新的发展战略,可持续发展的理念和实践需要贯穿在从规划设计到建设的全过程,城市设计中的形态结构评价和决策尤其是其中的关键阶段。

作为对整体形态环境的结构性构想,城市设计需要思考未来"密集流动"所诱发的竖向形态发展趋势,辨析"轨道、车行、步行"同时运动系统和"无人驾驶、共享资源"等新模式驱动下的城市运行特征,也需要厘清更多城市要素加入城市形态的因果关联,构建新的形态结构组织逻辑。

在塑造未来的城市形态框架,可持续发展理念可以聚焦多个方面:适度的人口集聚形成紧凑发展的形态框架、优先考虑公共交通并带动城市发展(TOD)、减少对私人小汽车(包括出行和停放)的依赖、建立鼓励步行的城市环境、鼓励土地资源的集约混合利用、鼓励公共资源的高效共享等策略,并将这些面向未来的策略落实在形态结构的塑造中。

郑州南站地区城市设计

郑州南站(原小李庄站)地处城市东南,是郑州四个主要铁路站之一,车站地区核心区占地约 330hm²,伴随城市人口和规模的扩展,将建设郑州东南区域的公共活动中心区。

城市设计秉持可持续发展理念,以 TOD 和生态效应为导向,将铁路下穿核心区,形成连贯南北的中央绿地,与现有河网绿地等形成生态网络;在车站的交通布局中凸显地铁相对于汽车交通工具拥有最便捷换乘的优先等级,促使地铁同时服务于车站和城市,而不是多条地铁过度集聚造成的公共资源浪费;车站地区通过紧凑的布局,减少铁路的占地,增加城市的就业和居住密度,激发车站地区成为城市客厅的潜力;结合位于铁路站厅下的多条地铁线换乘枢纽,构建下沉广场和下沉步行街为发展轴的步行网络,同时布局高强度的高层集聚形态,提供不受车行干扰的无顶盖步行系统,鼓励公共交通而减少小汽车依赖,形成地铁 + 步行的出行辐射圈和城市活力。在 3.3km² 区域范围内建立多个地标新城体系:车站作为核心地标;东西广场分别安排入口地标;区域东侧边缘设置机场高速上感知的城市地标。

城市设计方案提炼了"车站公园""市民活动下沉广场""串联车站东西的城市发展轴"等几个具有特色的意象要素,通过"下沉商业步行街"为主的步行系统将上述要素串联,依托"城市轴、立体地面、自然(生态网)、高层群体、地标"等意象性要素形成了"**车站居中为核心,水绿纵横成网络,下沉空间城市轴,围合脊轴聚高楼**"的形态结构,建立了"**紧凑立体型城市**"意象

　　概念。形态结构充分反映了 TOD、生态城市、紧凑城市、步行城市等发展理念，有利于可持续发展（图 5-34）。

　　不仅要面对当下的需求和困难，也要从更长远的未来发展为前瞻视野，坚持可持续发展的理念、原则和策略，是评价城市形态结构长远效用和机动应变的重要考量。

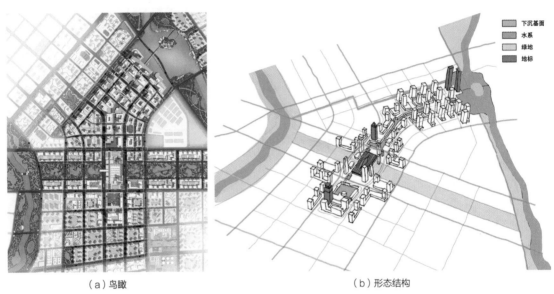

（a）鸟瞰　　　　　　　　　　　　　　　　　（b）形态结构

图 5-34　郑州南站地区城市设计

插图和表格资料来源

建筑组构理论 [M]. 北京：中国建筑工业出版社，2008：139；（b）鸟瞰：凯文·林奇. 林庆怡，等译. 城市形成 [M]. 北京：华夏出版社，2001：8.

图 0-18 雅典卫城：（a）总平面图：Aldo Rossi. 城市建筑 [M]. 施植明，译. 田园城市文化事业有限公司，2000：206.（b）外观：Serge Salat，城市与形态，关于可持续城市化的研究 [M]. 北京：中国建筑工业出版社，2012：38.

图 0-19 《周礼·考工记》都城模式（想象图）：邹德慈. 城市设计概论——理念·思考·方法·实践 [M]. 北京：中国建筑工业出版社，2003：22.

图 0-20 圆形城：（a）公元 900 年德国的诺林根城平面图：沈玉麟. 外国城市史 [M]. 北京：中国建筑工业出版社，1989：56.（b）公元前 400—前 200 年中国淹城平面图：董鉴泓. 中国城市建设史 [M]. 3 版. 北京：中国建筑工业出版社，2004：23.

图 0-21 方形城：（a）明代大同城平面图：董鉴泓，中国城市建设史 [M]. 3 版. 北京：中国建筑工业出版社，2004：158；（b）公元 2 世纪北非提姆加德城平面图：沈玉麟，外国城市史 [M]. 北京：中国建筑工业出版社，1989：45.

图 0-22 长方形城：（a）明代宁夏府城平面图：董鉴泓，中国城市建设史 [M]. 3 版. 北京：中国建筑工业出版社，2004：183.（b）公元前 650 年的巴比伦城平面图：凯文·林奇. 城市形成 [M]. 林庆怡，等译. 北京：华夏出版社，2001：6.

图 0-23 威尼斯王国帕尔曼诺伐城：（a）平面图、（b）鸟瞰：斯皮罗·科斯托夫. 城市的形成 [M]. 单皓，译. 北京：中国建筑工业出版社，2005：161、19.

图 0-24 不规则城：（a）公园 3 世纪建造的罗马城：斯皮罗·科斯托夫. 城市的组合 [M]. 邓东，译. 北京：中国建筑工业出版社，2008：13.（b）明清时代宁波城平面图：董鉴泓，中国城市建设史 [M]. 3 版. 北京：中国建筑工业出版社，2004：101.（c）明清时代的夒州城平面图：董鉴泓，中国城市建设史 [M]. 3 版. 北京：中国建筑工业出版社，2004：172.

图 0-25 城中城：（a）北宋都城东京（开封）平面图，（b）南宋临安平面图：董鉴泓，中国城市建设史 [M]. 3 版. 北京：中国建筑工业出版社，2004：75、84.

图 0-26 城外城：（a）明清兰州城平面图，（b）明清山海关城示意图：董鉴泓，中国城市建设史 [M]. 3 版. 北京：中国建筑工业出版社，2004：148、164.

图 0-27 并联城：（a）清代遵义——双联城平面图，（b）清代河南周口镇——三联城平面图，（c）明代甘肃平凉府城——四联城平面图，（d）明代甘肃天水城——五联城平面图：董鉴泓，中国城市建设史 [M]. 3 版. 北京：中国建筑工业出版社，2004：188、209、184、180.

图 0-28 威尼斯圣马可广场：（a）鸟瞰，（b）平面图：https：//en.wikipedia.org/wiki/Piazza_San_Marco.

图 0-29 佛罗伦萨中心区广场群：沈玉麟，外国城市史 [M]. 北京：中国建筑工业出版社，1989：50.

图 0-30 16 世纪教皇西斯塔斯五世的罗马规划图：洪亮平，城市设计历程 [M]. 北京：中国建筑工业出版社，2002：58.

图 0-31 中国古塔：作者绘.

图 0-32 山西应县佛宫寺木塔：罗哲文，刘文渊，刘春英. 中国名塔 [M]. 北京：百花文艺出版社，2006：26.

图 0-33 缅甸仰光大金塔：王云平译，全球经典坐标——100 魅力城市 [M]. 北京：文物出版社，2007：165.

图 0-34　北京天宁寺塔：罗哲文，刘文渊，刘春英 . 中国名塔 [M]. 北京：百花文艺出版社，2006：61.

图 0-35　伊斯兰尖塔：斯皮罗·科斯托夫，单皓译，城市的形成 [M]. 北京：中国建筑工业出版社，2005：290.

图 0-36　伊斯坦布尔苏丹艾哈迈德清真寺：伊斯坦布尔 [M]. ARD Yayin ve Tic. Ltd. Sti，2010：32.

图 0-37　哥特塔楼：斯皮罗·科斯托夫 . 城市的形成 [M]. 单皓，译 . 北京：中国建筑工业出版社，2005：291.

图 0-38　克罗地亚萨格勒布圣母升天大教堂：陶心怡，张瑜，徐靖逸 .100 经典教堂 [M]. 北京：文物出版社，2007：111.

图 0-39　法国布鲁日市政厅广场钟塔：作者摄 .

图 0-40　法国马赛守护山贾尔特圣母院：作者摄 .

图 0-41　迪拜哈利法塔：作者摄 .

图 0-42　城市竖向形态的三个发展期：作者绘 .

图 0-43　伊斯坦布尔天际线：作者摄 .

图 0-44　莫斯科高层地标建筑系统：斯皮罗·科斯托夫：城市的形成 [M]. 单皓，译 . 北京：中国建筑工业出版社，2005：316.

图 0-45　中心集聚型竖向发展形态：

（a）波士顿：https：//www.photophoto.cn/11531985html.

（b）丹佛：https：//www.eo575.cn/read.php?tid=4661115.

（c）费城：https：//mts.jk51.com/tushuo/9054297. html.

（d）旧金山：https：//www.360doc.com/content/18/1216/18735361802233195.shtml.

（e）洛杉矶：https：//www.360doc.com/content/18/1216/18735361802233195.shtml.

（f）芝加哥：https：//www.360doc.com/content/18/1216/18735361802233195.shtml.

图 0-46　城市副中心高层建筑集聚：（a）日本东京新宿：龙固新 . 大型都市综合体开发研究与实践 [M]. 南京：东南大学出版社，2005：43；（b）法国巴黎拉·德方斯：Serge Salat. 城市与形态 . 关于可持续城市化的研究 [M]. 北京：中国建筑工业出版社，2012：147.

图 0-47　TOD 站区高层建筑集聚:（a)日本东京汐留地区：日建设计站城一体开发研究会 . 站城一体开发——新一代公共交通指向型城市建设 [M]. 北京：中国建筑工业出版社，2014: 83；(b)香港九龙交通城：Kasyan Bartlett OVER HONGKONG（Volume 8）[M]. Pacific Publishers Ltd，2007：77.

图 0-48　大城市 TOD 站点高层密布区：（a)温哥华：李振宇 . 空中读城 [M]. 上海：同济大学出版社，2015：274-275；（b)上海：https：//www.photophoto.cn/show/10237038. html；（c)中国香港中环：Kasyan Bartlett OVER HONGKONG（Volume 8）[M]. Pacific Publishers Ltd，2007：27.

图 0-49　高层居住建筑群：（a）新加坡（组屋）：SIMON TAY、GVIDO ALBERTO ROSSI, OVER SINGAPORE[M]. ARCHIPELAGO PRESS，2008：85；（b）中国香港屯门新市镇：Russell Spurr，OVER HONGKONG[M]. Odyssey Productions Ltd，1990：98；（c）韩国釜山住宅区：李振宇 . 空中读城 [M]. 上海：同济大学出版社，2015：122-123；（d）福建晋江五店市：世界建筑，2019：95.

图 0-50　城市地面立体化的要素（示意）：作者绘 .

图 0-51　上海"申"字形高架路（中心节点）：浮屠，上海城市爬楼摄影 [M]. 上海：上海人民美术出版社，2018：125.

图 0-52   加拿大温哥华 AIRT 高架轨道：张志荣 . 都市捷运：发展与应用 [M]. 天津：天津大学出版社，2002：96.

图 0-53   美国明尼阿波利斯二层步行系统：吴景炜 . 城市中心区空中步行系统规划设计评估研究及应用 [D]. 同济大学 . 2019.

图 0-54   巴黎拉·德方斯大平台：城市规划资料集第 5 分册 城市设计（上）[M]. 北京：中国建筑工业出版社，2005：179.

图 0-55   美国西雅图雕塑公园：http：//www.landscape.cn.

图 0-56   美国圣保罗安汉根班广场下的车道：王建国 . 城市设计 [M]. 2 版 . 南京：东南大学出版社，2004：153.

图 0-57   日本地下街：刘皆谊，城市立体化视角——地下街设计及其理论 [M]. 南京：东南大学出版社，2009：41.

图 0-58   加拿大多伦多地下步行系统：王文卿，城市地下空间规划与设计 [M]. 南京：东南大学出版社，2000：46.

图 0-59   上海静安寺下沉广场：同济大学建筑城规学院城市设计研究中心 .

图 0-60   荷兰鹿特丹 Beursplein 下沉街：Frances Anderton，Ray Bradbury，Margaret Crawford，etc. You are Here London Phaidon Press Limited，1999：156，159.

图 0-61   纽约花旗银行总部大厦：王建国 . 城市设计 [M]. 2 版 . 南京：东南大学出版社，2004：156、159.

图 0-62   伦敦金丝雀码头金融区：（a）全景：http：//www.som.com；（b）外景、（c）总平面图、（d）二层屋顶街道、（e）轨道线与地下空间：作者绘 / 摄 .

图 0-63   日本北九州小仓站地区：（a）总平面图、（b）外观 1、（c）外观 2、（d）车站内二层城市通道：作者绘 / 摄；（e）总剖面图：韩冬青，冯金龙 . 城市·建筑一体化设计 [M]. 南京：东南大学出版社，1999：132.

图 0-64   上海五角场副中心核心区：http：//yifei.com/works/detail.aspx?id=69.

表 0-1   欧洲中世纪高度超过 100m 的哥特塔楼（部分实例）：作者整理 .

表 0-2   历代世界第一高楼记录：作者整理 .

表 0-3   美国以外国家首次超过 100m 高度的建筑：Tall building Systems and Concepts，p.434（＊除外）.

表 0-4   截至 1999 年世界超过 300m 高度建筑：1999 年出版的《世界最高建筑 100》，p.212.

表 0-5   截至 2016 年世界超过 500m 高摩天楼：作者整理 .

表 0-6   世界部分城市地铁建设状况：以 "张志荣 . 都市特色：发展与应用 [M]. 天津：天津大学出版社，2002." 为主整理，除中国上海、香港以外均依据 "Jane's urban transport systems 1992–1993. Chris bushell" 整理 .

表 0-7   亚太地区和北美欧洲部分城市人口密度比较（1991 年）：缪朴等 . 亚太城市公共空间——当前的问题与对策 [M]. 北京：中国建筑工业出版社，2007：8.

表 0-8   城市形态发展历程表：作者绘制 .

第 1 章

图 1-1   公元 16~17 世纪罗马城改建规划：沈玉麟 . 外国城市建设史 [M]. 北京：中国建筑工业出版社，

1989：79.

图 1-2　不同功能的城市广场：（a）罗马圣彼得广场——纪念性广场、（b）上海大拇指广场——商业休闲广场、（c）巴黎星形广场——交通广场，作者绘.

图 1-3　不同地形条件的城市：（a）山地城市（中国香港）：卢济威，王海松. 山地建筑设计 [M]. 北京：中国建筑工业出版社，2001：1.（b）平地城市（巴黎）：PARIS vu du ciel et des rues, Editions Minerva, S.A, 1986：35.（c）水网城市（阿姆斯特丹）：Herman Scholten 阿姆斯特丹（中文版），Bear Publishing.（d）滨海城市（温哥华）：温哥华和维多利亚，Irving Weisdort&Co.Ltd, 1995：10.

图 1-4　不同气候条件的城市：（a）寒冷城市（魁北克），LARRY FISHER，QUEBEC，Irring Weisdort & Co.Ltd, 1996：10；（b）干热城市（也门萨那），王云平. 全球经典坐标——100 魅力城市 [M]. 北京：文物出版社，2007：147.

图 1-5　阿姆斯特丹市从扩张到收缩的发展过程：海道清作. 紧凑城市规划与设计 [M]. 苏利英，译. 北京：中国建筑工业出版社，2001：3.

图 1-6　香港九龙：Kasyan Bartlett OVER HONGKONG（Volume 8）[M]. Pacific Publishers Ltd，2007：67.

图 1-7　步行口袋：曹杰勇. 新城市主义——中国城市设计新视角 [M]. 南京：东南大学出版社，2011：99.

图 1-8　巴塞罗那光荣加泰罗尼亚广场：（a）改造前、（b）改造后，华晓宇. 同济大学博士后研究工作报告——当代景观都市主义理论与实践研究，2009：88.

图 1-9　纽约高线公园：（a）鸟瞰，张庭伟等. 美国规划协会最佳规划获奖项目解析（2000-2012）[M]. 大连：大连理工大学出版社，7013：172；（b）节点：作者摄.

图 1-10　首尔空中公园"首尔路 7017"：首尔路 7017，首尔，韩国，世界建筑，2018：92.

图 1-11　首尔东大门设计广场：http.//www.gooood. hk.

图 1-12　郑州二砂文化创意广场城市设计范围调整：（a）城市设计总平面图、（b）原设计范围、（c）调整后设计范围，同济大学建筑城规学院城市设计研究中心.

图 1-13　武汉市的意象标志：（a）意象三要素，向欣然，建筑师的画 [M]. 武汉：武汉出版社，2017：23；（b）实景，向欣然. 黄鹤楼设计纪事 [M]. 武汉：武汉出版社，2014：243.

图 1-14　上海新天地：（a）鸟瞰、（b）平面图，沙永杰. 中国城市的新天地 [M]. 北京：中国建筑工业出版社，2010：28；（c）石库门、（d）弄堂，作者摄.

图 1-15　公交主导和站区步行出行模式布局：作者绘.

图 1-16　公交站区（轨道）内行为的流线：作者绘.

图 1-17　上海轨道 1 号黄陂路站及地下步行系统：卢济威、庄宇. 城市地下公共空间设计 [M]. 上海：同济大学出版社，2018.12：58.

图 1-18　香港轨道交通宝琳站区的二层步行系统：作者绘.

图 1-19　步行优先的交通方式：（a）地面步行系统、（b）步行街、（c）步行社区、（d）地下步行系统、（e）空中步行系统、（f）人车友好型，作者绘.

图 1-20　东京六本木山城：（a）鸟瞰、（b）平面图：卢济威，王一. 特色活力区建设——城市更新的一个重要策略 [J]. 城市规划学刊，2016：104.

图 1-21　消费中心公共环境的景观化：（a）美国圣地亚哥霍顿广场的立体基面、（c）美国拉斯维加斯弗里芒特街的光之管道，作者摄；（b）日本福冈运河城的水庭、（d）苏州圆融广场 LED 天幕，韩晶. 城市消费空间 [M]. 南京：东南大学出版社，2014：261、247.

第 2 章

图 2-5　萨拉戈萨大桥展馆，（a）世博会场地鸟瞰：https：//image.baidu.com/search.（b）外景，（c）内景：https：//zhuanlan.zhihu.com/p/337907889.

图 2-6　要素整合的方式：作者绘.

图 2-7　杭州滨江区江滨公园：（a）堤坝与公园、广场结合：作者绘.（b）总平面图：作者摄.

图 2-8　伦敦金丝雀码头轻轨站与办公大楼建筑结合：（a）轴测图：作者绘.（b）外景：作者摄.

图 2-9　法国财政部大楼：（a）鸟瞰：https：//mp.weixin.qq.com/s/QuICX85TSm1LxVnWs FboiQ.（b）总平面图：作者绘.（c）外景：作者摄.

图 2-10　汉堡新城延续老城区的肌理：作者绘.

图 2-11　蒙彼利埃市以安提岗新区作为中介衔接新老城区：（a）安提岗新区整体作为中介：作者绘.（b）鸟瞰，（c）朝向新城的广场：范文丽.城市要素有机结合的城市设计 [M].南京：东南大学出版社，2011：175.

图 2-12　外滩游客中心：上图：作者绘；下图：作者摄.

图 2-13　香港汇丰银行：（a）总平面图：https：//www10.aeccafe.com/blogs/arch-showcase/ 2011/08/11/ hongkong-and-shanghai-bank-headquarters-by-foster-partners/.（b）内景：作者摄.（c）剖面图：https：//divisare.com/projects/311759-foster-partners-hong-kong-and-shanghai-bank-headquarters-hong-kong.

图 2-14　阿姆斯特丹 NEMO 科学中心：（a）外景：https：//image.baidu.com/search/；（b）看向屋顶大台阶，（c）看向隧道：作者摄；（d）剖面图：范文丽.城市要素有机结合的城市设计 [M].南京：东南大学出版社，2011：181.

图 2-15　柏林索尼中心：（a）模式图，（b）平面图：范文丽.城市要素有机结合的城市设计 [M].南京：东南大学出版社，2011：185；（c）外景，（d）内景：https：//cn.bing.com/images/.

图 2-16　柏林新政府区"联邦纽带"：马修·卡莫纳著，马航译，公共空间与城市空间：城市设计维度 [M].北京：中国建筑工业出版社，2015.

图 2-17　上海静安寺广场：（a）鸟瞰：作者摄；（b）剖面图：作者绘.

图 2-18　佛罗伦萨维奇欧桥：（a）鸟瞰：杨春侠，桥梁与建筑的结合——"栖居式桥梁"的历史发展和特征研究，重庆交通大学学报（自然科学版），2008（12）：1040.（b）从河岸看桥、（c）从桥上看河：作者摄.

图 2-19　巴黎卢浮宫：（a）外景：http：//www.milkx.com/zh/living-culture/ICONIC+ARCHITECT+ IM+PEI +DIES+ AT+AGE+102；（b）内景：尚维摄；（c）剖面图：https：//archinect.com/firms/project/3360816/grand-louvre-modernization/150003509?utm_content=bufferca9ca.

图 2-20　新加坡克拉克码头：作者摄.

图 2-21　孔斯波茨阿维大街设计前后，罗杰·特兰西克.找寻失落的空间——都市设计理论 [M].谢庆达，译.台北：田园城市文化事业有限公司，1997：199-200.

图 2-22　纽约中央公园交通组织平面图及鸟瞰图：（a）平面图，作者绘；（b）鸟瞰，http：//www.destin-ation360.com/north-america/us/new-york/nyc/ central-park.

图 2-23　斯特拉斯堡克雷伯广场：（a）鸟瞰：作者摄.（b）步行区与有轨电车空间结合：扬·盖尔，拉而斯·吉姆松.新城市空间 [M].何人可，张卫，邱灿红，译.北京：中国建筑工业出版社，2003：152.

图 2-24　鹿特丹魔方屋：（a）鸟瞰、（c）外景、（d）内景：作者摄.（b）平面图：韩冬青，冯金龙.城市与建筑一体化设计 [M].南京：东南大学出版社，1999：72.

图 2-25 巴黎列·阿莱广场：（a）剖面图，Group Moniteur，Paris-Les Halles[M]. Paris： Editions Le Moniteur，2004：28；（b）剖透视：韩冬青，冯金龙. 城市建筑一体化设计 [M]. 南京：东南大学出版社，1999：128；（c）鸟瞰：王文卿. 城市地下空间规划与设计 [M]. 南京：东南大学出版社，2001.

图 2-26 大阪长堀地下街：（a）地上空间、（b）剖面图，童林旭. 地下建筑学 [M]. 北京：中国建筑工业出版社，2012.

图 2-27 芝加哥伊利诺伊州中心：（a）中庭空间，作者摄；（b）剖面图，作者绘.

图 2-28 江西吉首美术馆：（a）外景、（b）内景、（c）一层平面图、（d）部面图，张永和，鲁力佳. 吉首美术馆 [J]. 建筑学报，2019（11）：38-45.

图 2-29 杭州滨江区滨江公园钱王广场：（a）实景，作者摄；（b）总平面图、（c）剖面图，作者绘.

第 3 章

图 3-1 锡耶纳坎波广场：https：//fineartamerica.com.

图 3-2 科斯塔的巴西利亚规划：罗小未. 外国近现代建筑史 [M]. 2 版，北京：中国建筑工业出版社，2004：145.

图 3-3 宋平江苏州：https：//j.17qq.com.

图 3-4 纽约中央公园：https：//www.sohu.com.

图 3-5 里瑟菲尔德鸟瞰图：易鑫，哈罗德·博登沙茨，迪特·福里克，阿廖沙·霍夫曼、欧洲城市设计——面向未来的策略与实践 [M]. 北京：中国建筑工业出版社，2017：120.

图 3-6 自然活动场地和雨水渗透洼地：易鑫，哈罗德·博登沙茨，迪特·福里克，阿廖沙·霍夫曼：欧洲城市设计——面向未来的策略与实践 [M]. 北京：中国建筑工业出版社，2017：121.

图 3-7 纽约高线公园：陈泳拍摄.

图 3-8 西雅图中央图书馆：陈泳拍摄.

图 3-9 鹿特丹市场：（a）鸟瞰、（b）市场内景，https：//www.gooood.cn. https：//www.dezeen.com.

图 3-10 巴塞罗那兰布拉斯大街：https：//www.musement.com.

图 3-11 上海大学路街道：陈泳拍摄.

图 3-12 鹿特丹斯霍姆伯格广场：陈泳拍摄.

图 3-13 上海陆家嘴中心绿地公园：骆莹. 基于 POE 的城市中心区绿地景观评价研究——以上海陆家嘴中心绿地为例 [D]. 湖南农业大学，2016.

图 3-14 东京惠比寿花园广场：https：//allabout-japan.com.

图 3-15 布拉格广场：https：//en.wikipedia.org.

图 3-16 瑞士琉森卡佩尔廊桥：李琳拍摄.

图 3-17 成都西村大院：https：//www.gooood.cn. https：//solomo.xinmedia.com.

图 3-18 Facebook 新总部内部庭院：https：//www.sohu.com3.

图 3-19 米兰埃马努埃莱二世长廊：李琳拍摄.

图 3-20 大阪站北门大楼前中庭广场：https：//kosublog.com.

图 3-21 伦敦国王十字火车站拱形广场：https：//www.arup.com.

图 3-22 大阪难波公园：https：//www.jerde.com. http：//www.design-media.cn.

图 3-23 巴黎旺多姆广场：https：//www.bfmtv.com.

上海：同济大学出版社，2015.

图 3-90　香港维多利亚港片区城市轮廓线：（a）实景杨俊宴，孙欣，熊伟婷 . 都市立面：城市天际轮廓景观及评价体系建构 [J]. 规划师，2015，31（03）：94-100；（b）控制策略 https：//www.pland.gov.hk.

图 3-91　南京玄武湖天际线：陈泳拍摄 .

图 3-92　芝加哥城市天际线，https：//www.jugendherberge.de.

图 3-93　纽约天际线不同时期的变化：https：//www.archdaily.cn.

图 3-94　意大利罗马许愿池：（a）许愿池、（b）喷泉雕塑，李琳拍摄 .

图 3-95　巴黎蒙帕纳斯大厦登高远眺：（左）PARIS vu du ciel et des rues，Editions Minerva，S.A，1986：43；（右）http：//torchrelay.beijing2008.cn.

图 3-96　挪威 Herdla 观鸟台：https：//www.archdaily.cn.

图 3-97　巴黎凯旋门视廊组织：https：//www.oumengke.com.

图 3-98　常州火车站南广场——天宁寺塔视廊：（a）总平面图、（b）视廊分析图、（c）天宁寺借景，同济大学建筑与城市规划学院城市设计研究中心 .

图 3-99　纽约克莱斯勒大厦：www.quanjing.com.

图 3-100　阆中古城华光楼区域鸟瞰：百度图片 .

图 3-101　扬州平山堂东路对景大明寺栖灵塔：百度地图街景 .

图 3-102　苏州人民路对景北寺塔 . http：//quanjing.baidu.com.

图 3-103　罗马入口波波罗广场：（a）广场平面及分析、（b）广场中心雕塑、（c）鸟瞰，https：//en.wikipedia.org.

图 3-104　墨尔本城市入口的现代雕塑：https：//bbs.zhulong.com.

第 4 章

图 4-1　重庆十八梯：www.huitu.com .

图 4-2　新加坡南洋理工大学：（a）鸟瞰：http：//worldkings.org/news/world-top/top-100-famous-universities-in-the-world-nanyang-technological-university-singapore-46；（b）剖面图：马国馨 . 国外著名建筑师丛书——丹下健三 [M]. 北京：中国建筑工业出版社，1989：281.

图 4-3　Hilberseimer 提出的立体城市的概念：https：//www.pinterest.com/pin/313633561534970257/.

图 4-4　香港中环立体步行系统：（a）步行天桥：https：//699pic.com/tupian-500710071.html；（b）平面系统（2008 年）：胡依然，张凯莉，周曦 . 城市制度影响下的香港中区高架步行系统研究 [J]. 国际城市规划，2018：128-135.

图 4-5　上海五角场地下基面：（a）地下空间体系：作者自绘；（b）鸟瞰：https：//graph.baidu.com；（c）环岛下沉广场：卢济威，庄宇等 . 城市地下公共空间设计 [M]. 上海：同济大学出版社，2015：162；（d）创智天地下沉广场：作者自摄 .

图 4-6　日本东京涩谷"未来之光"：（a）鸟瞰：https：//www.wendangwang.com/doc/d631224ce3320815918d11ba；（b）剖面示意图：作者自绘 .

图 4-7　日本大阪难波公园：（a）鸟瞰、（b）逐次抬高的绿色城市基面：https：//madangsr.tistory.com/25.

图 4-8　加拿大蒙特利尔地下街系统：（a）平面图：作者自绘；（b）局部剖面图：https：//www.pinterest.

jp/pin/332422016216474769/；（c）位于地下街的城市中庭：https：//viago.ca/7-incontournables-a-montreal/；（d）地下街：http：//www.yiqihi.com/topic/63598.

图 4-9　斜街：（a）重庆磁器口斜街：https：//admin.95zhushu.com//backend/web/duanzu/upload/image/20180827/1535340149258496.jpg；（b）香港中环砵甸乍街：https：//timgsa.baidu.com/timg?image&quality=80&size=b9999_10000&sec=1604397059351&di=75d83a4c0c8dbb8faae1486c1958dc1f&imgtype=0&src=http%3A%2F%2Fimg1.qunarzz.com%2Ftravel%2Fd7%2F1709%2F12%2F3315d686187367b5.jpg_r_720x480x95_c7525bdf.jpg；（c）旧金山"花街"：https：//timgsa.baidu.com/timg?image&quality=80&size=b9999_10000&sec=1604320138936&di=3140b3155e096f99e4a987c696cedfbc&imgtype=0&src=http%3A%2F%2Fb-ssl.duitang.com%2Fuploads%2Fitem%2F201504%2F16%2F20150416H0553_8rX2L.jpeg.

图 4-10　英国伦敦金丝雀码头空中街道：https：//www.joasphotographer.com/architectural-photography-blog/2020/7/28/aerial-photos-of-london.

图 4-11　加拿大卡尔加里空中步行系统：（a）二层步行系统图：作者自绘；（b）二层步行天桥连接：https：//www.thestar.com/calgary/2019/09/16/pedestrian-in-life-threatening-condition-after-downtown-ctrain-collision.html.

图 4-12　香港中环空中步行街：（a）空中步行街系统图：http：//www.tod-center.com/uploads/allimg/180606/1-1P60615234cB.png（作者改画）；（b）串联式空中步行街：http：//459.hk/ics/property/article/detail/20499；（c）并联式空中步行街：https：//www.laughtraveleat.com/zh/ 亞洲 / 中環金鍾深度遊 – 香港半日遊 .

图 4-13　空中广场：（a）日本北九州小仓站站前广场：https：//japonismo.com/blog/viajar-a-kyushu-kokura-kitakyushu 分析图作者自绘；（b）香港交易广场大厦空中广场：https：//www.hkland.com/tc. 分析图作者自绘 .

图 4-14　法国巴黎拉·德芳斯：（a）空中广场轴测：http：//www.wisusp.com/?page_id=1804；（b）空中广场区位示意图：作者自绘 .

图 4-15　上海五角场"太平洋森活天地"地下街：作者自摄 .

图 4-16　日本大阪站周边地区地下空间网络：作者自绘 .

图 4-17　日本横滨皇后广场：（a）联系地下和地上的"车站核"中庭：https：//www.nikken.jp/en/projects/p4iusj0000000kia-img/pj0019_03.jpg；（b）中庭剖面示意图：日建设计站城一体开发研究会 . 站城一体开发 Ⅱ：TOD46 的魅力 [M]. 辽宁科学技术出版社，2019.

图 4-18　荷兰鹿特丹 Beursplein 下沉街：https：//www.jerde.com/thumbs/1275 × O/files/wonly/beursplein-site-edit_03705.png.

图 4-19　日本大阪长堀水晶地下街：（a）地下街实景图：https：//www.crystaweb.jp/shop/seven_eleven_westtown.html；（b）地下广场平面分布图：https：//www.crystaweb.jp/shop/seven_eleven_westtown.html. 作者改画 .

图 4-20　日本大阪梅田地下街；（a）地下街平面示意图：作者自绘；（b）喷泉广场：https：//3.bp.blogspot.com/-qAdLqaygylc/W_7jQu8WARI/AAAAAAAAHCc/2nO6LhBGqFcUIAaKazFV8ORu5JI-QPCNQCLcBGAs/s1600/30.jpg. 作者改画 .

图 4-21　上海五角场下沉广场；（a）平面示意图：作者自绘；（b）下沉广场内景：https：//xw.qq.com/

cmsid/2016110600363400.

图 4-22　西安钟鼓楼下沉广场和下沉街：（a）鸟瞰：http://www.xaguihua.com/article.php?cid=86&id=218；（b）平面示意图：卢济威，庄宇等.城市地下公共空间设计[M].同济大学出版社，2015；（c）剖面示意图：卢济威，庄宇等.城市地下公共空间设计[M].同济大学出版社，2015.

图 4-23　日本福冈运河城下沉庭院：https://timgsa.baidu.com/timg?image&quality=80&size=b9999_10000&sec=1604499207099&di=f8427b61466b8b92bfb75f49441a0997&imgtype=0&src=http%3A%2F%2Fdimg01.c-ctrip.com%2Fimages%2F100g0n000000e3ozv8DFD_R_1024_10000_Q90.jpg.

图 4-24　上海国金中心下沉广场：https://mapio.net/pic/p-42877639.

图 4-25　美国纽约曼哈顿洛克菲勒中心下沉广场：（a）夏季休闲场景：https://getstoreme.com/inspiration-in-architecture-new-yorks-structural-beauties/；（b）冬季溜冰场景：https://traveldigg.com/rockefeller-center-location-to-visit-the-nbc-news-and-saturday-night-live/.

图 4-26　意大利罗马西班牙大台阶：https://www.teggelaar.com/en/rome-day-5-continuation-9/.

图 4-27　日本京都 JR 车站大台阶：https://www.reddit.com/r/BeAmazed/comments/kltuat/entrance_hall_to_the_kyoto_station_in_japan/.

图 4-28　上海人民广场地铁站出入口坡道：作者自摄.

图 4-29　法国波尔多 MÉCA 文化经济创意中心：http://www.archcollege.com/archcollege/2019/7/44886.html.

图 4-30　日本东京涩谷"未来之光"：（a）中庭剖面示意图：日建设计站城一体开发研究会.站城一体开发Ⅱ：TOD46的魅力.Integrated station-city development：46 Attractions of TOD[M].辽宁科学技术出版社（作者改画）；（b）中庭内景：https://www.thepaper.cn/newsDetail_forward_1587698.

图 4-31　上海北外滩城市设计（沿江第一层面街区）：（a）总平面图、（b）鸟瞰、（c）剖面示意图：同济大学建筑与城市规划学院城市设计研究中心.

图 4-32　河南漯河中心区城市设计（亲水立体基面）：同济大学建筑与城市规划学院城市设计研究中心.

图 4-33　杭州江河汇流区城市设计：（a）总平面图、（b）多层步行基面：同济大学建筑与城市规划学院城市设计研究中心.

图 4-34　美国西雅图雕塑公园：（a）鸟瞰：http://www.wbla-hk.com/content/view?id=363；（b）横跨铁路和公路的连接：http://www.wbla-hk.com/content/view?id=363.

图 4-35　瑞士巴塞尔火车站：（a）鸟瞰：https://www.gooood.cn/basel-sbb-railway-station-by-cruz-y-ortiz-arquitectos.htm；（b）车站城市连廊：https://www.gooood.cn/basel-sbb-railway-station-by-cruz-y-ortiz-arquitectos.htm.

图 4-36　郑州小李庄客运站地区城市设计：（a）总平面图、（b）立体交通系统、（c）剖面图：同济大学建筑与城市规划学院城市设计研究中心.

图 4-37　英国伦敦巴比坎中心：（a）鸟瞰：https://baike.baidu.com/pic/%E5%B7%B4%E6%AF%94%E5%9D%8E%E4%B8%AD%E5%BF%83/18872663/0/c8177f3e6709c93dcf3fc225993df8dcd0005417?fr=lemma&ct=single#aid=0&pic=c8177f3e6709c93dcf3fc225993df8dcd0005417；（b）步行网络连接、（c）二层平台与地面关系、（d）二层步行平台：作者自摄.

图 4-38　日本名古屋久屋大通公园与荣广场组合多层基面：（a）鸟瞰：http://japan.people.com.cn/big5/n/2015/0623/c368549-27194233.html；（b）大通公园与地下街相连的下沉广场：作者自摄；（c）总平面图：刘皆谊.城市立体化视角——地下街设计及理论[M].南京：东南大学出版社，

2009：128；（d）"荣"公园内下沉广场剖面：卢济威，庄宇等 . 城市地下公共空间设计 [M]. 上海：同济大学出版社，2015：116；（e）"荣"公园鸟瞰、（f）"荣"公园下沉广场：https：//hirogiggs.exblog.jp/12526925/.

图 4-39   上海静安寺地区地下步行基面系统：（a）平面图：同济大学建筑与城市规划学院城市设计研究中心；（b）下沉广场鸟瞰：http：//history.eastday.com/h/20190110/u1a14522971.html.

图 4-40   日本东京汐留地区立体基面：（a）平面示意图：作者自绘；（b）空中基面、（c）地下庭院：作者自摄 .

图 4-41   荷兰阿姆斯特丹 Sloterdijk 片区：（a）鸟瞰：https：//www.gooood.cn/orlysquare-by-city-of-amsterdam-department-of-environmental-planning-and-sustainability.htm；（b）街区平面：https：//www.gooood.cn/orlysquare-by-city-of-amsterdam-department-of-environmental-planning-and-sustainability.htm

图 4-42   日本东京六本木：（a）剖面示意图：作者自绘；（b）轴测：https：//www.roppongihills.com/.

图 4-43   香港朗豪坊：（a）超长扶梯：http：//www.mafengwo.cn/poi/1416.html；（b）巨型城市中庭、（c）剖面示意图：http：//www.mafengwo.cn/i/1028751.html.

图 4-44   四川攀枝花炳草岗大梯道商业街：（a）鸟瞰、（b）平面图、（c）剖面示意图：卢济威，王海松等 . 山地建筑设计 [M]. 北京：中国建筑工业出版社，2001：123.

图 4-45   重庆涪陵中央商务区：（a）总体鸟瞰、（b）城市设计模型：重庆金科设计院 .

图 4-46   重庆洪崖洞商业街区：（a）鸟瞰：https：//mobile.zcool.com.cn/work/ZMzA3MDE0NTY=. html；（b）剖面示意图：https：//www.51wendang.com/doc/b97455f835839c27cd169acc/10.

第 5 章

图 5-1   城市形态与结构的关系：（a）城市形态、（b）城市要素之间的相互作用，参考文献 8.

图 5-2   空间结构和功能结构：（a）深圳整体城市设计中的城市空间结构、（b）嘉兴城市设计中的总体空间结构和城市设计总图、（c）上海南京东路商业步行街详细规划中的功能结构、（d）上海世博会最佳实验区详细规划的功能结构和鸟瞰图，参考文献 11/12.

图 5-3   宏观尺度下的城市形态结构类型，陈杰整理绘制 .

图 5-4   宏观尺度下的城市形态结构类型案例：（a）大伦敦圈层发展形态（1951）、（b）哥本哈根指状发展形态、（c）大巴黎轴向发展形态、（d）华盛顿市多轴发展形态、（e）华盛顿沿波托马克河单向发展形态，参考文献 12.

图 5-5   中观尺度下的城市形态结构类型，陈杰整理绘制 .

图 5-6   中观尺度下的城市形态结构案例：（a）阿姆斯特丹老城（荷兰）、（b）芝加哥卢浦区（美国）、（c）威尼斯（意大利）、（d）帕尔曼诺伐城 Palamnova（意大利），谷歌地球 /mapbox.

图 5-7   微观尺度下的城市形态结构类型：陈杰整理绘制 .

图 5-8   微观尺度下的城市形态结构案例：（a）柏林波茨坦广场地区、（b）伦敦金丝雀码头区（城市轴线）、（c）巴黎左岸地区、（d）柏林联邦纽带地区（街道网络）、（e）巴黎高架林荫步道区、（f）巴黎贝尔西公园地区（公共空间）、（g）东京六本木地区、（h）成都太古里地区（建筑群体）、（i）上海五角场创智天地地区、（j）东京二子玉川车站地区（立体地面）、（k）圣安东尼奥市河滨街区、（l）罗马西班牙大台阶广场区（河道和地形 – 自然要素），谷歌地球 /mapbox.

图 5-9　实体要素：（a）布拉格市中心的建筑群、（b）伦敦跨泰晤士河的桥梁和轻轨站、（c）芝加哥千禧公园中的云门雕塑、（d）巴黎埃菲尔铁塔，谷歌地球.

图 5-10　空间要素：（a）伦敦特拉法加广场、（b）纽约布莱恩公园、（c）巴黎市场街、（d）伦敦金丝雀码头绿地，谷歌地球.

图 5-11　自然要素：（a）巴黎外环的 Vincent 绿地、（b）首尔的清溪川水体，谷歌地球.

图 5-12　历史遗存的人工要素：（a）巴黎的高架铁路桥遗址、（b）香港 1881 遗产地，谷歌地球.

图 5-13　四个城市形态发展期：（a）卢卡老城、（b）威尼斯圣马克广场片区、（c）芝加哥中心区、（d）东京二子玉川车站区，谷歌地球.

图 5-14　自然元：（a）里斯本的起伏地形、（b）圣安东尼奥市中心的河道，谷歌地球.

图 5-15　街道网格：（a）阿姆斯特丹的放射网格、（b）巴黎左岸项目的街道网格修复，谷歌地球.

图 5-16　宏伟秩序的城市轴：（a）凡尔赛、（b）巴黎、（c）华盛顿、（d）堪培拉，谷歌地球.

图 5-17　有机形态的城市轴：（a）爱丁堡老城、（b）南特 50 人质大街，谷歌地球.

图 5-18　地标物：（a）上海陆家嘴东方明珠电视塔和三栋超高层、（b）塞维利亚市中心的都市阳伞，自摄和谷歌地球.

图 5-19　公共开敞空间：（a）纽约中央公园、（b）南京玄武湖公园、（c）深圳福田中心街心公园广场、（d）上海静安寺下沉广场和静安公园，百度图库 / 谷歌地球.

图 5-20　建筑组群：（a）中国香港港岛高层群、（b）东京新宿副都心高层群、（c）广州珠江新城建筑群、（d）伦敦金丝雀码头建筑群，谷歌地球.

图 5-21　立体地面：（a）罗马西班牙大台阶街区、（b）斯德哥尔摩魏林比新城、（c）东京二子玉川车站区、（d）芝加哥滨河区，www.sasaki.com 和谷歌地球.

图 5-22　意大利古城锡耶纳的有机生长，参考文献 12.

图 5-23　三维的城市形态结构：（a）佛山岭南天地中的建筑体量变化与分布、（b）巴黎拉德芳斯新区的"大板"平台，www.som.com/ 谷歌地球.

图 5-24　北川新城城市设计：（a）鸟瞰、（b）总图、（c）形态结构，中国城市规划设计研究院资料 / 姜明池绘制.

图 5-25　合肥滨湖地区核心区城市设计：（a）总图、（b）形态结构，上海同济城市规划设计研究院资料 / 李丹瑞绘制.

图 5-26　广州珠江新城城市设计：（a）鸟瞰、（b）形态结构，谷歌地球、杨森琪绘制.

图 5-27　纽约巴特利公园城：（a）鸟瞰、（b）形态结构，谷歌地球和吴柳青、李丹瑞绘制.

图 5-28　东京六本木山城地区：（a）鸟瞰、（b）形态结构，吴柳青、杨森琪绘制.

图 5-29　漳州西湖片区城市设计：（a）鸟瞰、（b）形态结构，上海同济城市规划设计研究院资料 / 吴柳青、吴屹豪绘制.

图 5-30　华盛顿特区郎方设计方案（a）鸟瞰、（b）郎方总平面图、（c）形态结构，谷歌地球 / 参考文献 20/ 吴柳青、李丹瑞绘制.

图 5-31　深圳福田中心区 22/23-1 街坊城市设计：（a）鸟瞰、（b）形态结构，谷歌地球和陈恩山绘制.

图 5-32　上海安亭新镇城市设计中：（a）鸟瞰；德国 Albert Speer 设计团队；（b）形态结构，姜明池绘制.

图 5-33　伦敦金丝雀码头地区城市设计：（a）鸟瞰、（b）形态结构，谷歌地球和吴柳青、赵欣冉绘制.

图 5-34　郑州南站地区城市设计：（a）鸟瞰、（b）形态结构，吴柳青、陈恩山绘制.

参考文献

[1] 沈玉麟. 外国城市建设史 [M]. 北京：中国建筑工业出版社，1989：12.

[2] 董鉴泓. 中国城市建设史 [M]. 北京：中国建筑工业出版社，2004：7.

[3] 陈志华. 外国建筑史 [M]. 北京：中国建筑工业出版社，1962：1.

[4] 刘敦桢. 中国古代建筑史 [M]. 明文书局，1984：2.

[5] 李允鉌. 华夏意匠 [M]. 天津：天津大学出版社，2005：5.

[6] 尚荣译注. 洛阳伽蓝记 [M]. 北京：中华书局，2012：1.

[7] 覃力. 日本高层建筑的发展趋向 [M]. 天津：天津大学出版社，2008：1.

[8] 陶松龄，张尚武. 现代城市功能与结构 [M]. 北京：中国建筑工业出版社，2014.

[9] 罗哲文，刘文渊，刘春英. 中国名塔 [M]. 北京：百花文艺出版社，2006.

[10] 赵和生. 城市规划与城市发展 [M]. 南京：东南大学出版社，2011.

[11] 段进，邱国潮. 国外城市形态学概论 [M]. 南京：东南大学出版社，2009.

[12] 张勇强. 城市空间发展自组织与城市规划 [M]. 南京：东南大学出版社，2006.

[13] 韩冬青，冯金龙. 城市·建筑一体化设计 [M]. 南京：东南大学出版社，1999.

[14] 卢济威，庄宇. 城市地下公共空间设计 [M]. 上海：同济大学出版社，2015.

[15] 钱七虎. 地下空间科学开发与利用 [M]. 南京：江苏科学技术出版社，2007.

[16] 张为平. 隐形逻辑：香港，亚洲式拥挤文化的典型 [M]. 南京：东南大学出版社，2009.

[17] 张志荣. 都市捷运：发展与应用 [M]. 天津：天津大学出版社，2002.

[18] 仇保兴. 兼顾理想与现实：中国低碳生态城市指标体系构建与实践示范初探 [M]. 北京：中国建筑工业出版社，2012.

[19] 蔡志昶. 生态城市整体规划设计理论与方法 [M]. 南京：东南大学出版社，2013.

[20] 斯皮罗·科斯托夫. 城市的形成：历史进程中的城市模式和城市意义 [M]. 单皓，译. 北京：中国建筑工业出版社，2005.

[21] 刘易斯·芒福德. 城市发展史——起源演变和前景 [M]. 北京：中国建筑工业出版社，2005.

[22] 缪朴. 亚太城市的公共空间：当前的问题与对策 [M]. 北京：中国建筑工业出版社，2007.

[23] 林奇. 城市形态 [M]. 北京：华夏出版社，2001.

[24] 莱昂·巴蒂斯塔·阿尔伯蒂. 建筑论：阿尔伯蒂建筑十书 [M]. 北京：中国建材工业出版社，2010.

[25] 西特. 城市建设艺术：遵循艺术原则进行城市建设 [M]. 南京：东南大学出版社，1990.

[26] G·卡伦，刘杰，周湘津. 城市景观艺术 [M]. 天津：天津大学出版社，1992.

[27] F·吉伯德. 市镇设计 [M]. 北京：中国建筑工业出版社，1983.

[28] 格哈德·库德斯，库德斯，Curdes，等．城市结构与城市造型设计 [M]．北京：中国建筑工业出版社，2007.

[29] 海道清信．紧凑型城市的规划与设计 [M]．北京：中国建筑工业出版社，2011.

[30] BarrieShelton，JustynaKarakiewicz，ThomasKvan，等．香港造城记：从垂直之城到立体之城 [M]．北京：电子工业出版社，2013.

[31] 王建国．城市设计．[M]．3 版．南京：东南大学出版社，2011.

[32] 洪亮平．城市设计历程 [M]．北京：中国建筑工业出版社，2002.

[33] 卢济威．城市设计机制与创作实践 [M]．南京：东南大学出版社，2005.

[34] 卢济威．城市设计创作：研究与实践 [M]．南京：东南大学出版社，2012.

[35] 徐苏宁．城市设计美学 [M]．北京：中国建筑工业出版社，2007.

[36] 刘祖健．城市审美价值论 [M]．北京：中国建筑工业出版社，2018.

[37] 柴彦威．空间行为与行为空间 [M]．南京：东南大学出版社，2014.

[38] 周晓虹．现代社会心理学：多维视野中的社会行为研究 [M]．上海：上海人民出版社，1997.

[39] 徐磊青，扬公侠．环境心理学：环境知觉和行为 [M]．上海：同济大学出版社，2002.

[40] 马强．走向"精明增长"：从"小汽车城市"到"公共交通城市" [M]．北京：中国建筑工业出版社，2007.

[41] 张纯．城市社区形态与再生 [M]．南京：东南大学出版社，2014.

[42] 韩晶．城市消费空间 [M]．南京：东南大学出版社，2014.

[43] 杨春侠．城市跨河形态与设计 [M]．南京：东南大学出版社，2006.

[44] 李雄飞，赵亚翘，王悦，解琪美．国外城市中心商业区与步行街 [M]．天津：天津大学出版社，1990.

[45] 理查德·罗杰斯，菲利普·古姆齐德简．小小地球上的城市 [M]．仲德昆，译．北京：中国建筑工业出版社，2004.

[46] 森稔．Hills 垂直花园城市：未来城市的整体构想设计 [M]．北京：五洲传播出版社，2011.

[47] 凯文·林奇．城市意象 [M]．方益萍，何晓军，译．北京：华夏出版社，2017.

[48] 迈克·詹克斯，伊丽莎白·伯顿，凯蒂·威廉姆斯．紧缩城市：一种可持续发展的城市形态 [M]．周玉鹏，等译．北京：中国建筑工业出版社，2004.

[49] （Sergo）Salat S．城市与形态：关于可持续城市化的研究 [M]．陆阳，张艳，译．北京：中国建筑工业出版社，2012.

[50] 妮特·桑迪一汗，赛斯·所罗门诺．抢街：大城市的重生之路 [M]．宋平，徐可，译．北京：电子工业出版社，2018.

[51] 伊利尔·沙里宁．城市：它的发展、衰败与未来 [M]．顾启源，译．北京：中国建筑工业出版社，1986.

[52] 王文卿．城市地下空间规划与设计南京 [M]．南京：东南大学出版社，2001.

[53] 阿尔多·罗西．城市建筑学 [M]．黄士钧，译．北京：中国建筑工业出版社，2006.

[54] 范文丽．城市要素有机结合的城市设计 [M]．南京：东南大学出版社，2011.

[55] 庄宇，陈泳，杨春侠．城市设计实践教程 [M]．北京：中国建筑工业出版社，2020.

[56] 易鑫，哈罗德·博登沙茨，迪特·福里克，阿廖沙·霍夫曼等．欧洲城市设计——面向未来的策略与实践 [M]．北京：中国建筑工业出版社，2017.

[57] 克莱尔·库珀·马库斯，卡罗琳·弗朗西斯编著. 人性场所——城市开放空间设计导则 [M]. 俞孔坚，王志芳，孙鹏，等，译. 北京：北京科学技术出版社，2017.

[58] 宛素春等. 城市空间形态解析 [M]. 北京：科学出版社，2004.

[59] 齐康. 城市建筑 [M]. 南京：东南大学出版社，2001.

[60] 王辉. 城市美学 [M]. 北京：中国建筑工业出版社，2020.

[61] 扬·盖尔. 人性化的城市 [M]. 欧阳文，徐哲文，译. 北京：中国建筑工业出版社，2015.

[62] 马修·卡莫纳 史蒂文·蒂斯迪尔 蒂姆·希斯 泰纳·欧克. 公共空间与城市空间——城市设计维度 [M]. 马航，张昌娟，刘堃，余磊，译. 北京：中国建筑工业出版社，2015.

[63] 扬·盖尔. 交往与空间 [M]. 何人可，译. 北京：中国建筑工业出版社，2002.

[64] 简·雅各布斯. 美国大城市的死与生 [M]. 金衡山，译. 北京：译林出版社，2013.

[65] 刘皆谊. 城市立体化视角——地下街设计及理论 [M]. 南京：东南大学出版社，2009.

[66] 卢济威，王海松. 山地建筑设计 [M]. 北京：中国建筑工业出版社，2001.

[67] 董贺轩. 立体城市：空间营建理论与实践 [M]. 南京：东南大学出版社，2017.

[68] 同济大学建筑与城市空间研究所，株式会社日本设计. 东京城市更新的经验 [M]. 上海：同济大学出版社，2019.

[69] 马国馨. 国外著名建筑师丛书——丹下健三 [M]. 北京：中国建筑工业出版社，1989.

[70] 日建设计站城一体开发研究会. 站城一体开发 II：TOD46 的魅力 [M]. 沈阳：辽宁科学技术出版社，2019.

[71] 凯文·林奇. 城市形态 [M]. 林庆怡，等译. 北京：华夏出版社，2001：33.

[72] 格哈德·库德斯. 城市形态结构设计 [M]. 杨枫，译. 北京：中国建筑工业出版社，2008.

[73] 克里斯塔·莱歇尔. 城市设计：城市营造中的设计方法 [M]. 孙宏斌，译. 上海：同济大学出版社，2018.

[74] 刘捷著. 城市形态的整合 [M]. 南京：东南大学出版社，2004.

[75] E.D 培根等. 城市设计 [M]. 黄富厢，朱琪，译. 北京：中国建筑工业出版社，1989.

[76] 萨林加罗斯. 城市结构原理 [M]. 北京：中国建筑工业出版社，2011.

[77] 中国城市规划设计研究院. 城市规划资料集：城市设计 [M]，北京：中国建筑工业出版社，2005.

[78] 上海市城后规划行业协会. 上海优秀城乡规划设计获奖作品集 2013-2014[M]. 北京：中国建筑工业出版社，2015.

[79] 日建设计站城一体开发研究会. 站城一体开发—新一代公共交通指向型城市建设 [M]. 北京：中国建筑工业出版社，2014.

[80] Joan Busquets, Dingliang Yang, Michael Keller, Urban Grid：Handbook for Regular City Design [M]. Boston：Harvard University, ORD Editions, 2019.

[81] Llewelyn-Davis. Alan Baxter and associate, Urban Design Compendium[M]. London：Brook House, English partnership. 2000.

[82] 仇保兴. 生态城市使生活更美好 [J]. 城市发展研究，2010，17（2）：1-15.

[83] 顾朝林. 生态城市规划与建设 [J]. 城市发展研究，2008（增刊）：105-108.

[84] 丁沃沃. 城市设计：理论？研究 ?[J]. 城市设计，2015（01）：68-79.

[85] 卢济威，王一.地面立体化——当代城市形态发展的一个新趋势 [J]. 城市规划学刊，2021（03）：98–103.

[86] 覃力.建筑高度发展史略 [J]. 新建筑，2002（1）：46–48.

[87] 李芳.美国城市市中心的步行活动 [J]. 国际城市规划，1996（2）：17–22.

[88] 陈晓扬.香港空中步道城市设计的启示 [J]. 华中建筑，2004，22（2）：80–82.

[89] 谭峥.香港沙田市镇中心的新地形学 [J]. 时代建筑，2016（2）：35–39.

[90] 谭峥.都市多层步行网络之"地形系数"探析 [J]. 建筑学报，2017（5）：104–109.

[91] 卢济威，王一.特色活力区建设——城市更新的一个重要策略 [J]. 城市规划学刊，2016，6：101.

[92] 卢济威，王腾，庄宇.轨道交通站点区域的协同发展 [J]. 时代建筑，2009，5：12.

[93] 卢济威，顾如珍，孙光临，张斌.城市中心的生态、高效、立体公共空间——上海静安寺广场 [J]. 时代建筑，2000（3）：58–61.

[94] 陈彦光.自组织与自组织城市 [J]. 城市规划，2003，27（10）：17–22.

[95] 杨春侠.促进城市滨水地区要素的综合组织 [J]. 同济大学学报（社会科学版），2009（2）：30–36，57.

[96] 董贺轩，卢济威.作为集约化城市组织形式的城市综合体深度解析 [J]. 城市规划学刊，2009.

[97] 林帆.Beursplein 中心步行商业街 [J]. 建筑技术及设计，2004.

[98] 袁红，赵世晨，戴志中.论地下空间的城市空间属性及本质意义 [J]. 城市规划学刊，2013.

[99] 胡依然，张凯莉，周曦.城市制度影响下的香港中区高架步行系统研究 [J]. 国际城市规划，2018.

[100] 王建国，费移山.城市设计的整体性理论 [J]. 城市规划，2002，26（11）：63–68.

[101] Bourne L S. Internal structure of the city：readings on urban form，growth，and policy[J]. Historian，1982，26（1）：1–18.

[102] 王如松.生态、生态城市与生态人居建设 [C]//2009 城市发展与规划国际论坛，2009.

[103] 华晓宁.当代景观都市主义理念与实践研究 [D]. 同济大学博士后研究工作报告，2009.

[104] 殷悦.城市中心区铁路轨道区域空间整体利用的模式研究 [D]. 同济大学，2017：29.

[105] Alex Wall. Programming the Urban Surface [G]. James Corner，ed. Recovering Landscape，Essays in Contemporary Landscape Architecture，New York：Princeton Architectural Press，1999：234–249..

[106] http：// www.kpf.com/zh/projects/roppongi-hills.

后记

从 20 世纪 90 年代开始涉足城市设计，一晃已过去 30 年，而且一开始就与城市设计的研究生教学关联。城市设计对象的城市形态设计是学生能力培养的重点，通常都是通过项目设计进行，但城市设计类型很多，有功能类的中心区、商务区、商业区、行政区、居住区、交通枢纽区、休闲娱乐区等，还有环境类的滨水区、历史保护区、起伏地形区、广场区等，而且还各有特征，一位学生学习过程只能接触一二个类型，在校期间要悟出城市形态设计的一般规律确实很难，这就使我想起 20 世纪 60 年代冯纪忠教授在同济大学的设计教学改革，以空间为纲组织建筑设计教学体系，代替传统的建筑类型教学体系，改革开放以后彭一刚教授的《建筑空间组合论》进一步给我启发，从而思考能否对城市形态的设计规律进行总结，诱导了探索研究与编写《城市形态组织论》的设想。

我们的城市形态组织体系，是在设计与教学实践过程中逐渐形成的。最早在城市设计实践过程，深刻体会到如何辩证地对待城市规划的功能分区，从而通过整合使城市形成有机体的必要性，于 2004 年发表论文"城市设计整合机制"，并结合实践出版了《城市设计机制与创作实践》；2005~2008 年结合指导博士论文《城市立体化》的课题研究过程，认识到城市立体基面建构对城市形态组织的重要性，特别是新时代市政基础设施在城市建设中的地位不断提高，城市基面建构从被动走向主动的发展趋势更显重要；城市空间组织是传统的城市形态研究课题，当然必须继承；还有对城市形态结构的研究，这是为了适应城市形成过程长期性的特点，力求实现城市发展过程中基本形态特征保持不变的愿望，同时考虑到当今城市形态竖向发展的现实，将形态结构塑造在规划的二维空间结构思路基础上发展成三维形态结构，提高城市的可意象性和特色性。

本书能顺利出版，得益于各方面的帮助和指导，在此一并致以深深的感谢。编写过程王建国院士和吴志强院士给予具体而中肯的建议；朱锡金教授、郑正教授、李振宇教授、潘海啸教授、王德教授、金广君教授、徐磊青教授、耿慧志教授、匡晓明副教授和李继军高级规划师等为本书提出宝贵意见；卢峰教授、钟洛克院长、韩晶高级建筑师和王萌高级建筑师为本书的资料收集提供帮助；研究生杨宇、陈恩山、张智林、陈杰、吴柳青、杨森琪、姜明池、李丹瑞、吴屹豪、赵欣冉、张迪凡、刘梦萱、张帆、李琳、徐沛、徐浩然、赵子豪、王禹翰、林佳鸣、熊健和黄伟等为本书收集资料和绘制描图；最后特别要感谢中国建筑工业出版社陈桦主任从约稿、编辑到出版给予多方面的指导与帮助。

卢济威

2021.6

图书在版编目（CIP）数据

城市形态组织论 = THE THEORY OF URBAN FORM
ORGANIZATION / 卢济威等著 . —北京：中国建筑工业
出版社，2022.12
　　ISBN 978-7-112-28150-3

　　Ⅰ.①城…　Ⅱ.①卢…　Ⅲ.①城市规划—研究　Ⅳ.
① TU984

中国版本图书馆 CIP 数据核字（2022）第 209597 号

　　本书获评 2022 年度国家科学技术学术著作出版基金项目支持，内容主要研究城市
形态的组织方法，包括：城市形态发展历程、城市形态及其生成、城市要素整合、城市
空间组织、城市基面建构和城市形态结构塑造等六个方面。城市形态形成是形态组织的
前提，重点放在城市行为与城市形态的关系上，这是为了改变曾经很长一段时期城市片
面关注城市审美，而忽略城市使用者的行为需求，在实践过程中重视城市行为的研究和
在城市设计中的应用。

责任编辑：杨琪　陈桦
书籍设计：康羽
责任校对：王烨

城市形态组织论
THE THEORY OF URBAN FORM ORGANIZATION

卢济威　庄宇　陈泳　王一　杨春侠　著
*
中国建筑工业出版社出版、发行（北京海淀三里河路 9 号）
各地新华书店、建筑书店经销
北京雅盈中佳图文设计公司制版
北京中科印刷有限公司印刷
*
开本：787 毫米 × 1092 毫米　1/16　印张：18$\frac{3}{4}$　字数：335 千字
2022 年 12 月第一版　2022 年 12 月第一次印刷
定价：**148.00** 元
ISBN 978-7-112-28150-3
　　　（40267）